职业技术·职业资格培训教材

U0318444

模具设计师(冷冲模)

(三级)

主　编　熊　炜

副主编　龚红英

主　审　吴公明

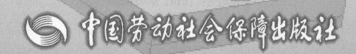
中国劳动社会保障出版社

图书在版编目(CIP)数据

模具设计师. 冷冲模. 三级/人力资源和社会保障部教材办公室等组织编写. —北京:中国劳动社会保障出版社,2014

1+X 职业技术·职业资格培训教材

ISBN 978-7-5167-1052-4

Ⅰ.①模… Ⅱ.①人… Ⅲ.①模具-设计-职业培训-教材②冲模-设计-职业培训-教材 Ⅳ.①TG760.2②TG385.2

中国版本图书馆 CIP 数据核字(2014)第 155255 号

中国劳动社会保障出版社出版发行

(北京市惠新东街 1 号   邮政编码:100029)

*

三河市华骏印务包装有限公司印刷装订   新华书店经销
787 毫米×1092 毫米   16 开本   25.75 印张   480 千字
2014 年 7 月第 1 版   2014 年 7 月第 1 次印刷
定价:58.00 元

读者服务部电话:(010) 64929211/64921644/84643933
发行部电话:(010) 64961894
出版社网址:http://www.class.com.cn

内 容 简 介

  本教材由人力资源和社会保障部教材办公室、中国就业培训技术指导中心上海分中心、上海市职业技能鉴定中心依据上海 1 + X 模具设计师（冷冲模）三级职业技能鉴定细目组织编写。教材从强化培养操作技能，掌握实用技术的角度出发，较好地体现了当前最新的实用知识与操作技术，对于提高从业人员基本素质，掌握三级模具设计师（冷冲模）的核心知识与技能有直接的帮助和指导作用。

  本教材在编写中根据本职业的工作特点，以能力培养为根本出发点，采用模块化的编写方式。全书共分为 8 章，由上海交通大学及上海工程技术大学老师编审，内容包括冲压模具设计基础知识、冲裁设计、冲裁模结构与设计、冲裁模的典型结构、弯曲模设计、拉深模设计、冲压模具设计流程及案例、冲压模具的调试与验收。

  本教材可作为模具设计师（冷冲模）三级职业技能培训与鉴定考核教材，也可供全国中、高等职业院校相关专业师生参考使用，以及本职业从业人员培训使用。

前　言

职业培训制度的积极推进，尤其是职业资格证书制度的推行，为广大劳动者系统地学习相关职业的知识和技能，提高就业能力、工作能力和职业转换能力提供了可能，同时也为企业选择适应生产需要的合格劳动者提供了依据。

随着我国科学技术的飞速发展和产业结构的不断调整，各种新兴职业应运而生，传统职业中也越来越多、越来越快地融进了各种新知识、新技术和新工艺。因此，加快培养合格的、适应现代化建设要求的高技能人才就显得尤为迫切。近年来，上海市在加快高技能人才建设方面进行了有益的探索，积累了丰富而宝贵的经验。为优化人力资源结构，加快高技能人才队伍建设，上海市人力资源和社会保障局在提升职业标准、完善技能鉴定方面做了积极的探索和尝试，推出了 1 + X 培训与鉴定模式。1 + X 中的 1 代表国家职业标准，X 是为适应上海市经济发展的需要，对职业的部分知识和技能要求进行的扩充和更新。随着经济发展和技术进步，X 将不断被赋予新的内涵，不断得到深化和提升。

上海市 1 + X 培训与鉴定模式，得到了国家人力资源和社会保障部的支持和肯定。为配合上海市开展的 1 + X 培训与鉴定的需要，人力资源和社会保障部教材办公室、中国就业培训技术指导中心上海分中心、上海市职业技能鉴定中心联合组织有关方面的专家、技术人员共同编写了职业技术·职业资格培训系列教材。

职业技术·职业资格培训教材严格按照 1 + X 鉴定考核细目进行编写，教材内容充分反映了当前从事职业活动所需要的核心知识与技能，较好地体现了适用性、先进性与前瞻性。聘请编写 1 + X 鉴定考核细目的专家，以及相关行业的专家参与教材的编审工作，保证了教材内容的科学性及与鉴定考核细目以及题库的紧密衔接。

职业技术·职业资格培训教材突出了适应职业技能培训的特色，使读者通过学习与培训，不仅有助于通过鉴定考核，而且能够有针对性地进行系统学习，真正掌握本职业的核心技术与操作技能，从而实现从懂得了什么到会做什么的飞跃。

职业技术·职业资格培训教材立足于国家职业标准，也可为全国其他省市开展新职业、新技术职业培训和鉴定考核，以及高技能人才培养提供借鉴或参考。

新教材的编写是一项探索性工作，由于时间紧迫，不足之处在所难免，欢迎各使用单位及个人对教材提出宝贵意见和建议，以便教材修订时补充更正。

人力资源和社会保障部教材办公室
中国就业培训技术指导中心上海分中心
上海市职业技能鉴定中心

目　录

1

第1章

冲压模具设计基础知识

第1节 冲压加工基础知识

 学习目标

掌握冲压加工基本概念，冲压加工的特点，了解冲压加工的应用和发展状况；掌握冲压加工对材料的要求，了解冲压加工材料分类及牌号；掌握冲压加工基本工序分类和冲模的基本类型；了解常用的冲压设备分类，了解选择冲压设备的基础知识；掌握模具材料的种类、性能特点及牌号表示方法；掌握冲压模具设计的基本流程。

 知识要求

一、冲压加工的特点与应用

冲压加工是塑性加工工艺中的一种，其加工原材料主要是板材、带材、管材及其他型材。由于冲压加工绝大多数情况是在室温下进行的，因此，通常也将冲压加工称为冷冲压，又因加工的原材料多为板料，也称为板料成形。冲压加工不仅可以加工金属材料，而且还可以加工非金属材料和复合材料。

冷冲压就是在常温下，利用安装在压力机上的冲模对材料施加压力，使材料产生塑性变形或分离，以获得所需要的形状和尺寸的零件（俗称冲压件或冲件）的一种压力加工方法。

冲压加工有三要素，即冲压材料、冲压模具及冲压设备。只有采用适宜冲压加工的材料，并根据零件的要求选择合理的冲压工艺和冲压模具，才可以保证零件的成形质量，才能够加工出高品质的零件。

与机加工相比，冲压加工具有以下特点：

1. 优点

（1）生产效率高，操作简便，易于实现机械化、自动化

由于冲压加工生产过程中的主要特征是依靠冲模和冲压设备完成加工，便于实现自动化生产，生产效率高，操作简便。在普通压力机上，每台每分钟可生产几件到几十件冲件，而在高速冲床上，则每台每分钟可生产数百件甚至上千件的冲件。

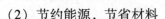

（2）节约能源，节省材料

冲压加工属于塑性成形范畴，采用冲压加工的零件一般无须进行切削加工，因而是一种节约能源、节约原材料的少切削或无切削加工方法。采用冲压加工时，材料的利用率较高，一般可达到70%以上，甚至可达到90%，且随着冲压技术不断发展以及计算机技术的广泛应用，冲压加工的材料利用率也在不断提高。

（3）冲件质量稳定及互换性好

由于冲压加工所用原材料多为表面质量好的板料或带料，且冲件的形状和尺寸由冲模来保证，所以冲件成形质量稳定，互换性好。

（4）应用广泛

通常采用冲压加工成形的零件壁薄、质轻、刚度高，可以进行复杂形状零件的加工，小到钟表的秒针，大到汽车纵梁、覆盖件等。冲件的加工直径可从几毫米至几米。且在不同工业领域中几乎都有冲压加工产品，如汽车、飞机、拖拉机、电机、电器、仪表、铁道、邮电、化工以及轻工业日用产品中均占有相当大的比重。

（5）适用于多品种、大批量生产

冲压加工适合大批量生产，批量越大，成本越低。

2. 缺点

（1）冲压加工十分依赖冲模，但是冲模的制造一般是单件、小批量生产，精度高，技术要求高，是技术密集型产品，成本高。所以，冲压加工只有在大批量生产的情况下才能有显著的经济效益，而在进行小批量生产的情况下成本较高，不如其他加工方法。

（2）如果零件尺寸要求很高，那么对冲模的制造要求将会更高，冲模制造成本和加工难度加大，生产周期也就会相应加长。

（3）冲压加工产生的设备振动较大，噪声较高，对周围环境将产生一定的噪声污染。

3. 应用

由于冲压加工的特点突出，在国民经济各部门中获得了广泛应用，具体如下：

目前，在电子行业中冲件占80%以上，在汽车、农业机械领域中可以达到75%，在轻工业上更是超过90%。日常生活中所见的不锈钢饭盒、水壶、锅、子弹等都是冲件。

冲压加工不仅在日常生活用品中占据非常重要的位置，而且在现代航空、航天、军工、汽车、拖拉机、电机、电器和电子仪表生产中也占有十分重要的地位。

随着我国工业的不断发展，冲压加工技术也在不断地进步，随着计算机技术的普遍应用，冲压模具的结构、质量等都得到大幅度的提升，进一步推进了冲件成形质量和成形精度的提高，使得冲压成形技术得到更广泛的应用。

二、冲压成形材料的特点与应用

冲压材料作为冲压成形的三要素之一非常重要，深入了解冲压加工对材料的要求，全面了解冲压材料的特点和应用状况，才能做到合理选材，这是正确进行冲压加工和冲模设计的前提及保证。

1. 成形材料简介

冲压成形材料一般可分为金属材料和非金属材料两大类，其中金属材料又可分为黑色金属（钢铁材料）和有色金属（非铁金属）两类，冲压生产中常采用金属材料。

2. 成形材料的一般性能参数

（1）强度

金属材料的强度是指金属材料在静载荷作用下抵抗破坏（过量塑性变形或断裂）的性能。

抗拉强度：金属材料在断裂前所能承受的最大应力值。

抗压强度：金属材料在压坏前所能承受的最大应力值。

抗弯强度：金属材料在受弯曲力时，在破坏前所能承受的最大应力值。

（2）塑性

塑性是一种在某种给定载荷下，材料产生永久变形的特性。一般用来衡量材料塑性大小的常用指标有延伸率、断面收缩率。

影响金属塑性和变形抗力的主要因素包括变形金属本身的晶格类型、化学成分、变形温度、组织状态、变形速度和变形的力学状态。

一般来说，随着变形温度的升高，金属的塑性改善，变形抗力降低；单相组织比多相组织塑性好。

（3）硬度

硬度是指材料局部抵抗硬物压入其表面的能力。

常用的硬度表示方式有布氏（HB）硬度、洛氏（HRC）硬度、维氏（HV）硬度、里氏（HL）硬度。

在测量物体硬度时一般采用静压法，压入体的硬度要大于被测物体的硬度。例如，布氏硬度、洛氏硬度、维氏硬度都是采用静压法测量得到的。

（4）冲击韧度

冲击韧度是指具有一定形状的缺口试样在冲击力作用下抵抗变形和断裂的能力。一般认为冲击韧度值高的材料为韧性材料。

断裂韧度是材料的一种力学性能参量，它表征了材料阻止裂缝扩展的能力，是材料抵

抗断裂的一个韧性指标。

（5）疲劳强度

疲劳强度是指在无限次循环应力作用下不使材料发生破坏所需要的最大动应力。

试验证明，交变应力越小，断裂前所能承受的循环次数越多；交变应力越大，循环次数越少。

3. 成形时变形区的应力和应变特点

材料在冲压加工中受力情况和变形性质较复杂，按照材料成形时变形区的应力和应变特征，可以将冲压加工分为伸长类变形和压缩类变形。

（1）伸长类变形

所谓伸长类变形，是指板料在变形过程中，绝对值最大的应力是拉应力，在应力方向上变形为伸长类变形。板料在变形过程中厚度减薄，表面积增大，局部会出现缩颈或断裂的现象。

冲压工艺中的胀形、圆孔翻边、扩口等属于伸长类变形。

（2）压缩类变形

所谓压缩类变形，是指板料在变形过程中，绝对值最大的应力是压应力，在应力方向上变形为压缩类变形。板料在变形过程中厚度增加，表面积减小，局部会出现受压失稳起皱的现象。

冲压工艺中的筒形件拉深、缩口等属于压缩类变形。

在冲压成形过程中，需要最小变形力的区是个相对的弱区，而且弱区一定先变形，因此变形区应为弱区。

4. 材料冲压成形性能参数

材料的冲压成形性能是指材料对各种冲压成形工艺的适应能力，它包括抗破裂性、贴模性和定形性。冲压成形性能在狭义范围内是指关于破裂极限而言的材料性能。

板料在各种冲压成形工艺中的最大变形程度称为成形极限。对不同的成形工序，成形极限应采用不同的极限变形系数来表示，如拉深极限、翻边极限、最小相对弯曲半径等。

板料冲压成形性能通常通过试验的方法获取，试验方法分为直接试验法和间接试验法。直接试验法有胀形成形性能试验和拉深成形性能试验等，间接试验法有拉伸试验、硬度试验、金相试验等。

冲件在成形过程中不仅要求不破裂，同时，对其表面质量和形状精度、尺寸精度有一定的要求，并且随着冲压技术的不断进步，对后两种要求越来越高。冲件的质量指标主要是厚度变薄率、尺寸精度、表面质量以及成形后材料的物理性能和力学性能等。

材料在冲压加工过程中，一方面由于起皱而不能与模具完全贴合成形；另一方面因为有回弹，而使冲件偏离已成形的形状和尺寸。板料在冲压成形过程中取得模具形状和尺寸的能力称为贴模性或抗皱性；成形后保持已得到的形状和尺寸的能力称为定形性。因此，板料在整个冲压加工过程中，不但需要具有良好的塑性成形能力，还需要具有良好的贴模性（抗皱性）和定形性。

对材料冲压成形性能影响显著的力学性能参数主要有以下几种：

（1）屈服强度 σ_s

屈服强度是指材料弹性变形和塑性变形的临界点。屈服强度低意味着材料容易屈服，且产生相同量的塑性变形时对应的变形抗力较小。同时，因为弯曲回弹与屈服强度成正比，所以屈服强度低的材料弯曲成形后回弹小，有利于提高弯曲件的精度，贴模性和定形性也较好。

（2）屈强比 σ_s/σ_b

屈强比是指屈服强度与抗拉强度的比值。屈强比越小，表示材料易于进入塑性变形，不容易破裂，且允许的塑性变形区间越大，即塑性变形越充分，有利于提高极限变形程度，减少加工工序次数。因此，屈强比越小，材料的冲压性能越好。

（3）延伸率 δ

延伸率是指试样被拉断后标距长度的增加量与原标距长度的百分比。

$$\delta = \frac{(l - l_0)}{l_0} \times 100\%$$

式中　l_0——拉伸前试样的标距长度，mm；

　　　l——拉伸后试样的标距长度，mm。

δ_5 表示试样的标距等于 5 倍直径时的延伸率。

δ_{10} 表示试样的标距等于 10 倍直径时的延伸率。

延伸率越大，说明板料允许的塑性变形程度越大，抗破裂性好，能够产生均匀的塑性变形，所以，延伸率是冲压性能的重要参数。

一般对于同一材料，用短试样测得的延伸率与用长试样测得的延伸率的关系是前者大于后者。

（4）断面收缩率 ψ

断面收缩率是指拉伸试验断裂后，试样的横截面积变小的程度参数。

$$\psi = \frac{A_0 - A}{A_0} \times 100\%$$

式中　A_0——拉伸前试样的横截面积，mm^2；

A——拉伸后试样的横截面积，mm^2。

（5）硬化指数 n

硬化指数表示材料在变形过程中的硬化程度。对于一般材料来说，$0 \leqslant n \leqslant 1$。$n$ 值大的材料，硬化效应就大。n 值大的材料抗拉极限出现较晚，能为材料进行翻边、扩孔等伸长类变形提供充足的变形时间；而且随着材料变形程度的增加也使变形区的变形抗力增大，即在变形区内材料变形抗力增大，这样就可以补偿变形区域因横截面积减小而引起的单位载荷变大，阻止局部集中变形的进一步发展，有利于减轻板料局部变薄，避免产生缩颈、断裂、破裂等缺陷。n 值较大的材料有更高的成形极限，冲压性能较好。

（6）各向异性系数

金属在变形时的显著特点是变形的不均匀性。从微观角度看，晶体结构对滑移变形的响应程度不同，从而产生变形的不均匀性；从宏观角度看，板料经过塑性变形后存在纤维走向，在变形时会表现出不同的变形差异。这两者共同构成了板料各向异性的概念，它可分为板料的厚向异性和板面内各向异性。其中板厚异向性系数 r，是指板料试样单向拉伸时试样宽度方向和厚度方向应变的比值。

$$r = \frac{\varepsilon_b}{\varepsilon_t}$$

式中　r——厚度异向性系数；

　　　ε_b——宽度方向的应变；

　　　ε_t——厚度方向的应变。

r 值反映了板料在平面方向和厚度方向的应变能力，也就是板厚方向和板料平面方向之间变形难易程度的差异。r 值大，表明板平面方向上容易变形，而厚度方向上较难变形。对于伸长类成形，板料的变薄量小，有利于成形质量的提高；对于拉深成形，毛坯的径向收缩容易成形，不易起皱，压料力减小，并且拉深力也减小，传力区不容易拉破，使拉深极限变形程度增大。

由于板料平面上存在各向异性，不同方向上的 r 值都不一样，通常用加权平均值 $\bar{r}$ 来表示板厚异向性系数，即：

$$\bar{r} = \frac{r_0 + 2r_{45} + r_{90}}{4}$$

式中　r_0——板料纵向方向上的板厚异向性系数；

　　　r_{45}——板料45°方向上的板厚异向性系数；

　　　r_{90}——板料横向方向上的板厚异向性系数。

加权平均值对具有伸长类成形的零件冲压成形性能的影响很大，在工业生产中，一般用加权平均值来近似代替 r 值。另一个就是板面内各向异性系数。由于板料在不同方位上的各向异性系数不同，在板平面内形成各向异性，用 Δr 表示板平面各向异性系数，即：

$$\Delta r = \frac{r_0 + r_{90} - 2r_{45}}{2}$$

式中　r_0——板料纵向方向上的板厚异向性系数；

　　　r_{90}——板料横向方向上的板厚异向性系数；

　　　r_{45}——板料 $45°$ 方向上的板厚异向性系数。

Δr（也叫凸耳参数）越大，表示板平面内各向异性越严重，拉深时在零件端部会出现不平整的"凸耳"现象（又称为兔耳），会浪费材料，造成零件冲压成形质量下降。生产中应尽量降低板材的凸耳参数。

5. 冲压加工对材料的要求

对于冲压所选用的材料，不仅要满足冲件设计要求，还应满足冲压工艺的要求和后续加工（如切削加工、电镀、焊接等）的要求。冲压加工对材料的要求如下：

（1）材料应具有良好的冲压成形性能

冲压所用的材料应该具有良好的塑性、较低的硬度、较小的屈强比，并且板厚异向性系数要大，板平面各向异性系数要小。即物理性能参数应符合冲压的要求，易于冲压。

（2）材料应具有较高的表面质量

材料的表面应光洁、平整，无氧化皮、裂纹、划伤、锈斑、分层等缺陷，表面质量高的材料，不仅成形时不易破裂，而且不易擦伤模具，零件表面质量高。并且方便后续的焊接、喷涂等工序。

（3）材料的厚度公差应符合国家标准

在一些成形工序中，凸、凹模之间的间隙是根据材料厚度来确定的，其中尤其是校正弯曲和整形工序，板料厚度公差对零件的精度与模具使用寿命有很大的影响。若材料的厚度公差太大，不仅直接影响冲压成形质量，还可能导致模具或压力机的损坏。

在以上要求中，材料具有良好的冲压成形性能是冲压加工对材料的最基本、最主要的要求。

6. 冲压成形材料的分类及材料牌号

（1）根据材料的材质分类

冲压成形材料的分类繁多，根据材料的材质主要可分为金属冲压材料和非金属冲压材料两大类。在工业生产中通常采用金属材料作为冲压加工材料，而非金属冲压材料一般适宜于分离工序，使用相对较少。金属冲压材料主要包含黑色金属材料和有色金属材料两大类，常用冲压材料的力学性能见表1—1。

1）金属材料

①黑色金属材料。黑色金属材料按性质不同可分为以下几种：

a. 普通碳素结构钢板。又称普通冷轧钢板，如 Q195、Q235、SPCC、SPCD、SPCE 等。由普通碳素结构钢冷轧而成，表面质量、力学性能、尺寸精度及工艺性能要比热轧钢板好，应用广泛。SPCC（一般用途的冷轧碳素钢板）、SPCD（冲压用的冷轧碳素钢板）、SPCE（深冲压用的冷轧碳素钢板）原属于日本 JIS 的牌号，现在许多国家或企业（如宝钢等）直接用来表示自己生产的同类型钢材。

b. 优质碳素结构钢板。又称优质冷轧钢板，如 08、08F、10、20 等。由优质碳素结构钢冷轧而成，性能优良，这类钢板在受力不大的冲压加工中使用广泛，其中低碳钢使用较多。

c. 低合金结构钢板。如 Q345、Q295 等，用来制造有强度要求的重要冲件。

d. 电工硅钢板。如 D12、D41 等，主要用作各种电动机、发电机和变压器的铁心。

e. 不锈钢板。如 0Cr18Ni9、1Cr17Ni7 等，用来制造有防腐蚀、防锈要求的零件。其中 SUS 奥氏体不锈钢在厨房设备中用得更为广泛。

f. 镀锌钢板。镀锌钢板是指经过表面镀锌的冷轧钢板，除保留原板的性能之外，还具有良好的耐腐蚀性、成形性、焊接性、喷涂性等。

g. 镀锡钢板。俗称马口铁，是指经过表面镀锡的低碳钢板，大量用于制造食品罐头、瓶盖等产品，镀锡钢板有外形漂亮，涂装性、印刷性好，耐腐蚀性、焊接性好，材质均匀，加工性能优良，作为食品容器对人体无害等优点。

此外，还发展了一系列新型黑色金属材料，如高强度钢板、耐腐蚀钢板、涂层板、复合钢板等。

②有色金属材料。有色金属材料按照材质不同可分为以下几种：

a. 铜及铜合金（纯铜、黄铜）。如 T1、T2、H62、H68 等。铜在我国有色金属材料的消费中仅仅次于铝。铜在电气、电子行业中的应用最广泛，用量最大。铜能与其他许多金属形成合金，如铜与锌的合金称为黄铜，铜与镍的合金称为白铜，铜与铝、锡等的合金称为青铜。在铜元素中加入合金元素，可以提高材料的强度、硬度、弹性、易切削性、耐磨性等性能，且本身具有良好的塑性、导热性、导电性。

b. 铝及铝合金。如 1060、1050A、3A21、2A12 等，其质量轻，变形抗力小，塑性优良，具有良好的导电性、导热性、易延展性、耐腐蚀性。

c. 其他合金。如钛合金板、镍合金板等。

表1—1 常用冲压材料的力学性能

名称	牌号	出厂状态	力学性能				
			抗剪强度 τ/MPa	抗拉强度 σ_b/MPa	屈服强度 σ_s/MPa	延伸率 δ_{10}/%	硬度 HRB
普通碳素结构钢	Q195	未退火	260～320	320～400		28～33	
	Q215		270～340	340～420	220	26～31	
	Q235		310～380	380～470	240	21～25	
	Q255		340～420	420～520	260	19～23	
优质碳素结构钢	08	已退火	260～360	300～450	200	32	
	08F		220～310	280～390	180	32	
	10		250～370	300～440	210	29	
	10F		220～340	280～420	190	30	
电镀锌钢板	SECC			270～370	180～250	≥34	42～60
热镀锌钢板	C1			290～395	230～310	≥30.5	55～67
	C2			250～385	220～300	≥32	50～65
	D1			230～320	170～240	≥38	40～53
不锈钢板	1Cr17Ni7	冷轧		930	510	10	
		冷轧		1 130	745	5	
	0Cr18Ni9	冷轧		780	470	6	
		冷轧		930	665	3	

2）非金属材料

适用于冲压加工的非金属材料品种较多，其中主要包括绝缘胶木板、橡胶板、塑料板、纸板、有机玻璃层压板、纤维板、云母等。根据材料的规格进行分类。冲压成形材料的规格主要可分为各种规格的板料、带料、条料和块料。

①板料。板料的尺寸较大，用于大型零件的冲压，也可将板料按排样尺寸剪裁成条料后用于中、小型零件的冲压。主要规格有500 mm×1 500 mm、900 mm×1 800 mm、1 000 mm×2 000 mm、710 mm×1 420 mm等。

②条料。条料是根据冲件的需要，由板料剪裁而成的，用于中、小型零件的冲压。

③带料。又称卷料。有各种不同的宽度和长度，展开长度可达几百米，成卷状供应，适用于大批量生产的自动送料。可提高材料利用率。

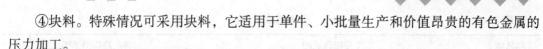

④块料。特殊情况可采用块料，它适用于单件、小批量生产和价值昂贵的有色金属的压力加工。

（2）根据材料成形质量分类

例如，对适用于进行冲压加工的钢材，国家标准《冷轧钢板和钢带的尺寸、外形、重量及允许偏差》（GB/T 708—2006）、《热轧钢板和钢带的尺寸、外形、质量及允许偏差》（GB/T 709—2006）有以下相关规定：

1）对于厚度在 4 mm 以下的轧制钢板，钢板厚度的精度分为 A（高级精度）、B（较高级精度）、C（普通级精度）三级。

2）对优质碳素钢冷轧薄钢板，钢板的表面质量可分为Ⅰ（特高级别精整表面）、Ⅱ（高级别精整表面）、Ⅲ（较高级别精整表面）、Ⅳ（普通精整表面）四组，每组按拉深级别分为 Z（最深拉深）、S（深拉深）、P（普通拉深）三级。

3）钢板根据出厂供货状态不同，可分为退火状态、淬火状态、软态（M）、半硬态（Y2）、硬态（Y）和特硬态（T）等。

4）钢材有冷轧和热轧两种轧制状态。与热轧钢板相比，冷轧钢板尺寸精确、偏差小、表面缺陷少、光亮、内部组织致密、冲压性能更优。冷轧和热轧根据轧制方法不同又分为连轧与往复轧，一般来说，连轧钢板的纵向和横向性能差别较大，纤维方向性比较明显，各向异性大；单张往复轧制时，钢板的各向均有相近程度的变形，故钢板的纵向和横向性能差别较小，冲压成形性能更好。

三、冲压工序与冲模分类

1. 冲压工序的分类

由于冷冲压加工的零件形状、尺寸、精度要求、生产批量、原材料性能等各不相同，因此，生产中所采用的冷冲压工艺方法也多种多样，根据不同工艺的要求，可以有以下几种分类：

（1）按板料变形性质分类

冲压中板料变形种类多样，但是概括起来可以分为两大类，即分离工序和成形工序。分离工序是指在冲压过程中使板料沿一定的轮廓线相互分离，从而获得形状、尺寸和切断面质量符合设计要求的零件的加工工艺。成形工序是指在冲压过程中使板料在不被破坏的条件下（即不产生破裂或分离）发生塑性变形，从而获得形状、尺寸符合设计要求的零件的加工工艺。常见的冷冲压基本工序见表 1—2、表 1—3。这种分类方法可较为直观、真实地反映各种工艺在实际生产中的特点和成形过程，便于制定各类零件的冲压工艺并进行冲模设计，在实际生产中有广泛的应用。

表1—2 分离基本工序

工序名称	工件及模具简图	特点及应用范围
落料	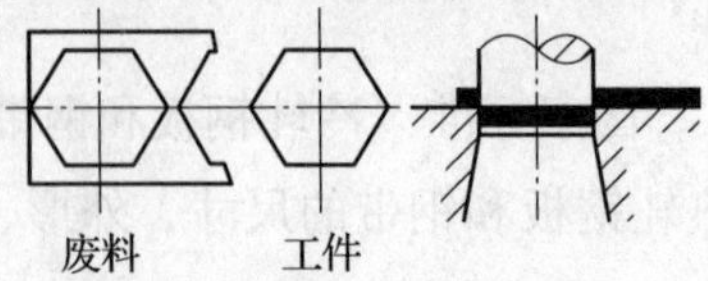 废料　　工件	将材料沿封闭轮廓分离的一种冲压工序，被分离的材料成为工件或工序件，大多数是平面制件
冲孔	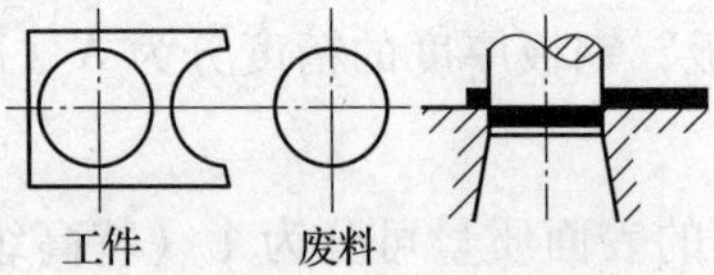 工件　　废料	将废料沿封闭轮廓从材料或工序件上分离的一种冲压工序，在材料、工件或工序件上获得所需要的孔
切边	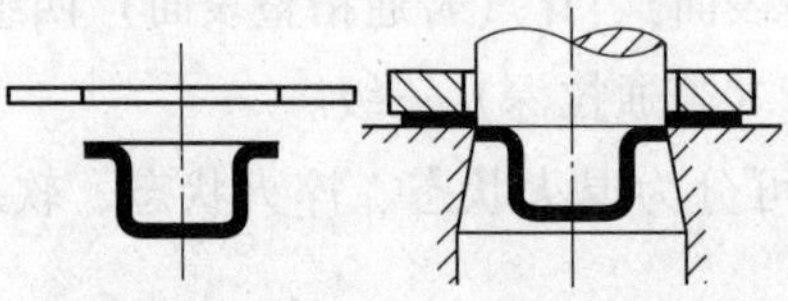	切边又称修边，是利用冲模刃口修切成形工序件的边缘，使其具有一定直径、一定高度或一定形状的冲压工序
切断	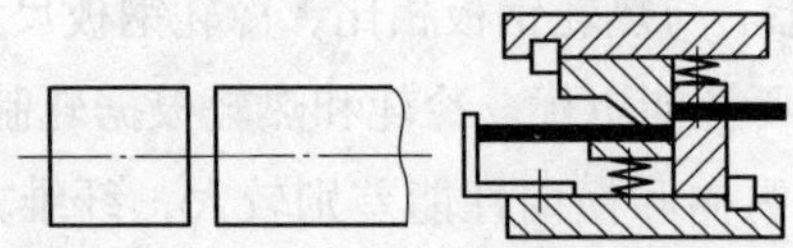	将材料沿敞开轮廓切断或分离的一种冲压工序，被分离的基体部分成为工件或工序件
剖切	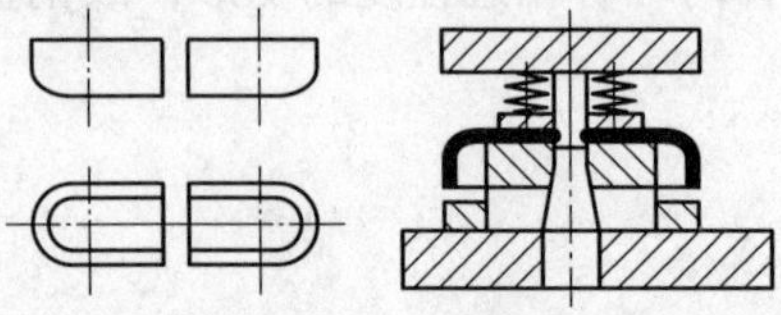	将成形工序件一分为数件的一种冲压工序
切舌	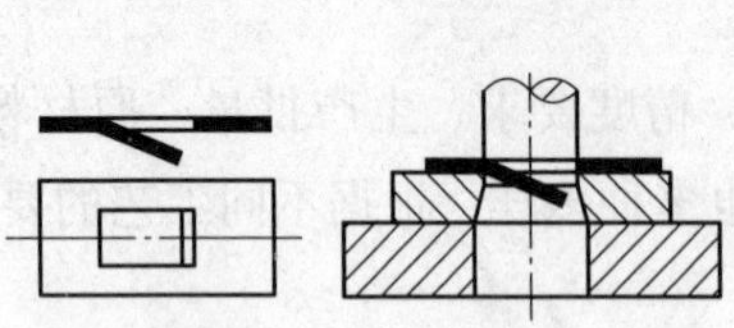	将材料沿敞开的轮廓进行局部而不是完全分离的一种冲压工序，被局部分离的材料具有工件所要求的一定位置，不再位于分离前所处的平面上

表1—3 成形基本工序

工序名称	工件及模具简图	特点及应用范围
弯曲	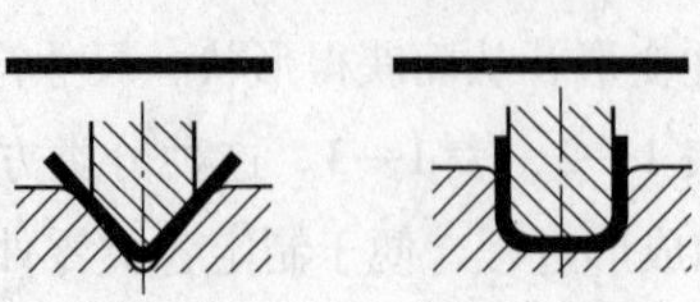	利用模具将平板坯料弯曲成具有一定弯曲角度和弯曲形状的工件，常作为支架

续表

工序名称	工件及模具简图	特点及应用范围
拉深	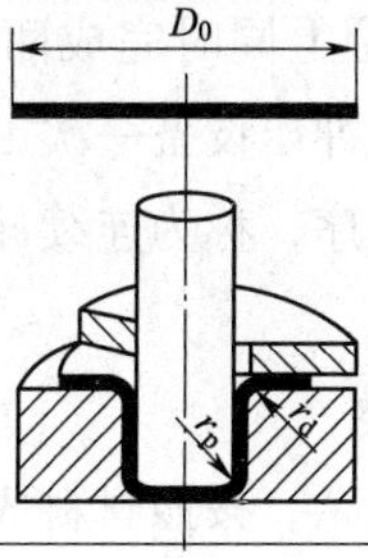	将平板坯料成形为具有封闭断面的有底空心件，也可在此基础上进一步拉深成形深度
胀形	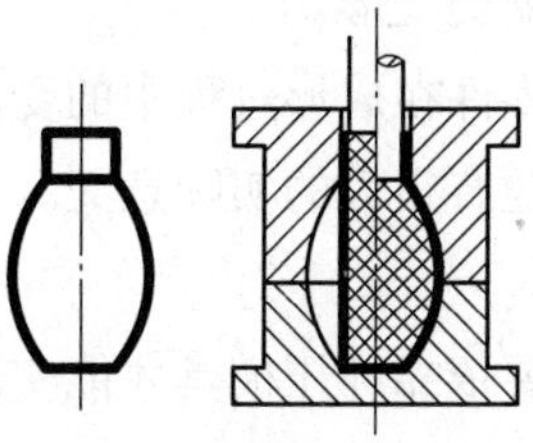	利用刚性模具或弹性模具使带底直壁空心件径向和圆周产生两向拉深变形，形成中部带有鼓凸形状的有底空心件
翻孔或翻边	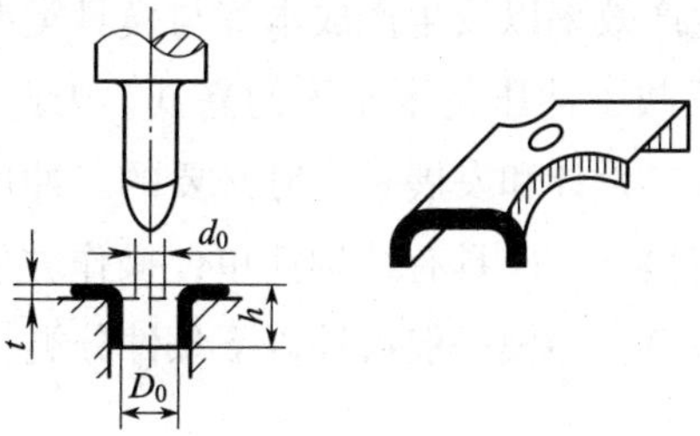	将半成品毛坯件的孔缘或边缘垂直或倾斜翻起，形成直壁
缩口及扩口	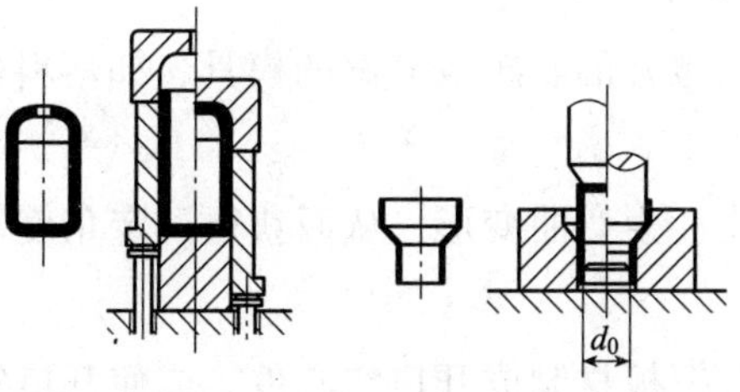	利用模具使空心毛坯或管坯在某个部位产生径向尺寸减小或增大的变形

（2）按工序组合形式分类

冲压工艺按工序组合形式分类，可以分为单工序冲压和组合工序冲压。

1）单工序冲压。只有一个工位，板料在冲压设备一次行程中只完成一种冲压基本工序，称为单工序冲压，如落料、弯曲、拉深等。

2）组合工序冲压。在实际冲压加工过程中，如果仅采用基本工序组织冲压生产，则很难满足工艺要求，同时也不能应对大批量的生产需要。因此，在实际生产中一般把两个或两个以上单独的基本工序组成一道工序，构成组合工序。当只有一个工位时，板料在冲压设备一次工作行程中，在一套模具的同一工位上同时完成两道或两道以上冲压基本工序，称为复合冲压。当不止一个工位时，板料在冲压设备一次工作行程中，在一套模具的不同工位上逐次完成两道或两道以上冲压基本工序，称为连续冲压。在连续冲压中一般将落料或切断工序安排在最后工位上。

（3）按成形时变形区的应力、应变特点分类

材料在冲压加工中受力情况和变形性质较复杂，按照材料成形时变形区的应力和应变特征，可以将冲压加工分为伸长类变形和压缩类变形。

这种分类方法充分反映出各类冲压加工零件在成形过程中的受力和变形特点，反映出了同类变形的共同规律，对解决冲压成形问题有很大的实际意义。

2．冲模的分类

冲压加工工艺复杂，种类繁多，并且都要依靠冲压模具才能实现。冷冲模是冲压加工中将材料（金属或非金属）加工成半成品或工件的一种工艺装备。

冲压件的表面质量、尺寸精度、生产效率以及生产成本等与模具类型及其结构设计有直接关系。冲压模具的结构性能直接反映了冲压技术水平的高低。因此，了解模具结构，研究和提高模具的各项技术指标对于模具设计和发展是十分必要的。冲压生产对模具结构的基本要求是在保证冲出合格零件的前提下，应具有结构简单，操作方便、安全，使用寿命长，易于制造、维修，成本低廉等特点。冲模一般可按以下条件分类：

（1）按工序性质分类

冲模可分为冲裁模、弯曲模、拉深模、成形模等。

1）冲裁模。是指使板材沿封闭或敞开的轮廓线分离的模具，如落料模、冲孔模、切边模等。

2）弯曲模。是指使板材沿着直线产生弯曲变形，从而获得一定角度和曲率的零件的模具。

3）拉深模。是指通过塑性变形，把板材制成开口空心件，或使开口空心件进一步改变形状和尺寸的模具。

4）成形模。是指通过局部塑性变形的方式来改变坯料形状的模具，如胀形模、缩口模、翻孔模、翻边模等。

（2）按工序的组合程序分类

冲模可分为单工序模、复合工序模、连续模、连续复合模等。

1）单工序模。只有一个工位，板料在冲压设备一次行程中只完成一种冲压基本工序

的模具称为单工序模，又称简单模。该类模具结构简单，可以无导向装置，包括落料模、冲孔模等。

2）复合工序模。只有一个工位，板料在冲压设备一次工作行程中，在一套模具的同一工位上同时完成两道或两道以上冲压基本工序的模具称为复合工序模。

3）连续模。不止一个工位，板料在冲压设备一次工作行程中，在一套模具的不同工位上逐次完成两道或两道以上冲压基本工序的模具称为连续模，实际生产中通常称为级进模。在该类模具中，落料或切断工序一般安排在最后工位上。

4）连续复合模。具有两个或两个以上工位，条料在逐次送进过程中逐步成形，在一套模具的某个工位上完成两道或两道以上冲压基本工序的模具称为连续复合模。

（3）按有无导向方式分类

冲模可分为无导向模、有导向的导板模和导柱模。

1）无导向模。结构简单，制造和调整都比较容易，适用于精度要求不高的冲压件。

2）导板模。采用导板导向，适用于生产批量大、精度要求较高的大、中型冲压件。

3）导柱模。采用导柱、导套导向，适用于生产批量大、精度要求较高、模具使用寿命要求较长的模具，生产中使用最普遍。

（4）按自动化程度分类

冲模可分为手动模、半自动模、自动模。自动模和半自动模适用于多工位连续模。

（5）按卸料装置分类

冲模可分为固定卸料板冲模、弹性卸料板冲模。

（6）按挡料形式分类

冲模可分为固定挡料销模、活动挡料销模、导正销模和侧刃定距冲模。

此外，还可以按其他形式进行分类。例如，按凸、凹模材质不同进行分类有普通钢模、硬质合金模、锌基合金模、软模、聚氨酯冲模等。而在汽车制造业中，为了便于组织管理、配置设备和生产准备等，按冲模的下模座长度与宽度之和分为大型冲模、中型冲模、小型冲模。对于同一副冲模，可能既是级进模又是导柱导套模，这是由于按不同的分类方式而有不同的称谓。

四、冲压设备及其选用

1. 冲压设备概述

冷冲压生产所使用的设备类型主要分为压力机和剪板机两大类。

（1）压力机的特点及基本用途

冲压用压力机种类较多，根据不同的观点可以把压力机分成不同类别。我国将压力机分为八类，分别是机械压力机（J）、液压压力机（Y）、自动锻压机（Z）、锻机（D）、弯曲校正机（W）、剪切机（Q）、锤（C）和其他（T）。在使用中，通常按照压力机的结构特点分为多种类型，其名称、结构特点及基本用途见表1—4。

表1—4　　　　压力机的名称、结构特点及基本用途

名称	结构特点	基本用途
开式压力机	C型床身结构，又称单柱压力机，通常床身可倾斜，便于出料；结构刚度较差，可在前、左、右三个方向上操作，操作空间大，只能左右送料	适用于小型冲压件生产
	开式双柱床身结构，只能前后送料	适用于中、小型冲压件生产
闭式压力机	床身为框架式，两侧封闭；刚度和精度高；只能在前、后两个方向上操作，操作空间小，只能前后送料	适用于大、中型冲压件生产
单点压力机	工作滑块由一套曲柄连杆带动，吨位及工作台面较小	适用于中、小型冲压件生产
双点压力机	工作滑块由两套曲柄连杆带动，吨位及工作台面较大	适用于大、中型冲压件生产
四点压力机	工作滑块由四个连杆带动，吨位及工作台面更大	适用于大型冲压件生产
单动压力机	只有一个滑块	适用于中、小型冲压件生产
双动压力机	具有内、外两个滑块；内滑块为工作滑块，用于拉深成形；外滑块用于压料，压力可调	适用于复杂大、中型拉深件生产
高速压力机	滑块运行速度高，导向精度高	适用于中、小型冲压件大批量生产

（2）压力机的分类

在确定冲压工艺方案或进行冲压模具结构设计时，首先需要掌握现有或需用冲压设备的吨位、结构形式、工作台面的尺寸以及可操作方式等相关工艺参数信息。目前，压力机大体可以分为机械压力机、液压机和伺服压力机三大类。

1）曲柄压力机。曲柄压力机主要由床身、工作机构、操纵系统、传动系统和能源系统组成，是以曲柄连杆机构为主传动机构的机械压力机，在冲压加工中，特别是在冲裁加工中应用最广泛。利用曲柄压力机可以实现冲裁、弯曲、拉深等冲压工序。

曲柄压力机可以按照床身结构、传动方式、连杆数目、滑块数量等分类。按床身结构可分为开式压力机和闭式压力机；按连杆数目可分为单点压力机、双点压力机和四点压力机；按滑块数量可分为单动压力机和双动压力机。例如，开式双柱可倾式床身结构只适用

于公称压力小于 1 000 kN 的曲柄压力机，它操作灵活，可倾机构可方便地用于小型冲裁加工。而公称压力较大的曲柄压力机多采用闭式床身结构，适用于前后送料的中、大型冲压生产。

曲柄压力机的基本工作原理如图 1—1 所示。电动机通过带轮经左侧主传动轮、主传动轴、小齿轮、大齿轮将运动传递给曲轴，带动曲轴做减速旋转运动。在曲轴的曲拐处装有连杆，连杆小头与滑块连接，通过连杆绕曲拐轴颈相对转动而带动滑块实现上下往复直线运动，并且滑块在两侧导轨的限制作用下不至于产生水平方向移动。在滑块下端面和工作台上端面分别装有冲压模具的上模和下模，即可实现冲压加工。

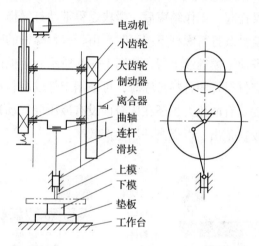

图 1—1　曲柄压力机的基本工作原理

曲柄压力机的传动系统主要由电动机、带轮、小齿轮、大齿轮等组成。传动系统的主要工作是将电动机输出转矩和转速按计算速比减速后，经离合器传递给曲柄连杆滑块工作机构，使后者输出一定压力和往复直线运动。电动机的运动能通过传动系统传递至工作机构，使两者间获得一个预定的定比传动。

曲柄压力机的操纵系统主要包括电气装置、离合器、制动器等。压力机开动后，在尚未踩下脚踏板或按下行程开关时，大齿轮只是空转，而曲轴并不转动。当踩下脚踏板时，离合器将曲轴和飞轮连接起来，使曲轴旋转并带动滑块上下运动。

当曲柄压力机工作时，电动机始终在旋转，而滑块实际工作运行时间很短，为使电动机负荷均匀，有效利用能量，装有大齿轮用以储备惯性能量。

曲柄压力机的工作机构是指曲轴、连杆及滑块所组成的运动系统。连杆大头套在曲柄轴颈内，由连杆盖使连杆与曲轴构成一个可相对转动但不能脱离的传动副。连杆小头内装有一个调节螺杆，转动螺杆可以改变连杆与滑块之间的连接距离，用以调节压力机的闭合高度。当旋入调节螺杆使连杆与滑块之间的距离最短时，压力机的闭合高度最大；反之，闭合高度最小。为防止压力机过载而损坏连杆或模具，通常在球头与球碗之间设置一保险环，当压力机过载时，先将保险环剪切破坏，实现过载自动保护。滑块下端有一个模柄孔，利用两个小半环夹持器夹紧模具上端的柄模，由于两个小半环扣合后的内轮廓线小于模柄外轮廓线而使上模与滑块连接成一体。冲压模的下模利用压板和穿过工作台 T 形槽的螺钉固定在工作台的上表面上。

当曲柄压力机冲压结束后，为了退出夹在上模内的工件废料，横穿压力机滑块内设置一打料横梁，如图 1—2 所示。当滑块在下止点时，如图 1—2a 所示，打料杆下表面压住板料，上端面将打料横梁托起。工作结束后，滑块返程带动打料横梁、打料杆和上模一同上行。当打料横梁上行至触及打料螺杆下端面时，由于打料螺杆的限制使打料横梁和打料杆都停止运动，而滑块带动上模继续上行，如图 1—2b 所示。上模内的工件或废料被停止运动的打料杆推出。确定打料杆的打料行程时，可根据工件或废料进入上模型腔内的深度调节打料螺杆的伸出长度。有的压力机还在床身内设有液压或气动顶料机构，可方便地将滞留在下模内的工件或废料顶出，以提高冲压生产效率。

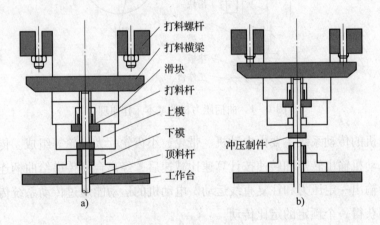

图 1—2　打料机构

a）滑块在下止点　b）滑块在上止点

2）液压机。液压机的种类较多，根据机身结构及传动特点，可分为开式压力机、闭式压力机、单柱压力机、双柱压力机、单点压力机、双点压力机、四点压力机、单动压力机、双动压力机及三梁四柱式压力机等多种类型。在冲压生产现场最常用的是三梁四柱式液压压力机，对于大型冲压、拉深、成形工艺常选用双动压力机。

液压机是由电动机带动液压泵作为动力源，通过液压缸带动滑块做上下往复运动，并输出恒定压力。液压机滑块导向精度较高，压力和行程可调，通常带有上、下顶出装置，

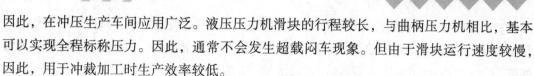

因此，在冲压生产车间应用广泛。液压压力机滑块的行程较长，与曲柄压力机相比，基本可以实现全程标称压力。因此，通常不会发生超载闷车现象。但由于滑块运行速度较慢，因此，用于冲裁加工时生产效率较低。

3）伺服压力机。"伺服"一词源于希腊语"奴隶"的意思。人们想把"伺服机构"当成得心应手的驯服工具，让其服从控制信号的要求而动作。伺服压力机又称电子压力机、伺服冲床或电子冲床，是在20世纪90年代国际上出现的一种与传统机械压力机、液压机具有完全不同概念的第三代新型压力机，它是高新技术（信息技术、自动控制、现代电工、新材料）与传统的压力机制造技术的结合，实现了冲压设备的数字控制。简单地说，就是用伺服电动机驱动精密滚珠丝杠实施精密压装作业，若在压力机的用户界面上输入加载速度、位移、力值保持等控制信号，压力机便通过相应的传感器采集信号并与输入的控制量进行比较后，输出相应的控制信号，执行机构对信号进行放大并做出相应的动作，使压力机的加载速度和位置控制非常灵活、方便。

近年来，大型伺服压力机已经成为现代冲压行业的亮点，相对于机械压力机和液压机，伺服压力机在技术上有很多变革。例如，压力机运行曲线不再一成不变，取消了飞轮、离合器、制动器，通过线性传感器调整偏心载荷，校正平行精度装置，NC伺服拉伸垫代替NC液压拉伸垫等都表现出独特的技术特征。

伺服压力机的基本工作原理是利用永磁铁伺服电动机具有的动力、变速与执行等多种功能，以及转速具有良好可控性的特点，直接（或通过齿轮传动）驱动冲压机构，采用自适应扭矩控制技术和计算机控制技术，利用数字技术（及反馈控制技术）控制伺服电动机的运转，可以精确地控制滑块相对于电动机转角的位置，以便于独立控制滑块的位置和速度，用一种冲压机构实现为多种冲压工艺而设定的最适合的滑块运动模式，通过编制不同的程序，实现工艺所需的各种滑块运动曲线，获得不同的工件变形速度，保证了工件质量，延长了模具的使用寿命，是一种环保节能型压力机，实现了压力机的数字控制，使压力机真正跨入了数字化时代。

与传统压力机相比，伺服压力机的特征主要包括：提高生产效率，行程长度可设定为生产必需的最小值；可维持与加工内容相适合的成形速度；制品精度高，通过闭环反馈控制，始终保证下止点的精度；抑制产品出毛边，防止不良品的产生；噪声低，模具使用寿命长，通过低噪声模式（即降低滑块与板料的接触速度），与通用机械压力机相比，大幅减少噪声；滑块运动的可控性，用户可利用此特点编制出适合于加工工艺的滑块运动方式，有效提高产品的精度和稳定性，延长模具使用寿命及生产效率，而且可实现静音冲裁，甚至可以扩大加工范围（如镁合金的冲压加工等），适用于冲裁、拉深、压印和弯曲等工艺以及不同材料的特性曲线，如可在滑块停止运行时保压，其目的是提高制件的成形质量；节能环保，取消了传统机械压力机的飞轮、离合器等耗能元件，减少了驱动件，简化了机械传动结构；润滑油量少，行程可控；由于电力消耗少，因此运行成本也大幅降低。

4）其他压力机。摩擦压力机有较好的工艺适应性，结构简单，制造和使用成本低，特别适用于校正成形等冲压工艺。

数控冲模回转头压力机能自动、快速地更换模具，通用性强，生产效率高。

（3）压力机的型号。

在八类压力机中，每类分成十列，每列又分成十组。各类锻压机械的型号按照国家标准《锻压机械　型号编制方法》（GB/T 28761—2012）的规定，均采用汉语拼音字母和数字表示，如 JB23—64A 的含义是：

J——第一个字母表示类别，即机械式压力机类，曲柄压力机属于锻压机械的机械类别，所以采用"机"字的汉语拼音第一个大写字母"J"表示。

B——第二个字母表示同一型号产品的变型顺序号。当压力机主要参数与基本型号产品相同，但某些次要参数有所改变时称为变型。"B"表示某些参数与基本型号不同的第二种变型。

2——系列代号，第 2 列表示开式双柱压力机。

3——组代号，第 3 组表示机身可倾。系列代号与组代号所代表的含义可查阅压力机相关手册。

63——压力机的标称压力（俗称公称吨位），也就是压力机的规格，其法定单位为kN，在数字后乘以 10，63 即表示 630kN。

A——重大改进序号，"A"代表对原型结构和性能做了第一次重大改进。

（4）压力机的主要技术参数

1）公称压力。公称压力也称额定压力（或叫吨位）。它是指滑块离下止点前某一特定距离（此距离称为公称压力行程或额定压力行程）或曲柄旋转到离下止点前某一特定角度（此角度称为公称压力角或额定压力角）时，滑块上所能承受的最大作用力。压力机的承载能力受压力机本身各主要构件强度的限制，滑块上所能承受的压力（许用载荷）在曲柄旋转一周中不是定值，而是旋转角 d 的函数。所以，"公称压力"只有与"公称压力行程"和"公称压力角"联系在一起才有意义。

2）滑块行程。滑块行程是指曲轴旋转一周，滑块从上止点到下止点所经过的距离，其值等于曲轴半径 R 的 2 倍。运行速度相等时，滑块行程小，可加快生产节奏，但操作空间受到限制；滑块行程大，操作空间大，但工作行程长。通常需要根据冲压工艺要求选取滑块行程，选择依据是应保证方便地放入毛坯和取出零件。对于上出件的拉深等冲压工序，滑块行程应大于零件高度的 2 倍。公称压力行程与滑块行程不同，它是指滑块下行产生最大输出压力时滑块下底端面距下止点的距离。

3）行程次数。行程次数是指压力机运行中，每分钟可实现滑块从上止点到下止点，再返回上止点的工作循环次数。它主要根据生产效率、操作的可能性和允许的变形速度等来确定。

4）闭合高度。当滑块处于下止点时，其下端面与工作台上表面之间的距离称为压力机的闭合高度。对于曲柄压力机来说，调节连杆中的调节螺杆可实现闭合高度的调整。通常将螺杆调至伸出长度时的闭合高度称为最小闭合高度，因此时滑块与曲柄具有最大间距。如果将调节螺杆全部旋入连杆小端，则滑块至下止点时距离工作台上表面距离最大，因而这时的闭合高度称为最大闭合高度。调节螺杆的有效调节长度即代表该压力机的闭合高度调节量。

5）装模高度。装模高度与压力机的闭合高度相同，其区别在于有的压力机工作台上表面装有工作垫板，这时装模高度与闭合高度差一个垫板的厚度。

6）模柄孔直径。中、小型压力机滑块下端开出模柄孔，以方便安装上模，通常应给出模柄孔直径和深度。另外还有滑块和工作台尺寸、下漏料孔直径、梯形槽间距和尺寸等。

7）电动机功率。一般在保证冲压工艺力的情况下，电动机功率是足够的。但是在某些情况下也会出现压力足够而功率不足的现象，此时必须对压力机的电动机功率进行校核，选择的电动机功率应大于冲压所需功率。

2. 冲压设备的选用

冲压时是将冲模安装在冲压设备（主要为压力机）上进行的，因而模具的设计要与冲压设备的类型和主要规格相匹配，否则是不能工作的。正确选择冲压设备，关系到设备的安全使用、冲压工艺的顺利实施及冲压件质量、生产效率、模具使用寿命等一系列重要问题。冲压设备的选择包括两部分内容，一个是选择设备的类型；另一个是选用该设备的规格。这两部分内容对于制定冲压工艺和设计模具都很重要。

（1）设备类型的选择

选择设备类型最重要的一点是应与冲压生产纲领相匹配。要满足设计所需要的冲压工艺。

1）对于小型薄板冲裁件、弯曲件或拉深件等应首选开式机械压力机。开式压力机具有操作方便、易于更换或调整模具的优点，并且通常滑块行程短，行程次数多，可提高生产效率。但开式压力机的刚度不高，在较大冲压力的作用下床身的变形会改变冲模间隙分布，缩短模具使用寿命，降低冲压件断面质量，但是，由于它提供了极为方便的操作条件和易于安装机械化附属装置的特点，所以，目前仍然是中、小型冲压件生产的主要设备。应注意的是，冲裁间隙往往需要靠模具自身导向精度来保证。另外，在中、小型冲压件生产中，若采用导板模或工作时要求导柱、导套不脱离的模具，应选用行程较小的偏心压力机。

2）对于大、中型冲裁生产应选择闭式压力机，包括一般用途的通用压力机和专用的精密压力机、双动或三动拉深压力机等。其中，薄板冲裁或精密冲裁时，选用精度和刚度较高的精密压力机。大型复杂拉深件生产中，应尽量选用双动或三动拉深压力机，因其可使所用模具结构简单、调整方便。另外，压力机本身刚度高，冲压件精度易于保证。特别是对于大批量生产时，便于实现机械化生产。

3）在小批量生产中多采用液压机。液压机没有固定的行程，不会因为板料厚度变化而超载，而且液压机具有稳定的运动速度和输出压力，可使板料变形稳定，在需要很多大的施力行程加工时，与机械压力机相比具有明显的优点。因此，特别适合于大型厚板冲压件以及具有复杂形状的覆盖件的生产。

4）在大批量生产或形状复杂件的大量生产中，应尽量选用伺服压力机或多工位全自动压力机。

（2）设备规格的选择

在选定冲压设备的类型后，应进一步根据冲压件的大小、模具尺寸及冲压力来选定设备的规格。

1）确定压力机吨位。确定压力机规格时，首先应确定吨位。一般需要先计算出某一零件所需的最大冲压力，压力机额定输出压力必须大于该最大冲压力，并留有余地。此外，还需根据冲压工艺类型分别考虑，如对于冲裁工艺，通常只要保证压力机额定输出压力大于最大冲裁力即可；但对于成形工艺，则需要考虑压力机公称压力行程，根据压力机的压力—行程曲线来判断最大冲压力是否符合公称压力行程规定；特别是对于深拉深加工，最大拉深载荷的出现点往往在压力—行程曲线有效范围之外，这种情况下则应考虑更换规格。

2）确定压力机的工作尺寸。压力机的工作尺寸主要是指其闭合高度、工作台面和滑块尺寸以及各种安装、漏料尺寸等。设计相应模具时，通常是在设备吨位确定后，按照压力机工作尺寸来布置模具结构，因此，压力机的工作尺寸是模具设计的依据。

五、冲压模具材料的使用要求、模具钢的分类及选用

1. 冲压模具材料的使用要求

冲压模具材料的力学性能、厚度及热处理工艺应满足模具工作环境、制造成本、使用

寿命及模具零件的加工工艺要求。应熟悉常用冲压模具材料的牌号、特点、用途及供应状态，合理选择模具零件的材料及热处理要求、结构及尺寸，以降低模具成本，提高冲压质量，延长模具使用寿命。

从模具加工、使用及维修的角度，对冲压加工模具材料的基本使用要求是具有足够的强度、硬度、耐磨性；具有良好的耐冲击性、耐疲劳性；具有良好的淬透性、易切削性；价格较低、采购方便。

2. 模具钢的分类

目前应用最为普遍的冲压模具材料是模具钢。按照用途不同，模具钢分为冷作模具钢、热作模具钢、塑料模具钢三种。常用冲压模具钢的化学成分见表1—5。

表1—5　　　　　　　　　　常用冲压模具钢的化学成分

类型	牌号	化学成分/质量分数,%					
		C	Si	Mn	Cr	Mo	V
碳素结构钢	Q235	0.14 ~ 0.22	≤0.3	0.30 ~ 0.65			
	SS400、SS41	力学性能与 Q235 接近					
优质碳素结构钢	45/S45C	0.42 ~ 0.5	0.17 ~ 0.37	0.5 ~ 0.8	≤0.25		
	55/S55C	0.52 ~ 0.6	0.17 ~ 0.37	0.5 ~ 0.8	≤0.25		
高级碳素结构钢	T8、T8A	0.75 ~ 0.84	≤0.35	≤0.4			
	T10、T10A	0.95 ~ 1.04	≤0.35	≤0.4			
	YK30/YCS3	1 ~ 1.1	≤0.35	0.8 ~ 1.1	0.2 ~ 0.6		
合金工具钢	Cr12	2 ~ 2.3	≤0.4	≤0.4	11.5 ~ 13		
	Cr12MoV	1.45 ~ 1.7	≤0.35	≤0.4	11 ~ 12.5	0.4 ~ 0.6	0.15 ~ 0.3
	Cr12Mo1V1	1.4 ~ 1.6	≤0.6	≤0.6	11 ~ 13	0.7 ~ 1.2	≤1.1
	SKD11 SLD DC11	1.4 ~ 1.6	≤0.4	0.5	11 ~ 13	0.8 ~ 1.2	0.3
	DC53	专利产品					

国产冲压模具钢主要包括普通碳素结构钢 Q235，优质碳素结构钢 45、55，高级碳素工具钢 T8、T8A、T10、T10A，合金工具钢 Cr12、Cr12MoV、Cr12Mo1V1 等。

（1）Cr12。属于高碳高铬型钢，具有较好的淬透性、良好的耐磨性。由于含碳量[1]最高可达2.3%，钢硬而脆，耐冲击性较差，几乎不能承受较大的冲击载荷，易脆裂，并容

---

[1]　本书中金属材料中的含碳量及各种合金元素的含量均为质量分数。

易形成不均匀的共晶碳化物。

（2）Cr12MoV。属于高碳高铬型钢，比 Cr12 钢淬透性更好，截面尺寸为 300～400 mm 时可以完全淬透，300～400℃时具有良好的硬度和耐磨性，韧性好，淬火时体积变化很小。通常用于制造断面较大、形状复杂、承受较大冲击载荷的各种工具和模具。

（3）Cr12Mo1V1。属于高碳高铬型钢，是国内引进美国的 D2 钢，与 Cr12MoV 钢相比，钼、钒含量更高，钢的组织和晶粒度进一步细化，钢的淬透性、强度、韧性得以提高，综合性能更好。

3. 冲压模具钢的选用

在选用模具材料时，应从模具材料性能、模具使用寿命、模具材料的制造工艺性以及模具材料的制造成本等因素综合考虑。

冲压模具大多是在强压、连续的作业条件下工作的，此时还得经受冲击和压缩与拉伸交变载荷的作用。因此，对于工作零件的钢材来说，必须有较高的硬度、良好的耐磨性和冲击性以及足够的强度和刚度。不少冷作模具在工作中被加工材料强烈挤压和磨损，会形成很高的温度，这时需要模具材料具有高的红硬性。

（1）根据钢材性能的选择。冲压模具常用钢材基本性能比较见表 1—6，从此表可以看到：钢材的抗压强度和耐磨性增加，则韧性降低；反之，要使钢材的韧性增加，则抗压强度和耐磨性要有所降低。综合模具的使用寿命考虑，选择钢材的方向应以提高其抗压强度和耐磨性为主，而设法充分利用钢材本身的最大韧性（不开裂和不破损的能力）

表 1—6   冲压模具常用钢材基本性能比较

类型	牌号	抗压强度	耐磨性	韧性	抗高温软化	淬透性	热处理变形
碳素工具钢	T10A	差	差	中上	差	差	差
低合金钢	9CrWMn	中	中	良上	中	中上	良上
	CrWMn	中上	中上	良	中	优	良
	6CrNiMnSiMoV	良	中上	优上	中	良	优
中铬合金钢	Cr6WV	良	良	优下	良	优下	优下
高铬合金钢	Cr12	优下	优	中	良	良	良
	Cr12MoV	良	优下	中	良上	优	优
基体钢	65Cr4W3Mo2VNb	优下	优下	优	优	优	优
高速钢	W6Mo5Cr4V2	良	优下	优	优	良下	中上
硬质合金	YG3X	优	优	优	良	良	中

常用的冷作模具碳素工具钢具有加工性能好、价格较低、淬火变形大、耐磨性能差的特点，常用的有 T8A、T10A 等。

常用的冷作模具低合金工具钢有淬透性较好、淬火变形小、耐磨性好、机加工容易的特点，常用的有 CrWMn、9CrWMn、6CrNiMnSiMoV、9CrSi 等。

常用的冷作模具高铬工具钢有强度高、耐磨性好、易淬透、稳定性高、抗压强度高的特点，如 Cr12、Cr12MoV 等。

高速钢又称为锋钢，要求具备高强度、高硬度、高耐磨性、足够的塑性和韧性等，如 W6Mo5Cr4V2 等。

硬质合金是由难熔金属的硬质化合物和黏结金属通过粉末冶金工艺制成的一种合金材料。它具有硬度很高、耐磨性很好、弹性模量很高、抗压强度高、膨胀系数较小等特点，如 YG6A、YT5、YW1 等。

新型冷作模具钢的牌号有 65Nb、012Al 等。

（2）从模具钢材的使用寿命出发，选择模具工作部分钢材的顺序是碳素工具钢、低合金钢、中合金钢、高速钢、钢结硬质合金、硬质合金、细晶粒硬质合金。

1）根据模具种类选择材料。由于不同冲压工序的受力方式及大小差异，因此选择模具材料也应该有所不同。一般来说，这些工序的综合受力由小到大是：弯曲、成形、拉深、冲裁、冷挤压、冷镦。也就是说，弯曲模的钢材可以稍差些，而冷镦模具的钢材应该最好。

2）根据制件的产量选择钢材。如果制件的产量大，则需要选择耐磨性好的模具钢材，因为制件产量大小与模具的耐磨性有很大关系，一般情况下、低熔点合金、锌基合金、铸铁、铸钢、铜合金、铝合金等简易冲模用的各种钢材使用寿命在一万次以下；碳素工具钢、低合金工具钢一般在十万次左右；中、高合金钢，高强度基体钢，高速工具钢，钢结硬质合金与硬质合金一般在一百万次左右。

3）根据制件的材料选择模具钢材。由于制件的材料不同，模具承受的拉伸、压缩、弯曲、冲击、疲劳及摩擦等机械力不同，作用力的大小和方式也不同。因此，对于不同的制件应选择不同的模具钢材。

六、冲压模具设计的基本流程

冲压模具设计既是冲压生产准备工作的基础，又是组织正式冲压生产的依据。冲压模具设计水平标志着冲压工艺的先进性、合理性及经济性，它在很大程度上反映了企业的生产技术水平。生产实践证明，合理的冲压工艺方案和模具结构不仅为稳定产品质量、降低冲压成本提供了技术保证，而且也为冲压生产的组织与管理创造了有利条件；反之，冲压模具设计的任何失误都会给冲压生产带来不应有的损失，甚至造成人员、设备事故。因此，冲压模具设计是一项技术性很强的工作，要求设计人员不仅具有认真负责的工作态度、良好的理论基础、丰富的实践经验、熟练的设计能力，还能不断总结设计经验，并学习冲压新技术，掌握新技能。

1. 冲压模具设计的主要工作内容

冲压模具设计包括两方面的内容，即冲压工艺设计和冲压模具设计。两者的工作性质虽然不同，但是相互渗透、相互补充、相互依存，并且通常由同一部门完成，统称冲压模具设计。对于冲压模具设计师，应同时具备冲压工艺设计、冲压模具设计两个方面的设计理论及实践技能。

（1）冲压工艺设计

冲压工艺设计是指针对给定的产品图，考虑产品的生产批量，现有冲压设备、模具制造条件及技术水平等诸多因素，从冲压工艺分析入手，经过必要的冲压工艺计算，合理制定冲压工艺方案，并以冲压展开图、冲压工序图等形式表达。冲压工艺设计的基本要求遵循材料的变形规律，保证冲出合格的产品，经济合理，安全高效，符合具体的生产条件，便于冲压生产的组织与管理。

（2）冲压模具设计

冲压模具设计是指根据已有的冲压工艺方案，考虑产品的定位、卸料、出件及模具的制造、使用和维修等问题，构思符合现有生产条件的模具结构，合理确定相关尺寸，并以模具装配图、模具零件图、模具开发备料单、五金零件需求表等形式表达。冲压模具设计的基本要求：模具结构合理、动作灵活，保证冲出合格的产品；模具结构简单，制造、维修方便，成本合理；模具操作方便、安全可靠、使用寿命合理；符合具体的生产条件，满足客户的特殊要求。

2. 冲压模具设计的相关信息资料

进行冲压模具设计所需的相关信息资料主要有以下几点：

（1）冲压工艺与模具设计标准

为了保证设计质量和效率，推行标准化作业，各种模具厂均制定了相应的设计标准。该标准严格遵循冲压工艺与模具设计的基本原则，紧密结合行业实际，充分考虑冲压材料、冲压模具材料、冲压模具标准配件的供应状态以及现有冲压设备、模具制造条件和水平，对冲压工艺与模具设计的基本原则、方法和步骤等均有详细的规定。

（2）冲压模具标准配件图

冲压模具配件大多已经标准化，并由专业厂家批量生产，质量好，效率高，成本低。该图册由相应的供应商提供，包括冲压模具标准配件的结构、材料、规格、参考价格等信息，以供设计人员使用。

（3）设计任务书

设计任务书反映产品的生产批量，设计任务、要求、进度等内容。其中，产品的生产批量及定型程度对冲压工艺方案和模具结构影响很大，应引起重视。

（4）冲压产品图

冲压产品图是冲压工艺设计的主要依据，应符合国家、行业、企业的相关标准，同时要求产品的冲压工艺性能良好。客户通常提供产品的二维图样；如果有必要，还应提供相应的三维图样。如果有图样，应抄画产品图；如果只有样品，应在测量样品后绘图。

3. 冲压模具设计的一般流程

冲压模具设计的一般流程不仅包括模具结构的设计，也包括冲压工艺的设计，在设计过程中要充分考虑工艺安排，还要考虑生产效率与经济效益，考虑生产的安全性等，才能设计出符合技术要求的合格模具，冲压模具设计基本步骤如下：

（1）前期相关信息资料准备

根据资料的要求，了解工件的基本信息，并进行工艺审核。信息资料准备的一般流程如下：

1）取得注明具体技术要求的产品零件图。了解工件的形状特点、尺寸大小、精度要求、表面质量要求、关键孔的尺寸（大小、位置）和关键表面，并确定基准面。

2）收集工件加工的工艺过程卡片。由此可研究其前后工序间的相互关系以及在各个工序间必须相互保证的加工工艺要求和装配关系等。

3）了解工件的生产批量。工件的生产批量对冲压加工的经济性起着决定性的影响，因此，必须根据工件的生产批量和质量要求决定模具的形式、结构、材料等有关事项，并由此分析模具加工工艺的经济性及工件生产的合理性，描绘冲压工步的轮廓。

4）确认工件原材料的规格及坯料情况，了解材料的性质和厚度，根据工件的工艺性确定是否采用少废料及无废料排样，并初步确定材料的规格和精度等级。在满足使用性能和冲压工艺性能要求的前提下，应尽量采用廉价的材料。

5）分析设计和工艺上对材料纤维方向的要求、毛刺的方向。

6）分析工（模）具车间制造模具的技术能力和设备条件以及可以采用的模具标准件的情况。

7）熟悉冲压车间的设备情况。

8）研究及消化上述资料，初步构思模具的结构方案。必要时可对既定的产品设计和工艺过程提出修改意见，使产品设计、工艺过程以及模具设计和制造三者之间更好地结合，以取得更加完善的效果。

（2）确定工艺方案及模具结构形式

工艺方案的确定是冲压件工艺性分析后进行的一个最重要的环节。它包括以下几个步骤：

1）根据工件的形状特征、尺寸精度及表面质量的要求进行工艺分析，判断出它的主要属性，确定基本工序的性质，即冲裁、冲孔、弯曲、拉深、翻边和胀形等基本工序。列出冲压所需的全部单工序，一般情况可从产品零件图要求直接确定。

2）根据工艺计算并确定工序数目。对于拉深件，还应计算拉深次数，而弯曲件、冲裁件等也应根据其形状、尺寸及精度要求等，确定是一次或几次加工。

3）根据各工序的变形特点、尺寸精度要求及便于操作等要求，确定工序排列的先后顺序。如先冲孔后弯曲还是先弯曲后冲孔等。

4）根据生产批量、尺寸大小、精度要求以及模具制造水平、设备能力等多种因素，将已初步依次排列的单工序予以可能的工序组合，如复合冲压工序、连续冲压工序等。通常，厚料、低精度、小批量、大尺寸的冲压件宜采用单工序生产，选用简单模；薄料、小尺寸、大批量的冲压件宜用级进模进行连续生产；而形位精度高的冲压件，则宜采用复合模进行冲压。

在确定工序的性质、顺序及工序的组合后，即确定了冲压的工艺方案，也即决定了各工序模具的结构形式。

（3）进行必要的工艺计算

相关工艺计算的一般步骤如下：

1）设计材料的排样及计算毛坯尺寸。

2）计算冲压力（包括冲裁力、弯曲力、拉深力、翻边力、胀形力及卸料力、推件力、压边力等），必要时还需计算冲压功和功率。

3）计算模具的压力中心。

4）计算或估算模具各主要零件的主要尺寸，如凹模和凸模固定板、垫板的厚度以及卸料橡皮或弹簧的自由高度等。

5）决定凸、凹模的间隙，计算凸、凹模工作部分的尺寸。

6）对于拉深工序，需要决定拉深的方式（压边或不压边），计算拉深次数及中间工序的半成品尺寸。对于某些工艺，如带料的连续拉深等，则需进行专门的工艺计算。

（4）模具结构的总体设计

在上述分析和计算的基础上进行模具结构的总体设计（此时一般只需勾画出草图即可），并初步算出模具的闭合高度，概略地定出模具的外形尺寸。

（5）模具主要零部件的结构设计

进行主要零部件设计包含的主要内容如下：

1）工作部分的零件设计。如凸模、凹模、凸凹模等结构形式的设计及固定形式的选择。

2）定位零件设计。在模具中常用的定位装置有很多形式，如可调定位板、固定挡料销、活动挡料销及定距侧刃等，需要根据具体的情况进行选用及设计。在连续模中还需要考虑是否采用初始挡料销等。

3）卸料和推件装置。如选用刚性还是弹性的零件以及弹簧、橡皮的选用和计算等。

4）导向零件。如选用导柱、导套导向还是导板导向，选用中间导柱、后侧导柱还是对角导柱，是用滑动导套，还是带钢球的滚珠导套等。

5）支持、夹持零件或紧固零件。如模柄及上、下模座结构形式的选择等。

（6）选定冲压设备

冲压设备的选择主要决定其类型和规格，冲压设备类型的选定主要取决于工艺要求和生产批量；冲压设备规格的确定主要取决于工艺参数及模具结构尺寸。选用原则参照前述"冲压设备及其选用"的相关内容。对于曲柄压力机来说，必须满足以下要求：

1）压力机的公称压力必须大于冲压的工艺力，确切地说，应该是冲压过程的负荷必须小于压力机的许用负荷。对于拉深件还需计算拉深功。

2）压力机的装模高度必须符合模具闭合高度的要求。

3）压力机的行程要满足工件成形的要求。如对拉深工序所用的压力机，其行程必须大于该工序中工件高度，控制在工件高度的 2~2.5 倍，以便放入毛坯和取出工件。

4）压力机的工作台面尺寸必须大于模具下模座的外形尺寸，并要留有固定模具余量，一般每边应大出 50~70 mm。压力机工作台面上的漏料孔尺寸必须大于工件（或废料）的尺寸。

（7）绘制模具结构总图

模具结构总图（包括零件工作图）的绘制应严格执行制图标准（如 GB/T 4457~4460 和 GB/T 17451—1998 等）。同时，在实际生产中，结合模具的工作特点和安装、调整的需要，其图面的布置已形成一定的习惯。模具结构总图主要包括主视图、俯视图、侧视图、工件图、排样图、零件明细表、技术要求及说明等。

（8）绘制各非标准件的零件结构图

零件结构图上应注明全部尺寸、公差及配合、形位公差、表面粗糙度、所用材料及其热处理要求和其他各项技术要求。

（9）填写模具记录卡，编写冲压工艺文件

小批量生产时，应填写工艺路线明细表；而在大批量生产时，则需对每个零件制定工艺过程卡和工序卡。

第2节　冲压模具加工工艺基础知识

 学习目标

掌握冲压模具通用零件的加工方法，对于常见的圆柱形零件、套类零件，掌握其车削加工、磨削加工及研磨加工的相关知识，对于所用到的设备，要了解其特点和使用方法；掌握常见冲压模具模架的结构，了解上模座、下模座、模柄、导向装置的作用，掌握板件和圆孔及圆孔系的加工方法，对于所用到的设备，了解其特点和使用方法；掌握模具零件制造工艺规程基础知识，了解工艺规程的性质和作用以及制定工艺规程的要点和步骤，了解模具工作零件常见的电火花和线切割加工工艺，以及模具工作零件的各种加工工艺系统中的常用夹具；了解模具热处理的常用方法以及模具内部组织的变化，熟悉模具热处理工艺，掌握延长模具使用寿命及提高制品质量的方法。

 知识要求

一、冲压模具通用零件加工工艺知识

在选择模具零件表面加工方法时，一般要考虑被加工表面的精度要求、零件材料的性质及热处理要求、生产效率的要求、经济性要求及零件表面质量要求等因素。

冷冲模具通用零件加工工艺主要有铸造加工、特种加工和切削加工。

冷冲模具通用零件加工设备主要包括车床、铣床、刨床、磨床、插床。

1. 圆柱形零件的加工工艺

冲压模具中有大量的圆柱形零件，包括冲模中的圆形凸模、模柄、导柱、定位销、螺钉等。模具中圆柱形零件最常用的加工工艺方法有车削加工、磨削加工和研磨加工三种。

（1）圆柱形零件的车削加工

车削工艺主要用来加工有内、外表面的圆柱面、端面、圆锥面、球面、椭圆柱面、沟槽、螺旋面和其他特殊型面。应用车削加工的模具零件有标准导柱与导套、圆凸模与圆凹模以及圆柱销等。圆柱形零件的车削加工通常分为粗车、半精车、精车和精细车四种，应当根据制造精度和零件的具体要求选用。

一般车削加工的经济精度为 IT11 ~ IT7 级，最高可达 IT6 级；表面粗糙度 Ra 值为

12.5～0.8 μm。粗车是为了去除毛坯的表层硬皮和大部分加工余量，只留下半精车和精车所需的余量，粗车后的工件尺寸精度可以达到 IT15～IT13 级；表面粗糙度 Ra 可达 50～12.5 μm。半精车是在粗车的基础上进一步提高工件的尺寸精度、位置精度并提高表面质量。半精车后的工件尺寸精度可以达到 IT10～IT8 级；表面粗糙度 Ra 可以达到 1.6～0.8 μm。精车的尺寸精度可达 IT8～IT7 级；表面粗糙度 Ra 可以达到 1.6～0.8 μm。精细车的尺寸精度可以达到 IT7～IT6 级；表面粗糙度 Ra 可以达到 0.4～0.025 μm。大批量生产模具标准件时，车削工艺过程的顺序一般可分为粗车、半精车和精车三道工序。

车削工艺系统的主要组成部分包括车床、刀具和夹具。其中车床是车削工艺系统中的主体。针对不同的零件和不同的加工工艺规程选用不同的车床可以充分发挥车削工艺系统的功能。常用的车床有卧式车床、立式车床和数控车床，不同的车床种类和应用见表1—7。

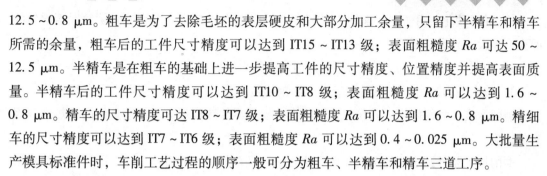

表1—7　　　　　　　　　　　　车床的种类和应用

车床种类	应　　用
卧式车床	适用于单件、小批量加工，如模具导向件的加工
立式车床	适用于大、中型工件的加工
数控车床	适用于多品种、少批量、形状较复杂的中、小轴类件加工，灵活性、适应性强，效率高

车刀是车削工艺系统的重要组成部分。车刀的几何参数、材料涉及零件的加工精度、表面粗糙度和加工效率等，是车削加工中的关键技术。常用车刀分为整体型、焊接型、装夹型三种。其中整体型车刀由于较费材料，已逐渐被淘汰；焊接型车刀目前应用较为普遍；装夹型车刀由刀柄用机械装夹形式将各种形状、功能各异的可转位刀片装在刀柄上，组成所需的各种车刀。

（2）圆柱形零件的磨削加工

磨削是在磨床上利用磨粒组成的固结磨具、半固结磨具和游离磨粒对高硬度材料或精度和表面质量要求高的零件进行加工的一种方法。常见的磨床有外圆磨床、内圆磨床、平面磨床、无心磨床、工具磨床、砂带磨床、专门化磨床等。

在磨削时，磨粒的选用非常重要，选用不当将不能达到预期效果。当磨削硬度高的工件时，磨粒容易钝化，应选用软砂轮；磨削硬度低的工件时，应选用硬砂轮。

磨削加工的经济精度可达 IT6～IT5 级，表面粗糙度 Ra 值可达 1.25～0.16 μm。当采用平面磨削加工时，表面粗糙度 Ra 值可达 0.4～0.2 μm；采用外圆磨削加工时，表面粗糙度 Ra 值可达 0.8～0.2 μm；当采用镜面磨削时，表面粗糙度 Ra 值可达 0.04～0.01 μm。

在磨削加工中，也常出现一些缺陷，常见的有局部硬化、裂纹、残余应力等。

1）局部硬化。由于在磨削加工过程中，受摩擦热的影响，模块表面易发生不均匀的回火、淬火，导致局部硬度发生变化。

2）裂纹。在磨削中常出现与磨削方向垂直的裂纹。

3）残余应力。由于在磨削加工中，磨削温度极高，加工后常会产生残余热应力，主要受磨削深度、砂轮硬度、砂轮的锋利状态、模具零件热处理工艺及模具钢的导热性等因素的影响。

磨削加工是外圆表面加工的主要方法之一，是车削加工的后续工序。既可加工淬硬后的表面，也可加工未经淬火的表面。磨削工艺一般分为粗磨、精磨和细磨三道工序。外圆磨削可以分为粗磨、精磨、细磨、超精密磨削及镜面磨削。在实际生产中，应根据被加工工件的批量大小和应达到的加工质量要求，调整工序组合以保证加工质量和效率。磨削的加工余量和能达到的加工精度与表面粗糙度见表1—8。

表1—8　　　　　　　　磨削的加工余量和能达到的精度与表面粗糙度（*Ra*）

工序名称	磨削余量/mm		尺寸精度/mm	圆度/mm	圆柱度/mm	表面粗糙度 *Ra*/mm
	$d \geq 18 \sim 30$ $L = 100 \sim 250$	$d > 30 \sim 50$ $L = 100 \sim 250$				
粗磨	0.15 ~ 0.25	0.20 ~ 0.25	0.05 ~ 0.08	0.003 ~ 0.006	0.01/500 ~ 0.02/1 000	6.3 ~ 0.8
精磨	0.08 ~ 0.15	0.10 ~ 0.20	0.025 ~ 0.03			0.25 ~ 0.05
细磨	0.05 ~ 0.08	0.05 ~ 0.10	0.018 ~ 0.02			0.4 ~ 0.02

在加工质量要求高的有色金属零件时，一般不宜采用磨削加工。

（3）圆柱形零件的研磨加工

对于配合要求高、精度高的导向零件，精车、精磨是不能达到要求的，应对其表面进行研磨才能达到要求。

冲压模具中需进行研磨的零件及其加工面主要为导柱及其外圆面、导套及其内圆面。研磨就是在专用的研磨工具与被研磨表面之间加入松散的、自由状态的磨料，使其在一定的压力下对需要加工的表面进行微量磨削，从而加工出形状和尺寸精度较高、表面粗糙度值较低的表面。研磨的目的是降低加工面的表面粗糙度值，减小摩擦因数，提高其配合精度，属于工件表面的精加工。研磨时采用的磨料粒度越细，所获得的表面粗糙度值越小。研磨时，在所用压力范围内工件表面粗糙度值随着研磨压力的降低而降低。一般来说，被研磨工件表面质量是随着工件材料硬度的提高而得到改善的。

研磨方法主要包括湿磨、干磨和抛光三种。湿磨是指在研磨时除加入磨料外，再加入适量的介质，如润滑油等，由于这样更容易形成氧化膜，从而使研磨的速度加快。湿研的效率虽然高，但是研后的表面没有光泽，对于有光泽要求的零件还需要进行抛光。干磨是指研磨时只用磨料，不加入任何介质。加工的精度高而且加工后的表面粗糙度值很低，但是效率比较低。抛光是指磨料的粒度更细而且磨料的硬度比被抛光工件材料的硬度低。由于抛光时的速度较高，加工工件表面产生较高温度，易产生氧化膜，从而使工件的表面有光泽，质量更好。

常用研磨工具中的研磨环如图1—3所示，机械研磨装置的结构如图1—4所示。

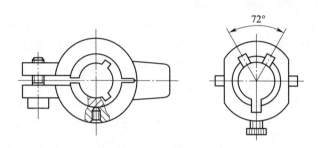

图1—3　研磨环

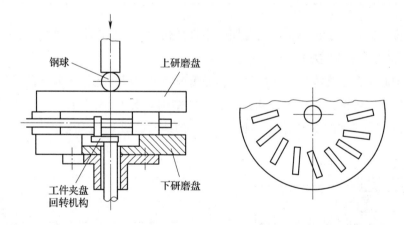

图1—4　机械研磨装置的结构

导柱作为典型的圆柱形零件，其加工工艺路线为备料→粗加工→半精加工→热处理→精加工→光整加工。

2. 套类零件的加工工艺

套类零件的加工工艺主要包括外圆与端面的车削加工；内孔钻、镗加工；外圆与内孔磨削加工；内孔的研磨加工。外圆与端面的加工方法与圆柱形零件的外圆与端面的加工方法完全相同。

（1）套类零件内孔的机械加工

根据套类零件结构、形状的技术要求，安排其加工工艺时需先加工内孔，再以内孔为基准加工外圆和其他加工面。内孔的加工包括钻孔、扩孔、镗孔及磨削。

套类零工件的钻孔与扩孔是半精车、精车外圆和端面的前工序，也是磨孔工序的预加工。钻孔、扩孔的工艺精度与质量见表1—9。

表1—9　　　　　　　　　　　钻孔、扩孔的工艺精度与质量

工艺	工艺精度与质量	说明
钻孔	精度：IT12～IT11 级 表面粗糙度 Ra：12.5～6.3 μm	钻头直径一般小于75 mm 当钻头直径大于30 mm时，常采用两次加工，即： Ⅰ次钻孔为50%～70%孔径 Ⅱ次扩孔为30%～50%孔径
扩孔	精度 IT13～IT10 级 表面粗糙度 Ra：6.3～3.2 μm	一般为镗孔前工序。也可作为要求不高的孔的最终加工工序扩孔的直径一般小于100 mm；否则，力矩将过大。所以当孔径大于100 mm时宜采用镗孔

一般来说，钻孔属于粗加工，适合加工小直径孔。模具零件上的螺孔、销钉孔和工作零件的安装孔常用钻削方法加工。

锪钻与中心钻是套类零件内孔加工中用的重要辅助刀具。锪钻有外锥面锪钻、内锥面锪钻和平面锪钻三种形式。标准直柄锥面锪钻的结构如图1—5所示。中心钻是在钻中心孔时作为定位基准或辅助支撑用的刀具。中心钻的结构如图1—6所示。

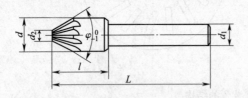

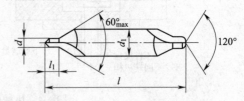

图1—5　标准直柄锥面锪钻的结构示意图　　　　图1—6　中心钻的结构示意图

镗孔是利用镗床进行孔的精密加工的一种工艺方法。工作中常用卧式镗床，它可以完成钻孔、镗孔、车外圆、车螺纹、车端面和平面等工作。

一般镗削中粗镗的经济加工精度可达到 IT12～IT11 级，精镗的经济加工精度可达到 IT7～IT6 级，表面粗糙度 Ra 值可达 0.63～2.5 μm。

镗孔的加工精度、表面粗糙度与加工余量见表1—10。

表1—10		镗孔的加工精度、表面粗糙度与加工余量			mm
孔径 φ	加工余量	公差等级（IT10～IT5）		表面粗糙度 Ra（μm）	
		尺寸精度	圆度		
3～6	0.5	0.03	0.005	$0.63 < Ra \leq 12.5$	
>6～10					
>10～18	0.8	0.05			
>18～30					
>30～50	1～1.2				
>50～80		0.07			

套类零件在进行内孔磨削时，由于受到孔径与磨削方式的限制，内圆磨头主轴需在悬臂状态下工作，刚度较低，易产生变形与振动，从而影响磨孔精度与表面粗糙度。同时，磨削时砂轮与内孔接触弧长大，排屑困难，磨粒易钝化，易堵塞。因此，内孔磨削工艺条件与工艺质量将劣于外圆磨削工艺条件与工艺质量。

（2）套类零件内孔研磨与珩磨

套类零件的内孔在磨削以后，为提高其导向精度，延长使用寿命，需进行研磨或珩磨。

套类零件内孔研磨主要有采用研磨工具进行手工研磨、在车床上研磨和采用研磨机进行研磨三种方法。手工研磨即将研磨棒放入工件内孔，并使研磨棒产生弹性变形胀开研磨套外圆面而压在内孔面上，其间放入研磨剂，以手旋转并进行往复运动进行研孔；在车床上研磨是指将调好的研磨棒与套在其上的工件装夹在车床上，放入研磨膏，手持套类工件，做往复运动进行半机械化的内孔研磨；对于批量生产方式，则采用专用的研磨机进行研磨，同时可以进行多件研磨。

套类工件内孔珩磨工艺主要是利用安装在珩磨头圆周上的若干砂条，采用相应的胀开机构，使砂条沿径向胀开，压向内孔壁进行磨削，如图1—7所示。

珩磨时，珩磨头与珩磨机主轴采用浮动连接，并驱动其做旋转运动和往复运动对内孔面进行磨削，以提高内孔的尺寸与形状精度，降低其表面粗糙度值。

坐标磨床具有精密坐标定位装置，用于磨削孔距精度要求很高的精密孔和成形表面，如圆柱孔、圆弧内外表面、圆锥孔、淬硬工件及各种平面。

坐标磨床与坐标镗床有相同的结构布局，不同的是镗刀主轴换成了高速磨头。磨削时，工件固定在能按坐标定位移动的工作台上，砂轮除高速自转外，还通过行星传动机构做慢速的公转，并能做垂直进给运动。利用坐标磨床进行内圆磨削加工，磨削精度与砂轮轴向往复运动的速度有关。粗磨时砂轮的轴向往复运动速度较高，精磨时砂轮的轴向往复运动速度较低。

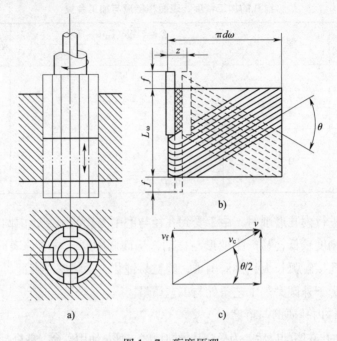

图1—7 珩磨原理

a）成形运动 b）砂条的磨削轨迹展开图 c）合成速度

3. 板件加工工艺

（1）板件及其加工工艺要求

冲压模具中的板件主要包括凹模板、凸模固定板、凸模垫板、卸料板和导向板等。板件最常见，应用最多，且已经标准化、系列化，由专业生产厂按国家标准的要求进行批量生产，供应市场需求。同时，板件也是典型的机械零件。加工板件用的板坯多为轧制、锻造或铸造而成的，其粗加工工作量很大。为了缩短模具制造周期，提高模具装配精度，其板坯需要经过粗铣或半精铣后成为通用、标准的精制板坯。

粗铣板坯需要达到的直线度公差为 0.3 ~ 0.5 mm/m，表面粗糙度 Ra 为 12.5 ~ 6.3 μm；半精铣板坯需要达到的直线度公差为 0.1 ~ 0.2 mm/m，表面粗糙度 Ra 为 6.3 ~ 3.2 μm。最后模具厂进行精加工的余量为 0.3 ~ 0.5 mm。下模座的最小轮廓尺寸应比压力机工作台上漏料孔的尺寸每边至少大 40 ~ 50 mm。

一般板件，如支撑板、楔紧板等选用粗加工后的精制板坯，其常用的加工方法为铣削加工。其工序为半精铣→精铣→倒角。

对于冲模凹模模板、凸模垫板、卸料板等精密结构件，要选用半精加工后的精制板坯。这些板件常用的加工工序为精密平面铣削→半精磨→精密平面磨削→倒角。加工模板

时一般不采用研磨工序。

（2）板件的加工方法

板件由六个平面组成，各个面的加工属于平面加工。最常用的平面加工方法有刨削加工、铣削加工和磨削加工。

1）板件的刨削加工。刨削时，其主运动是刨刀相对于工件加工表面的周期性往复直线运动。但是刨刀返回时不进行切削，为空行程，故加工效率较低。在模具零件加工中，刨削加工一般可以加工模具零件的外形平面、斜面、垂直面和曲面。刨削时，进刀是零件随工作台做横向的间歇直线运动，因此刨削时做间歇性的断续切削。当刨刀切入零件表面时，有较大的冲击力，机床、夹具、刀具和零件都必须有一定的刚度来承受刨削的冲击力。因此，刚度不够的薄壁零件的平面加工，不宜选用刨削加工。最常用的刨床有牛头刨床和龙门刨床，前者用来加工中、小型板件，后者用于大型板件的加工。龙门刨床水平进给和垂直进给可同时进行，常用于加工斜面。

一般来说，刨削加工切削速度低，有冲击和振动现象，加工质量一般，其加工的经济精度与表面粗糙度见表1—11。

表1—11 　　　　　　　　刨削加工的经济精度与表面粗糙度

刨床	最大刨削宽度/mm	最大刨削长度/mm	加工面平面度公差/mm	加工面对工作台的平行度公差（mm）	上、侧面的垂直度公差（mm）	尺寸精度	表面粗糙度 $Ra/\mu m$	适用范围
龙门刨床	1 000	3 000	0.02/1 000	0.02/1 000	0.02/300	IT9 ~ IT7	1.6	加工床身机座、支架、箱体等尺寸较大的工件和大型模板
	1 250	4 000	0.03/1 000	0.03/1 000	0.02/300			
	1 600	6 000						
	2 500	12 000						
	3 000	15 000						
牛头刨床	190	160	0.02	0.02	0.01			加工中、小型工件的平面和沟槽等
	350	350						
	500	500	0.025	0.03	0.02			
	600	650						

2）板件的铣削加工。在板件加工中，铣削是最常用的一种方法。铣削加工时铣刀做圆周运动，而工件则随工作台做直线进给运动，两者协调配合完成切削加工。铣削能形成的工件型面有平面、槽、成形面、齿轮和其他特殊型面。铣削时，工件做连续进给运动，无空行程，所以，铣削的加工效率较高。铣削加工的经济精度为IT9 ~ IT7级，最高精度达

IT6 级。经济的表面粗糙度 Ra 值为 $6.3 \sim 3.2$ μm，最低可达 0.8 μm。

铣削是断续切削过程。当切削刃切入与切出的瞬间，参与切削的刀齿数有增减变化，切削过程中的切削金属层厚度会产生周期性变化，这将使切削力产生波动。所以，切削过程易产生振动，从而降低加工精度与表面质量。当振动的频率与铣削工艺系统和固有的频率相同或是相近时，将产生共振，使铣刀、铣床、夹具造成损坏。因此，铣削加工时，提高铣削工艺系统的刚度，降低其固有频率，是提高铣削工艺精度与降低表面粗糙度值的措施。

按照铣削时铣刀相对于工件的运动方式不同，铣削分为圆周铣削法和端铣铣削法。

圆周铣削法包括顺铣和逆铣两种方法。铣削时铣刀旋转切入工件的方向与工件的进给方向相反，称为逆铣；反之，则称为顺铣。逆铣时，切削厚度从零开始逐渐增大，致使实际前角出现负值时刀齿在加工表面失去切削功能，而只是对加工表面形成挤压和滑行，这会加剧铣刀后面的磨损，又使工件表面产生严重的冷硬层，而且使工件加工后的表面粗糙度值增大。而顺铣时，刀齿的切削厚度从最大开始，避免了因挤压、滑行而产生的冷硬层，提高了工件的表面质量。但是纵向分力与进给方向相同，致使工作台丝杆与螺母之间产生间隙，工作台就会发生窜动，使铣削进给量不均匀，严重时会损坏铣刀。

端铣铣削法包括对称端铣、不对称逆铣和不对称顺铣三种方法。对称端铣时，铣刀中心在工件宽度的中心线上，切入为逆铣，切出为顺铣；不对称逆铣时，铣刀中心偏于工件对称中心线的一侧，切入时的切削厚度最小，切出时的切削厚度最大，故切入时冲击力小，切削力变化小，切削平稳；不对称顺铣时，铣刀位置偏于工件对称中心线的一侧，切入时切削厚度最大，而切出时最小。

3）板件的磨削加工。磨削的切削速度高，进给量小，尺寸精度易于控制，加工后的表面质量高，多用于零件的半精加工和精加工。模板一般均用磨削进行最终加工。磨削一般分为圆周磨、端面磨、顺磨和逆磨四种方法，如图 1—8 所示。

圆周磨是一种模板精密加工方法。接触面小，热量少，排屑方便，而且加工精度高，表面粗糙度值小。

端面磨时，砂轮的主轴刚度高，可采用较大的磨削用量，效率高。但是砂轮磨损不均匀，且易发生高热。因此，精度低，冷却条件差。为改进磨削条件，常在端磨时将砂轮端面相对于被加工面调整一个斜角。

顺磨和逆磨属于深切法磨削。深切法又称蠕动磨削，是强力磨削的一种。磨削深度可达 1 mm 以上，最大甚至能达到 30 mm；进给量为 $5 \sim 300$ mm/min；加工精度可达 $2 \sim 5$ μm；表面粗糙度 Ra 可达 $0.63 \sim 0.16$ μm。适用于毛坯加工，也适用于高硬度、高韧性、难加工材料零件上的型面和沟槽等加工，效率很高。

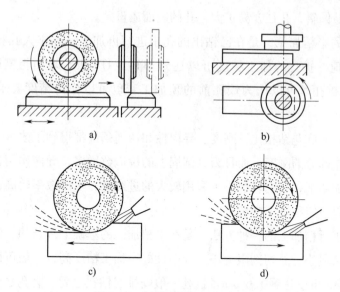

图1—8　四种磨削方法示意图

a）圆周磨　b）端面磨　c）顺磨　d）逆磨

4. 圆孔及圆孔系加工工艺

（1）圆孔及其技术要求

模具零件中，有很多具有各种结构和技术要求的圆孔。根据其特征，可以归纳为以下几类：带沉孔（平底孔）的圆孔，如紧固螺钉的过孔；带精密间距的精密圆孔与孔系，如销孔、导柱与导套安装孔、冲孔与导正的凹模孔；小孔，即孔径 $d \leqslant 3$ mm、$L/d > 8$ 的孔，如凹模孔等；圆形深孔。

在热处理前，圆孔的加工工序一般为钻孔→扩孔，其中，带沉孔的圆孔加工的后续工序为锪平圆孔。若相邻构件配作销孔，其后续工序为相邻构件拼合后同时铰孔，其目的是保持相配合构件销孔的同轴度。若为导柱与导套的安装孔，其后续工序为在镗床或坐标镗床上进行精密镗孔。

热处理后的精密圆孔加工工序为在坐标磨床上磨孔→研磨和珩磨。

坐标磨床一般用于淬硬模具零件外表面的精加工，如内孔磨削、外圆磨削、平面磨削、锥孔磨削、侧磨等。在利用坐标磨床进行内孔磨削时，砂轮高速回转主运动的线速度小于普通磨削的线速度。

（2）孔的加工方法

孔的常用加工方法有钻孔、扩孔、铰孔、镗孔等。

钻孔属于粗加工。加工精度为IT12～IT10级，表面粗糙度 Ra 为 50～12.5 μm。模板中的过孔、冷却水孔等要求不高的孔用钻孔加工最为简便、快捷。钻孔工艺有一些缺陷：钻头在钻孔时容易偏斜，孔径容易扩大，孔的表面质量差。

扩孔属于孔的半精加工，是在已钻出的孔中进行再加工，以扩大孔径，提高精度和降低表面粗糙度值。扩孔的加工精度可以达到 IT10～IT9 级，表面粗糙度 Ra 可以达到 $12.5～6.3~\mu m$。扩孔既可以作为铰孔前的预加工，也可以作为精度要求不高的孔的最终加工。

扩孔钻与钻孔的麻花钻相比，刚度、导向性和切削条件都得到了改善。扩孔钻的直径较大，提高了工作部分的刚度，而且刀具圆周上的棱边数增多，导向作用也相对增强。扩孔钻没有横刃参加切削，切削轻快，可采用较大的进给量，生产效率较高，还可以对钻孔轴线上的误差予以一定程度上的校正。

铰孔是对孔进行精加工的一种方法，是在半精加工的基础上进行的。铰孔时铰刀的刀齿数量多，切削余量小，故切削阻力小，导向性好，加工精度高，一般可以达到 IT9～IT7 级、表面粗糙度 Ra 可以达到 $1.6~\mu m$。铰孔一般安排在钻孔之后、磨孔之前。铰孔的精度取决于铰刀的精度和铰孔时的切削用量。一个尺寸的铰刀只能加工一个相应尺寸的孔，达到一定的精度要求，要提高孔的精度等级，需要对铰刀进行研磨。铰孔适合加工硬度不高的材料，不适合加工淬火钢和硬度太高的材料。若铰孔时加工余量过大，会导致铰刀直径受热而膨胀，使孔径扩大，并且使切屑增多而磨伤已加工表面；若余量过小，会使原夹钻孔或扩孔、半精镗孔的刀纹难以切除，降低表面质量。铰孔不能校正原孔的轴线偏移，孔与其他表面的位置精度需要靠前工序或后工序来保证。铰孔孔径一般小于 80 mm，常用铰孔直径多在 40 mm 以下。台阶孔、盲孔均不适宜铰削，因其工艺性差。

镗孔是用镗刀对已有的孔做进一步的加工，分为粗镗（IT13～IT12 级，$Ra12.5～6.3~\mu m$）；半精镗（IT10～IT9 级，$Ra6.3～3.2~\mu m$）；精镗（IT8～IT7 级，$Ra1.6～0.8~\mu m$）。镗孔是常用的孔的加工方法。除了直径很小且较深的孔之外，几乎各种直径和各种结构类型的孔均可以通过镗孔来完成。镗孔可以有效校正原孔的位置误差，但对于细长孔的质量控制，镗孔不如铰削方便。镗孔的生产效率低，多用于单件、小批量模板上孔的加工。

（3）模板上系列圆孔的加工

模板上的系列圆孔主要包括：导柱、导套系列孔，销钉系列定位孔和螺钉系列固定孔等。为了保证工作时的平稳、可靠性，孔多采用对称均衡排列，如四孔的井字形排列、六孔的双丰字形排列以及八孔的双井字形排列等。有配合精度要求的孔多采用 H7 级公差。系列孔的中心线与模板基准面的垂直度见表 1—12。

表1—12　　　　　　　　系列孔的中心线与模板基准面的垂直度　　　　　　　　mm

被测尺寸	垂直度	
	0Ⅰ级、Ⅰ级	0Ⅱ级、Ⅱ级
40 ~ 63	0.008	0.012
63 ~ 100	0.010	0.015
100 ~ 160	0.012	0.020
160 ~ 250	0.025	0.040

坐标镗床是具有精密坐标定位装置的精密机床，主要用于镗削孔径、形状与位置精度要求高的孔系以及坐标测量、精密划线、精密刻线等工作。镗床坐标定位精度是保证孔系中相邻孔距加工精度的基准。一般坐标镗床的坐标定位精度为 0.002 ~ 0.012 mm，而镗出的孔距尺寸精度为 1.2 ~ 2 倍的坐标定位精度。镗孔的形状精度与机床主轴的几何精度有关。镗孔孔径精度可以达到 IT7 ~ IT6 级，表面粗糙度 Ra 可以达到 0.8 ~ 0.4 μm。

坐标镗床分为立式和卧式两类。立式坐标镗床又分为单柱式和双柱式，卧式坐标镗床又分为纵床身式和横床身式。其规格和应用范围见表1—13。

表1—13　　　　　　　　基本型坐标镗床的规格和应用范围

类型	工作台尺寸（mm） 长×宽	工作台行程（mm） 横×纵	应用范围
立式单柱型	200 × 320 ~ 630 × 1 100	160 × 250 ~ 600 × 1 000	适用于中、小型工件的加工
立式双柱型	630 × 900 ~ 2 000 × 3 000	630 × 800 ~ 2 000 × 3 000	适用于中、大型工件的加工
卧式纵床身	630 × 900 ~ 1 400 × 2 000		适用于箱体或大型模块上孔系的精密加工
卧式横床身	630 × 800 ~ 1 400 × 2 000		适用于长形工件孔系的精密加工

随着对孔系的精密加工技术要求的不断提高，坐标镗床的性能、品种及其加工工艺技术越来越完善、稳定，从而使精密孔系的加工精度和表面质量已达到相当高的水平。根据模板上孔系的加工工艺要求和坐标镗削工艺质量，坐标镗削已经成为批量加工模板上孔系的最佳选择。

二、模具工作零件常见的加工工艺

冷冲模具工作零件主要包括凸模和凹模。凸模与凹模互相配合，直接对冲件进行分离或成形。除了使用通用零件的加工工艺外，还经常使用电加工工艺。

1. 电火花成形加工工艺

（1）电火花成形加工简介

电火花加工是在特殊介质中，通过工具电极和工件电极脉冲放电时的电腐蚀作用对工件进行加工的一种方法。电火花加工是模具成形件，即凸、凹模的常用加工方法。

电火花加工需具备以下条件才能进行：①工具与工件为导电材料；②工具与工件接在不同极性上；③工具与工件保持一定距离，在绝缘的液体介质中进行加工；④脉冲波形为单向；⑤脉冲放电能量足够。

（2）电火花成形加工的特点

1）电火花加工工艺精度高，当进行精加工时，其形状精度、尺寸精度可以达到 $0.001 \sim 0.01$ mm；表面粗糙度 Ra 可以达到 $0.2 \sim 0.8$ μm。因此，电火花成形加工常用来作为精密加工，以减少手工抛光工作量。

2）电火花加工为不接触加工，它依赖脉冲放电的高温热能进行加工，因此可以用来加工薄型工件或具有窄槽、窄缝的工件，以及硬度高、脆性高的材料或软性材料。即凡导电材料且其形状符合电加工工艺要求的工件都可以进行电加工。

3）工件表面质量主要取决于电加工表面的小坑，而小坑的平均直径和深度的大小与脉冲能量和脉冲波形有关；小坑的数量则与脉冲频率、脉冲延续时间有关。所以，粗加工时，力求高效，则宜选取较大的脉冲能量；精加工时，则宜选取较小的脉冲能量和较高的脉冲频率。因此，针对工件材料、尺寸、表面质量要求，采取数字化自适应控制是电加工工艺的重要特点和要求。

4）电火花成形与机械加工相比，加工效率较低，故常用于精加工和光整加工。

（3）电极简介

在电火花加工过程中，电极用于传输电脉冲，蚀除工件材料，电极本身一般不会消耗。电极一般具有以下特点：导电性能良好、损耗小、造型容易、加工稳定、效率高、材料来源丰富、价格低廉。电火花成形加工常用的电极材料主要有纯铜和石墨，特殊情况下也可采用铜钨合金电极和银钨合金电极。

电火花加工的电极结构形式有很多种，常见的有实心电极、组合电极、镶拼电极、分级电极、分解电极、带孔电极、分割电极等结构形式。

电极结构必须符合便于制造和安装的原则，在设计电极结构时一般要考虑电极外形尺寸的大小、电极的复杂程度、电极结构的工艺性、电极的刚度以及电极的质量。

在设计电极尺寸时，当按照凸模尺寸及公差确定电极横截面尺寸时，则电极的轮廓与凸模截面尺寸的关系随着凸、凹模配合间隙的不同而变化。当按照凹模型孔尺寸及公差确定电极横截面尺寸时，则电极的轮廓应比型孔的尺寸缩小一个放电间隙值。

在确定电极长度尺寸时，应该考虑凹模结构形式、型孔的复杂程度、电极使用次数、电极装夹形式及电极加工工艺等因素。

2. 线切割成形加工工艺

（1）线切割成形加工简介

电火花线切割加工与电火花成形加工一样，都是基于电极之间脉冲放电时的电腐蚀现象。所不同的是，电火花成形加工必须事先将工具电极做成所需的形状及尺寸精度，在电火花加工的过程中逐步复制在工件上，以获得所需要的零件。电火花线切割则不需要成形工具电极，而是用一根长长的金属丝作为工具电极，并以一定的速度沿电极丝轴线方向移动（低速走丝是单向移动，高速走丝是双向往复运动），它不断进入和离开切缝内的放电区。加工时，脉冲电源的正极接工件，负极接电极丝，并在电极丝与工件切缝之间喷涂液体介质；另外，装夹工件的工作台则由控制装置根据预定的切割轨迹控制伺服电动机驱动，从而加工出所需要的零件。

（2）线切割成形加工的特点

与电火花成形加工相比，线切割成形加工有以下特点：

1）不需要制造成形电极，工件的预加工量少。

2）易于加工各种复杂形状、尺寸的工件、小孔和窄缝。

3）只对工件进行外形轮廓的切割加工，余料可用，材料的利用率高。

4）由于采用移动的长电极丝进行加工，单位长度的电极丝损耗少，当工件的周边长度不长时对加工精度影响较小。

5）加工时需要的电流小，脉冲宽度较窄，属于半精加工和精加工范畴，故采用正极性加工，即工件接正极脉冲电源，而电极丝接负极电源，基本上一次加工成形，中途无须变换电规准。

6）自动化程度高，操作方便，加工周期短，成本低，安全。

7）单向走丝线切割机上的自动穿丝装置能实现各种形状工件的加工。

（3）穿丝孔简介

穿丝孔作为加工的工艺孔，是电极丝相对于工件运动的起点，同时也是程序执行的起点位置，应选择容易找正并且便于编程计算的位置。

1）切割尺寸较小的凹形零件时，穿丝孔设在凹形中心，操作方便。

2）大尺寸零件在切割前应沿加工轨迹设置多个穿丝孔，以便发生断丝时能够就近穿丝，切入断丝点。

3）切割凸型零件或大型凹形零件时，一般将穿丝孔设在待切割型孔的边界处，使切割的无用轨迹最短。

4）对于形状复杂的工件，可选在已知坐标的交点，有利于尺寸的计算。

5）在切割横截面为细长型的凸模时，为减小热处理产生的内应力所引起的变形，可把穿丝孔选在靠近模坯边缘处。

6）利用电火花线切割方法加工凸模类外型面时一般不需要穿丝孔。

三、冲压模具工作零件机械加工知识

1. 模具零件制造工艺规程基础

模具零件制造工艺规程是指模具零件的坯件及其后续制造过程中的工序。确定加工顺序和工序尺寸与公差是模具零件制造工艺规程的最基本的内容。

（1）模具零件毛坯和加工余量

零件毛坯的制造是由原材料转变为合格零件的第一步。毛坯的结构要素和材料要与模具零件所要求的结构要素和材料相符合。零件毛坯包括铸件毛坯、锻造毛坯和型材毛坯。铸铁有良好的铸造成形性能、切削性能、耐磨与润滑性能，而且价格较低，常用于制造表面承压力较低的标准冲模模架的上、下模座。中、小型模具成形件通常选用锻造毛坯。它可以改善材料的金相组织结构和力学性能。依据各种零件的结构和性能要求，可以采用相应牌号材料，由坯件制造厂制造成系列板件、棒件、管件供模具制造厂使用。加工余量是指毛坯尺寸和零件图上标注的尺寸的差值，也即从毛坯表面经多道工序切去的全部金属层的厚度。毛坯的余量大小与模具零件的尺寸关系很大。零件的尺寸越大，其加工余量一般也越大。

模具零件加工余量通常靠经验法来确定，即根据现场所用的工艺方法和装备以及模具的结构工艺要素、材料和技术要求，凭借工艺人员的经验和知识来确定。对于模具中的非标准件，由于通常为单件加工，故在确定毛坯加工余量时常取偏大的余量。

（2）模具零件制造工序、工序尺寸与公差

1）划分工艺阶段。模具工作零件制造工艺过程中工艺阶段的划分与一般机械零件基本相同，可以分为粗加工、半精加工、精加工和光整加工四个阶段。一般机械零件工艺阶段及其内容和要求见表1—14。

表1—14　　　　　　　一般机械零件工艺阶段及其内容和要求

工艺阶段	工艺内容和要求
粗加工	其任务为完成零件被加工表面大部分余量的加工，使加工后的毛坯形状和尺寸接近零件图样所要求的零件形状与尺寸，在批量、大批量加工时力求高效率
半精加工	按照图样要求，完成次要加工面或精度要求较低的零件的加工，如钻孔、加工槽等。其主要任务是完成并达到主要表面进行精加工的工序尺寸和公差的加工要求
精加工	完成并达到图样上要求的尺寸精度和形状、位置精度及表面质量要求
光整加工	其主要加工目标为完成并达到图样上标注的表面粗糙度和皮纹等装饰性加工要求；可提高加工面的尺寸精度，而不能纠正零件的形位误差

2）确定工序内容和加工顺序。合理确定工序内容与加工顺序对缩短制造过程，提高加工效率，保证加工精度和表面质量具有重要作用，确定加工顺序的原则见表1—15。

表1—15　　　　　　　　　　　确定加工顺序的原则

工序类别	确定加工顺序的原则
机械加工	先粗加工后精加工
	先加工基准面，后加工其他面
	先加工主要的被加工面，后加工次要的被加工面
	先加工平面后加工内孔
热处理	退火、回火和调质与时效处理须在粗加工后进行
	零件淬火或渗碳淬火须在精加工后进行
	渗氮等工序宜尽量安排在精加工之前进行
检验	在粗加工和半精加工后须进行检验
	重要工序加工前、后和零件热处理前进行检验
	完成零件所有加工后进行检验

3）工序尺寸与公差的确定。工序尺寸与公差是指在某工序所有加工内容均完成后工件应达到的尺寸与公差。每道工序的尺寸与公差主要取决于加工余量和工艺基准这两个因素的选择。确定工序尺寸与公差的顺序：首先确定工艺方法与工艺顺序，以及毛坯种类、材料性能和状态；然后确定各工序的加工余量；最后按加工余量推算出各个工序的工序尺寸，即零件图尺寸→按倒推顺序计算精加工尺寸、半精加工尺寸、粗加工尺寸→注上各个工序尺寸公差。

中批或大批生产模具标准件时须编制工序卡，并按上述顺序绘制工序图，注明工序尺寸与公差，以保证加工精度和表面粗糙度要求。用普通机床加工模具成形件时，可以凭经验确定加工余量，可不绘制工序图，但要推算各个工序尺寸和公差。当采用CNC机床加工模具零件时，需要按顺序绘制工序图，注明工序尺寸与公差并填入工序卡中，以保证高效、精密加工。

2. 模具工作零件常见的加工工艺流程

由于工作零件对精度、抗冲击能力、耐磨性、使用寿命等都有很高的要求，因此，合理安排加工工序非常重要。

（1）直通式非圆形凸模加工工艺流程。对于断面形状较复杂的直通式凸模，其加工工艺流程常采用粗加工→热处理→磨平面→线切割加工。

（2）台阶式圆形凸模加工工艺流程。对精度要求较高的台阶式凸模，其加工工艺流程常采用粗加工→热处理→磨削成形。

（3）简单形状凹模加工工艺流程。对于简单形状的直通式凹模，其加工工艺流程常采用粗、精加工型腔→热处理→磨刃口。

（4）复杂形状凹模加工工艺流程。对于复杂形状的直通式凹模，其加工工艺流程常采用粗加工→热处理→磨端面→线切割或电火花加工。

四、模具材料的整体热处理

金属热处理是指将固体金属或合金在一定介质中加热、保温和冷却，以改变材料整体或表面组织，从而获得所需性能的工艺。热处理可大幅度地改善金属材料的工艺性能和使用性能。大部分模具采用钢材制造，因此，模具的使用寿命及其制品质量在很大程度上取决于模具钢的热处理质量。在模具制造中必须制定合理的模具用钢材的热处理工艺并提高热处理技术水平。

模具钢的热处理工艺可以分为退火、正火、淬火、回火、表面淬火、渗碳和渗氮等表面强化技术。

1. 退火

退火是指将组织偏离平衡态的钢加热到适当温度，保温一定时间，然后缓慢冷却（一般随炉冷却），以获得接近平衡态组织的热处理工艺。在模具制造过程中，模具零部件一般都要锻造成一定形状的钢坯，为了进一步对钢坯进行机械加工，必须经过退火处理，以消除锻造应力和加工硬化现象，并为最终热处理做好组织准备。

模具钢退火的目的：使经过铸造、锻轧、焊接或切削加工的材料或工件降低硬度，改善塑性和韧性，使化学成分均匀，去除残余应力，或得到预期的物理性能，为后续的加工及热处理做好组织准备。

2. 正火

正火是指将钢加热到 Ac_3（亚共析钢）、Ac_1（共析钢）或 Ac_{cm}（过共析钢）以上 30～50℃，保温一定时间后使钢完全奥氏体化，再在自由流动的空气中均匀冷却（大件也可采用鼓风或喷雾冷却）的热处理过程。正火后的组织：亚共析钢为铁素体和索氏体，共析钢为索氏体，过共析钢为索氏体和二次渗碳体。正火的目的是消除钢经冷作、锻造或急冷时产生的内应力，细化高温过热时生成的粗大组织，改善力学性能。

3. 淬火

将钢加热到相变温度以上，保温一定时间，然后快速冷却以获得马氏体或贝氏体组织的热处理工艺称为淬火。淬火的目的是使过冷奥氏体进行马氏体或贝氏体转变，然后配合不同温度的回火，大幅提高钢的强度、硬度、耐磨性、疲劳强度以及韧性等，从而满足各种机械零件和工具的不同使用要求。

　　淬火是模具制造中一项必不可少的热处理工序。如凸模、凹模为提高强度和硬度，在最终热处理时一般都要进行淬火，使其硬度提高，以延长模具的使用寿命，提高耐用度。常用的淬火方法有单液淬火、双液淬火、分级淬火、等温淬火等。常用的淬火冷却介质有盐水、水、矿物油、空气等。

　　单液淬火是指把加热到临界温度以上的淬火件浸入单一冷却液中快速冷却到 Ms 点以下，使淬火件获得马氏体组织的淬火方法，适用于形状简单的工件。

　　双液淬火是指先把淬火件浸入一种冷却液冷却到接近 Ms 点的温度，然后再把淬火件迅速提出再浸入另一种冷却液中进行冷却，防止低温马氏体转变时工件产生裂纹的淬火方法，常用于形状复杂的合金钢。

　　在双液淬火中，先后投入的两种冷却介质，一般前者的冷却能力强于后者。

　　分级淬火是指将淬火件加热、保温后快速冷却到 Ms 附近的温度保温一段时间（发生贝氏体转变之前），以空冷的速度进入马氏体转变区，进行马氏体转变的方法。在对截面尺寸较小的工件进行淬火时，为减小变形和开裂倾向，适宜选用分级淬火。

　　等温淬火是指将奥氏体化后的工件淬入 Ms 点以上某温度的盐浴中等温保持足够长时间，使之转变为下贝氏体组织，然后于空气中冷却的淬火方法。

　　淬透性是指在规定条件下决定钢材淬硬深度和硬度分布的特性。即钢淬火时得到淬硬层深度大小的能力，它表示钢接受淬火的能力。实质是其获取马氏体的能力，不同成分的钢淬火时形成马氏体的能力不同，容易形成马氏体的钢淬透性好；反之则差。如果工件整个横截面都能得到马氏体组织，就称已被淬透了。但有时工件表面获得马氏体，而心部未得到马氏体，称为未淬透。未淬透说明工件心部的冷却速度小于临界淬火速度，因此得不到马氏体。当工件未被淬透时，表面和心部组织不同，回火后，未被淬透部分比淬透部分的屈服强度和韧性会显著降低。

　　钢的淬透性是选材和制定热处理工艺规程时的主要依据。通常承拉、承压及有相对运动的零件需要选用淬透性好的钢，如螺栓、锻模、受交变应力的弹簧等。

　　同种钢制成的零件在不同的淬火介质中淬火，其淬透层深度是不同的。但如果淬火条件一定，不同的钢将得到不同的淬透层深度，此时可以根据被淬透区的深浅来衡量两种钢被淬透的能力大小，即获得马氏体组织能力的大小。从理论上讲，淬透层深度应该为工件截面上全部淬火为马氏体的深度。但通常规定，由钢的表面至半马氏体区的距离为淬透层深度。

　　钢淬火后硬度会大幅度提高，能够达到的最高硬度称为钢的淬硬性，它主要取决于马氏体的含碳量。

　　常见的淬火缺陷有氧化、脱碳、变形、裂纹、腐蚀、淬火残余应力以及淬火后硬度不均匀、硬度不够等。为了减小淬火后产生的缺陷，往往在淬火后进行回火。

4. 回火

将淬火钢件加热到低于 A_1 点以下某一温度保温一段时间，然后进行冷却的工艺称为回火。回火的目的是获得所需要的力学性能，减小或消除内应力，稳定钢的组织和尺寸。模具淬火后应马上进行回火，以提高钢的韧性和耐用度。冷作模具、热作模具重要零件根据工况的需要常进行低温回火或中温回火。中碳钢或中碳合金结构钢淬火后再进行高温回火的工艺称为调质处理，调质处理主要用于结构零件的最终热处理和重要零件、模具的预备热处理。根据回火温度的高低，一般将回火分为低温回火、中温回火和高温回火三种。

为了保证淬火后零件的高硬度，一般需要在淬火后进行低温回火。刀具、轴承、渗碳淬火零件、表面淬火零件通常在 250℃ 以下进行低温回火。

弹簧在 350~500℃ 进行中温回火，可获得较高的弹性和必要的韧性。

调质处理广泛应用于各种重要的机械结构件，特别是受交变载荷的零件，如连杆、轴、齿轮等。也可用于某些精密加工件的预先热处理。调质处理后的力学性能与正火相比，不仅强度高，而且塑性也较好。这与它们的组织形态有关，调质得到的组织是回火索氏体，其渗碳体为粒状；正火得到的组织是索氏体＋铁素体，索氏体中的渗碳体为片状，粒状渗碳体对组织断裂过程的发展比片状渗碳体有利。

5. 表面淬火

仅对钢的表面加热、冷却而不改变其成分的热处理工艺称为表面淬火。按照加热方式不同，最常用的有感应加热和火焰加热两种表面淬火。

表面淬火的目的在于获得高硬度、高耐磨性的表面，而心部仍然保持原有的良好韧性，即心部仍然保持原有的组织，表面得到马氏体组织。常用于机床主轴、齿轮、发动机的曲轴等。

6. 渗碳

为了提高表层的含碳量，获得一定碳浓度梯度，钢件在渗碳介质中加热和保温，使碳原子渗入表面的工艺称为渗碳。渗碳使低碳钢件（含碳量为 0.15%~0.30%）表面获得高碳浓度（含碳量约为 1.0%），经过适当的淬火和回火处理后，可提高表面的硬度、耐磨性和疲劳强度，而使心部保持良好的塑性和韧性。因此，渗碳主要针对低碳钢和低碳合金钢，用于受严重磨损和较大冲击载荷的零件，如各种齿轮、活塞销、套筒等。

7. 渗氮

渗氮是指在一定温度下于一定介质中使氮原子渗入工件表层的化学热处理工艺。渗氮的目的在于更大幅度地提高钢件表面的硬度和耐磨性，提高疲劳强度和耐腐蚀性。

第3节 冲压模具设计与制造的标准

 学习目标

了解国家标准、行业标准、地方标准、企业标准的相关知识，理解三种标准的意义及相关使用规定，熟练掌握常用标准。

 知识要求

一、模具标准化的意义

冲模标准是指在冲模设计与制造中应该遵循和执行的技术规范与标准。模具标准化工作是模具工业建设的基础，也是模具设计与制造的基础及现代模具生产技术的基础，模具标准化对于提高模具设计和制造水平、提高模具质量、缩短制模周期、降低成本、节约材料和采用高新技术都具有十分重要的意义。

1. 模具标准化的实施有助于稳定、提高和保证模具设计质量及制造中必须达到的质量规范，使工业产品零件的不合格率减少到最低限度。实现模具零件标准化，通过建立模具零件标准件库，可使90%左右的模具零部件实现大规模、高水平、高质量的生产，这些零部件相对于单件、小规模生产的质量和精度要高得多。零件标准件库的建立通常应符合国家标准、行业标准、地方标准、企业标准。

2. 模具标准化可以提高专业化协作生产水平，缩短模具生产周期，提高模具制造质量和使用性能。

实现模具标准化后，模具标准件和标准模架可由专业厂大批量生产与供应。实现模具零件标准化，可大幅度节约工时和原材料，缩短生产周期。实现模具零部件标准化后，塑料注射模的生产工时可节约25%～45%，即相对单件生产来说，可缩短1/3～2/5的生产周期。由于模具标准件需求量大，实现模具零部件的标准化、规模化、专业化生产，可大量节约原材料，大幅度提高原材料的利用率，原材料的利用率可达85%～95%。

3. 模具标准化可使模具工作者摆脱大量重复的一般性设计，将主要精力用来改进模具设计，解决模具关键技术问题，进行创造性的劳动。

4. 模具标准化是采用现代化生产技术的基础。实行模具的CAD/CAM/CAE，进行计算机绘图，实现计算机管理和控制，模具标准化是其基础。目前生产上应用和市场上提供的 CAD/CAM 系统，其软件中标准资料库和标准图已成为系统中的基本软件。因此，模具标准化是进行模具科学化、优化设计和制造的基础。

5. 模具标准化有利于模具技术的国际交流和组织模具出口外销。

目前，我国对冲模的模架、部分定位零件（如导正销、挡料销等）、卸料零件（如推杆、顶板等）、导向零件（如导柱、导套等）、支持及夹持零件（如模柄、上模座、下模座等）和冲裁模的部分工作零件（如圆形凸模和凹模等）都已制定了行业标准或国家标准，并且各种规格的模架已由某些进行专业生产的模具厂作为商品出售。

实现模具标准化，可有效地降低模具生产成本、简化生产管理和减少企业库存，是提高企业经济、技术效益的有力措施和保证。模具标准化和标准件的专业化生产是模具工业建设的产业基础。对整个工业建设有着重大的经济、技术意义。

二、模具标准的制定原则

制定模具标准时，必须使制定出的标准能全面有效地控制、保证及提高模具设计和制造质量，最大限度地节约原材料，提高材料利用率和生产效率。其制定原则主要包括以下几个方面：

1. 保证模具产品标准的通用性

制定模具通用零件标准，必须保证其通用性强。

2. 基于国家标准的模具标准尺寸

冲模零部件的主要尺寸和尺寸系列须采用国家标准《标准尺寸》（GB/T 2822—2005）。在 GB/T 2822—2005 中的尺寸及尺寸系列是对各种技术参数的数值进行协调、简化和统一的一种科学数值。各类产品采用此数值作为技术参数，有利于各部门产品间的协调，如模具的安装尺寸须与压力机的安装台面尺寸及吨位协调一致。考虑到模具标准的通用性，在 GB/T 2822—2005 基础上，全国模具标准化技术委员会制定了指导性文件《模具用标准尺寸》。其内容包括板类零件和轴、轴套类零件的标准尺寸。

3. 采纳或等效采纳国际通用模具标准

在制定、修订模具技术标准时，采纳或等效采纳国际通用标准，参照或采纳国际先进的模具技术标准，是我国标准化工作的一项技术政策。国际模具标准化组织 ISO/TC29/SC8 自 1982 年以来组织制定的冲模技术标准有 34 项，包括模板、凸模、凹模、导柱、导套、模柄、弹簧等。其中 ISO6753 模板和圆凸模、圆凹模标准均在制定我国相应标准时予以采纳。

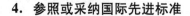

4. 参照或采纳国际先进标准

制定我国模具技术标准时，参照或采纳国际先进标准和先进企业标准也是一条重要的技术政策。全国模具标准化技术委员会在制定冲模模架的通用零件以及它们的技术条件等国家标准时，除全面采纳 ISO/TC29/SC8 公布的通用零件标准外，在技术指标及参数等方面参照和部分采纳了德国的 DIN 标准和哈斯科企业标准、美国 DME 公司标准、日本 JIS 标准和双叶电子工业公司标准。如冲模模架（包括铸铁、钢板模架）及其技术条件标准中的两项精度指标，即上模座上平面和下模座下平面的平行度；上、下模座的导柱、导套安装孔的轴线与基面的垂直度，对 0 I 级精度模架来说均接近德国的 DIN 标准和日本双叶电子公司标准，超过了美国 ANSIB5.25M 标准（注：0 I、0 II 为我国模具质量等级）。

5. 执行和采用国家基础标准

我国模具技术标准中采用的国家基础标准主要包括公差与配合标准、形状与位置公差标准、表面粗糙度标准、机械制图标准、尺寸及尺寸系列标准等。

三、模具标准化体系

我国模具制造业过去使用的标准很乱，既有机械、电子、轻工、汽车等行业标准，又有各企业自行制定的企业标准，直至 20 世纪 90 年代才在模具行业中推广使用经全国模具标准化技术委员会归口并由国家质量监督检验检疫总局批准的国家标准（GB）和机械行业标准（JB）。另外，还有国际模具标准化组织 ISO/TC29/SC8 制定的冲模和成形模标准。ISO 是国际标准化组织名称的英文缩写，TC29 是 ISO 组织中的第 29 技术委员会，即小工具（Small Tools）技术委员会，SC8 是 TC29 委员会中的一个分委员会，即冲压和模塑工具（Tools for Pressing and Molding）分委员会，我国是该组织的永久成员国。SC8 的基本任务是组织成员国制定冲模和各类成形模具的国际通用模具技术标准，由 ISO 组织批准颁布。

除此之外，由于我国一些企业从国外引进了大量级进模与汽车覆盖件模具，随着模具的引进，国外冲模标准也在我国一些企业中大量引用，如日本三住商事株式会社（MISU-MI）的 Face 标准、德国 STRACK 公司标准、美国 DANLY 公司标准等。

由全国模具标准化技术委员会制定的我国模具技术标准体系如图 1—9 所示。该体系分为五层，第一层为模具技术标准体系表；第二层为十大类模具技术标准名称；第三层为每大类模具标准的分类标准名称，包括基础标准（如名词术语等）、产品标准（如模架、零件等）、工艺与质量标准（如模架精度等级等）、相关标准（如螺钉、压力机规格、模具材料技术条件等）和派生标准（派生模具的标准名称）；第四层为派生模具标准的分类标准名称；第五层为标准项目名称。

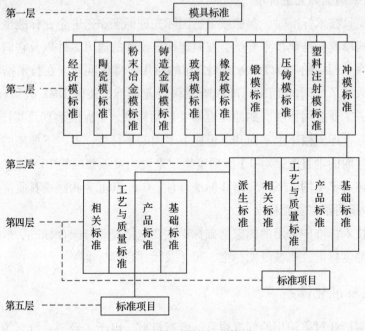

图1—9　模具技术标准体系

该委员会还归纳出冷冲模所需的标准件类型，共分为十五大类：（1）模柄、模架；（2）模座（典型组合）；（3）导向装置；（4）安装装置；（5）起重装置；（6）限位装置；（7）冲切装置；（8）成形与翻边装置；（9）定位装置；（10）压、推料装置；（11）气动装置；（12）侧冲（斜楔）装置；（13）弹性装置；（14）紧固元件；（15）进出料装置。

四、已颁布的模具技术标准

我国目前已颁布的冲模技术标准有模具标准、基础标准、工艺与质量标准、产品标准和冲压标准。表1—16所列为我国目前已颁布的冲模技术标准。

表1—16　　　　　　　　　已颁布的冲模技术标准

分类	标准名称	标准号
基础标准	冲模术语	GB/T 8845—2006
	冲裁间隙	GB/T 16743—2010
	金属冷冲压件结构要素	JB/T 4378.1—1999
	精密冲裁件工艺编制原则	JB/T 6957—2007
	金属板料拉深工艺设计规范	JB/T 6959—2008
	高碳高合金钢制冷作模具显微组织检验	JB/T 7713—2007

续表

分类	标准名称	标准号
工艺与质量标准	冲模技术条件	GB/T 14662—2006
	金属冷冲压件通用技术条件	JB/T 4378.2—1999
	冲模模架技术条件	JB/T 8050—2008
	冲模模架零件技术条件	JB/T 8070—2008
	冲模模架精度检验	JB/T 8071—1995
	冲压剪切下料未注公差尺寸的极限偏差	JB/T 4381—2011
	冲压件尺寸公差	GB/T 13914—2002
	冲压件角度公差	GB/T 13915—2002
	冲压件形状和位置未注公差	GB/T 13916—2002
	精密冲裁件通用技术条件	JB/T 6958—2007
产品标准	冲模滑动导向模架	GB/T 2851—2008
	冲模滚动导向模架	GB/T 2852—2008
	冲模滑动导向模座	GB/T 2855.1～2855.2—2008
	冲模滚动导向模座	GB/T 2856.1～2856.2—2008
	冲模导向装置	GB/T 2861.1～2861.11—2008

第4节　计算机辅助设计知识

 学习目标

　　了解计算机辅助设计基本知识，掌握运用计算机辅助手段，准确、规范地表达设计内容和视觉效果的能力。

 知识要求

一、CAD 的定义

　　CAD 即计算机辅助设计（Computer Aided Design，CAD）。是一种利用计算机硬件和软件系统辅助人们对产品或工程进行设计的方法和技术，主要包括设计、绘图、工程分析与文档制作等设计活动，它是一种新的设计方法，也是一门多学科综合应用的新技术，将人类创造性思维与计算机的高性能处理能力有机地结合起来，实现产品创新设计，是近年来计算机应用领域最活跃的研究方向之一。

常用的计算机辅助设计软件种类有 CAD、CAE、CAM。

二、常用 CAD 软件

随着计算机硬件和软件技术的发展，出现了许多通用的 CAD 软件，这些软件的推出为产品的现代设计和制造提供了必要条件。常见的三维 CAD 软件有 UG、PRO/E、CATIA、SOLIDWORKS 等。

本书主要以 UG 软件为载体讲解冲压模具的设计过程。

Unigraphics（以下简称 UG）是起源于美国麦道飞机公司（McDonell）的产品，麦道公司在 20 世纪 70 年代结合 F15 战斗机的研制，开发了功能强大的曲面造型和三维线框设计绘图系统 CAD。为满足加工生产的需要，1975 年收购了研制 UniAPT 软件的 United Computing 公司，在 DEC 小型机上开发出曲面加工编程系统，并且移植到 CAD 系统，逐渐形成了 UG 产品。

UG 是一个集 CAD、CAE 和 CAM 于一体的机械工程辅助系统，是一个功能强大的软件，从产品的概念设计直到产品建模、分析和制造。利用 UG 进行设计，能直观、准确地反映零件、组件的形状和装配关系，使产品开发完全实现设计、工艺、制造的自动化和无纸化生产。此外，还能够使产品设计、工艺装备设计和制造等工作并行展开，大大缩短了生产周期，有利于新产品试制及多品种产品的设计、开发和制造。在新产品开发期间，可以利用 UG 强大的功能及时检查尺寸干涉、计算质量及相关特性，以提高产品的设计质量，并对复杂结构产品的装配工艺、焊接工艺的工序安排给予指导。

三、坐标系

坐标系是计算机辅助设计中的一个重要概念，采用合适的坐标系，将大大减小图形设计的工作量并减少图形设计的难度。

系统缺省的坐标系叫作"绝对坐标系"，用户定义的坐标系叫作"工作坐标系"，系统允许同时存在多个坐标系。其中正在使用的坐标系叫作"当前工作坐标系"，所有的输入均针对当前工作坐标系而言。

四、常用计算机图形交换标准

目前世界上已经开发出许多 CAD/CAM 系统并在实际生产中应用，但这些系统都是针对不同用户的不用应用任务而研制开发的，有的主要用于设计建模，有的侧重于分析计算，有的专攻模拟仿真，因而它们的描述方法、定义的信息内容及其数据结构都各不相同。随着 CAD/CAM 日益广泛应用，企业内部各部门之间以及企业之间的协作需要进行电子产品数据的交换，从而要求不同 CAD/CAM 系统之间能够提供有效的数据交换。

为实现上述要求的数据交换，可通过设置数据交换接口的方式，以便在不同的计算机内部模型之间架起桥梁，一般有专用数据交换接口和通用数据交换接口。为了满足 CAD/CAM 系统集成的需要，提高数据交换的速度，保证数据传输的完整、可靠和有效，一般使用通用的数据交换标准。目前世界上已经研制出了多个通用数据交换接口标准，最典型的代表是 IGES、PDES 和 STEP。

1. IGES 标准

IGES（Initial Graphics Exchange Specification）是在不同厂商的 CAD 系统中间，为进行产品定义数据而确定的具有代表性的文件存储格式，它是在美国国家标准局（NBS）的倡导下，由美国国家标准协会（ANSI）公布的美国标准，是 CAD/CAM 系统之间图形信息交换的一种规范。

IGES 用单元和单元属性描述产品几何模型。单元是基本的信息单位，分为几何、尺寸标注、属性和结构四种单元。IGES 的每一个单元由两部分组成，第一部分称为分类入口或条目目录，具有固定长度；第二部分是参数部分，是自由格式，其长度可变。

目前，国内外常用的商用 CAD/CAM 系统中的 IGES 接口所使用的单元基本上是 IGES 所定义的单元中的一个子集。在利用 IGES 标准进行数据交换时，首先需要产生一个 IGES 数据文件，这是一个中间数据文件，与被交换的系统无关。

2. PDES 标准

1984 年，IGES 组织设立了一个研究计划，称为 PDES（Product Data Exchange Specification）。PDES 计划的长期目标是：为产品数据交换规范地建立、开发一种方法论，并运用这套方法论研制一个新的产品数据交换标准。要求新标准能克服 IGES 中已经意识到的弱点，包括文件过长、处理时间长、一些几何定义影响数值精度、交换对象是数据而不是信息等。PDES 计划与 IGES 相比，一个显著的特点是着重于产品模型信息的交换，而不像 IGES 那样仅传递一些几何数据和图形数据。另外，PDES 支持的产品数据交换方式除了文件交换外，还有共享数据库，这在实现方式上又比以前的数据交换标准（如 IGES、SET、VDAFS 等）前进了许多。PDES 集一个 3 层的体系结构、参考模型和形式化语言的运用于一体。体系结构中的 3 层包括应用层、逻辑层和物理层。形式化语言（如 EXPRESS 语言）的使用提高了计算机可实现化的程度，消除了标准定义中的二义性。所以，无论是开发标准的方法论还是标准的结构、内容，PDES 计划都有重大的突破和创新，为 STEP 标准的制定奠定了良好的基础。

3. STEP 标准

1983 年 12 月，国际标准化组织 ISO 设立了 184 技术委员会（TC184），TC184 名为工业自动化系统。TC184 下设第四分委员会（SC4），SC4 研究的领域是产品数据的表达与交换。ISO TC184/SC4 制定的标准常被称为产品模型数据交换标准 STEP（Standard for The Exchange of Product model data）。STEP 的制订主要基于 PDES 计划，欧洲国家也做了许多重要的工作。1988 年，国际标准化组织把美国的 PDES 文本作为 STEP 标准的建议草案公布，随后 PDES 的制定工作并入 STEP 的制定中，PDES 计划从 PDES 的制定转向 STEP 标准的应用，PDES 也因此改名为"应用 STEP 进行产品数据交换（Product Data Exchange using STEP)"。由于 PDES 计划与 STEP 密切相关，通常将两者合在一起称为 PDES/STEP。

五、常用几何模型的种类

几何造型所要研究的就是客观物体的抽象模型在计算机内部建立的方法、过程及所采用的数据结构和算法。

在几何造型技术的研究和系统开发中，人们首先是研究如何实现形体在计算机内的表达，形成了线框造型、曲面造型和实体造型等几种造型方法，产生了与之对应的线框模型（Wire – frame Model）、曲面模型（Surface Model）和实体模型（Solid Model）。这三种模型作为三维对象的主要表示形式在不同程度上提供了三维对象的几何信息和拓扑信息。为适应 CAD 技术发展的需要，20 世纪 80 年代，人们开始研究新一代的产品造型技术——特征模型（Feature – based Modeling）。

1. 线框模型

线框造型是利用形体的棱边和顶点表示物体几何形状的一种造型方法，也即用一系列的顶点、直线、圆弧和自由曲线来描述物体的轮廓形状。由此方法所产生的数字模型称为线框模型，它是计算机图形学和 CAD/CAM 领域最早用来表示物体的模型，计算机绘图就是这种模型的一个重要应用。

（1）线框模型的优点

1）数据结构简单、模型所需数据量小、处理时间短、建模方便、操作容易。

2）线框模型包含了形体的三维数据，可以产生任意视图，为生成工程图提供了方便。此外，还能生成任意视点或任意视向的透视图和轴测图。

（2）线框模型的缺点

1）线框模型易产生多义性。

2）拓扑关系缺乏有效性。

3）线框模型的信息不完整。

通常，线框模型主要用于三维绘图，也可以在其他造型过程中快速显示中间结果，或作为曲面造型和实体造型的辅助工具。

2. 曲面模型

曲面造型在线框造型的基础上增加了面的信息，利用平面和曲面来表示形体，而用环来定义面的边界，由曲面造型所构造的模型称为曲面模型。曲面模型提供了形体表示的更多信息，扩大了线框模型的应用范围，能够满足曲面求交、线面消隐、明暗色彩图（即着色）、数控加工、有限元网格划分等需要。

曲面造型起源于汽车、飞机、船舶、叶轮等复杂零件的放样工艺，并在随后的发展中建立了自身的理论体系，形成了以下特点：

（1）增加了有关面的信息。

（2）曲面造型方法丰富。

但是，曲面造型并非完美的模型。在曲面模型中，由于没有明确定义实体的存在侧，也未给出表面间相互关系的拓扑信息，因而，"多义性"问题依然存在。曲面造型所产生的形体描述无法计算和分析物体的物性（如物体的表面积、体积、重心等），也不能将其作为一个整体去考虑与其他物体相互关联的性质（如是否相交等），这就限制了曲面模型在工程分析中的应用（如对物体进行物性检查、干涉检测等）。

3. 实体模型

实体造型是在曲面造型的基础上，增加了对实体存在侧的定义，使得实体造型克服了线框造型和曲面造型的局限性。

（1）实体存在侧的定义

实体存在侧的定义有三种方法，如图1—10所示。

1）定义表面的同时，给出实体存在侧的一个点 P。

2）用一外向法矢量指明实体存在侧。

3）用有向棱线表示外向（通常为右手法则）法矢量的方向。

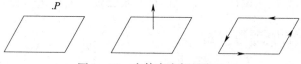

图1—10　实体存在侧的定义

（2）实体造型的方法

目前，大多数实体造型系统支持的实体造型方法有以下五种：

1）体素造型法。它通过操作造型系统中已存在的基本体素，改变其尺寸来创建简单的实体。在一个实体上进行添加或切除形体的操作称为布尔操作，体素造型法用基本体素的布尔运算构造实体。

2）扫描造型法。它是通过移动表面来生成实体，如扫描和蒙皮都属于这种方法。

3）通过修改一个已经存在的实体形状来创建新的实体，如倒圆等。

4）直接操作实体顶点、边和面等低层对象来创建实体。

5）基于特征的造型方法。它是指设计者使用熟悉的形体来建立实体的方法，这种造型方法包含了制造特征信息，可以实现零件制造过程的自动化，因此特征造型方法颇受关注。

4．特征模型

特征造型是以实体造型为基础，其操作对象是特征，而不是点、线、面和基本体素这些低层次上的建模图元，所以是一种高层次上的几何抽象和语义描述。

特征造型方式大致分为交互式特征定义、特征自动识别和基于特征设计三类。在基于特征的造型系统中，零件是由特征组成的，因此，零件的造型过程就是不断地生成特征的过程。其基本步骤大致如下：

（1）零件规划。

（2）创建主特征。

（3）创建其他附加特征。

（4）编辑修改特征。

（5）生成二维工程图。

六、实体造型

实体造型就是用计算机系统来建造、表示、分析和输出实体模型，这是 CAD/CAM 系统的核心技术，也是实现计算机辅助设计的基本手段。实体造型在曲面造型的基础上增加了对实体存在侧的定义，使得实体造型克服了线框造型和曲面造型的局限性。实体建模包括特征建模、特征操作、特征编辑等功能，通过拉伸、回转、扫掠、约束面等建模工具，并辅之以布尔运算和参数化设计工具，可以精确地创建任何形状的几何形体。

七、特征建模的概念与方法

20 世纪 80 年代中后期，以实体造型为代表的几何造型技术逐渐成熟，成为工业造型的首选。但实体造型是用造型要素（即体素，如立方体、圆柱头、圆锥体等）一步一步建造实体的过程。这种造型方式既不符合设计师的构思习惯，也无法表示自由曲面形体。设计者更希望使用他们所熟悉的设计特征来对物体进行建模，于是产生了特征建模，特征造型是 CAD 建模方法的一个新的里程碑。

在设计零件结构时，设计者采用具有某些使用功能和能够加工的形状特征进行组合及拼接，这样构造的模型称为特征模型，这种构型思维方式称为特征建模。

特征建模方法是以特征库中的特征或用户自定义的特征为基本单元，用类似于产品制造过程的工序建立产品特征模型，从而完成产品设计。

1. 特征的分类

从不同的应用角度出发，特征可以有不同的分类标准。按照产品的生命周期可分为设计特征、分析特征、加工特征、公差及检测特征、装配特征等；按产品功能可分为形状特征、精度特征、技术特征、材料特征、装配特征等；按复杂程度可分为基本特征、组合特征、复合特征等。

因为形状特征和装配特征是实际构造产品外形的特征，一般将形状特征和装配特征叫作造型特征。其他特征并不实际参与产品几何形状的构造，而属于那些与生产环境有关的特征，因此称为面向过程的特征。

目前，大多认为零部件可以用形状特征、材料特征、精度特征、工艺特征、装配特征、管理特征来描述。

2. 特征的定义

特征造型又称基于特征的造型，它以实体造型为基础。特征造型所提供的操作对象是特征，而不是点、线、面和基本体素这些低层次上的建模图元，所以特征造型是一种高层次上的几何抽象和语义描述。在基于特征的造型系统中，特征是构成零件的基本元素，或者说零件是由特征构成的。所以，可以将特征定义成是由一定拓扑关系的一组实体体素构成的特定实体，它还包括附加在实体之上的工程信息，能够用固定的方法加工成形。

表1—17 列出了一些组织机构对特征的定义（仅局限于形状特征）。

表 1—17　　　　　　　　　　　　　特征的定义

序号	提出单位	标　准	特征定义
1	国际标准化组织	ISO129	特征是单个特征。如平的表面、圆柱面、两个平行平面、螺纹、轮廓等
2	美国全国标准协会	ANSI Y. 14.5	特征可以看成一个零件的基本部分，如表面、孔和槽等
3	美国工程标准协会	RS308 PART2	特征定义为一个实体的有形部分，如平面、圆柱面、轴线、轮廓等

序号	提出单位	标　　准	特征定义
4	美国空军	PDDI	特征是显示识别产品形状特点的实体集，使产品能够在高层次概念的基础上进行交换，如孔、螺纹、法兰等
5	计算机辅助制造国际组织	CAM－I 零件形状特征图解词典	工件形状特征定义为在工件的表面、棱边或转角上形成的特定几何轮廓，用来修饰工件外貌或者有助于工件的给定功能

3. 特征造型的方式

特征造型的方式大概分为交互式特征定义（Interactive Feature Definition）、特征自动识别（Automatic Feature Recognition）和基于特征设计（Design by Features）三类。

（1）交互式特征定义

早期的造型系统一般采用交互式特征定义来支持系统的特征信息。设计人员首先利用现有的几何造型系统构造产品的几何模型，然后由工艺人员利用特征定义系统，通过人—机交互的方式选取几何模型中的元素定义其具有的特征，将特征附加到已有的几何模型上，形成模型特征。

（2）特征自动识别

首先由设计人员进行几何造型，然后通过特征自动识别系统从几何模型中识别或抽取特征。

（3）基于特征设计

基于特征设计是目前特征造型系统的最高实现模式。在这种方法中，特征一开始就体现在模型中，如图1—11所示。在特征造型系统中，有一个特征定义库，使用时从库中调出特征，并给出其位置参数、尺寸参数和各种属性。

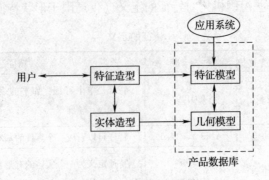

图1—11　基于特征设计

基于特征的设计与特征识别相比具有两方面的优点：其一，特征建模过程中所产生的特征信息及工程信息可以被后续的各种应用所利用；其二，基于特征的设计为在设计过程中及早地考虑制造和装配问题提供了可能。因此，基于特征的设计被普遍认为是一种在并行环境中支持 CAD/CAPP/CAM 集成的较好方法。

4. 基于特征的参数化造型

常规实体造型系统构造实体的形状和尺寸是固定的，一旦创建就很难再改变，即便是结构相似、仅尺寸不同的形体也只能重新建模，这类系统属于静态造型系统。特征造型出现后，以特征造型为基础的参数化造型得到了迅速发展，利用参数化造型可以很好地解决这一问题，通过修改参数就可以方便、快捷地实现对模型形状和尺寸的修改。

参数化造型系统可以分为两类：一类是以 Pro/ENGINEER 为代表的采用参数化技术的造型系统；另一类是以 I-DEAS 为代表的采用变量化技术的造型系统。参数化和变量化造型方法都是使用约束来定义和修改模型，所不同的是参数化造型使用"全约束"方法构造模型，而变量化造型使用"欠约束"方法构造模型。

八、UG NX 建模方法

1. 工程图基础知识

（1）工程图的视角

工程图的视角常用第一角和第三角两种方式表达。

将物体放在第一分角，向各投影面进行正投影的方法称为第一角画法或第一角投影法。采用第一角画法时，视图放置的位置通常是左视图在主视图的正右方，右视图在主视图的正左方，俯视图在主视图的正下方。

将物体放在第三分角，向各投影面进行正投影的方法称为第三角画法或第三角投影法。采用第三角画法时，视图放置的位置通常是左视图在主视图的正左方，右视图在主视图的正右方，俯视图在主视图的正上方。

（2）零件工程图

零件工程图是生产和检验零件的依据，是设计部门提供给生产部门的重要技术文件之一。它反映出设计者的意图，表达出对各零件的要求，是制造和检验零件的依据。因此，零件工程图必须正确无误、清晰易懂。

一张零件工程图只能表达一个零件，它应包含制造和检验该零件时所需的全部技术资料。一张完整的零件工程图应包括以下四个方面的内容：

1）表达零件形状及结构的一组视图。综合运用视图、剖视图、斜视图、断面图、局部放大图等各种表达方法，准确、清晰地表达出零件的内、外结构及形状。

确定零件图表达方案的一般步骤如下：

①分析零件的结构及形状。由于各零件的结构、形状及加工位置或工作位置的不同，视图的选择也不同，因此，在视图选择之前应先对该零件进行形体分析和结构分析，了解零件的加工、工作情况，以便准确地表达出零件的结构及形状，反映零件的设计和工艺要求。

②确定零件的主视图。主视图是表达零件结构及形状最重要的视图，画图和看图都应先从主视图开始。

一般来说，主视图的选择应满足三个基本原则，即加工位置原则、工作位置原则和形状特征原则。

a. 加工位置原则。加工位置是零件加工时在机床上的装夹位置，主视图方位可选择与该零件在机床上加工时的装夹方位一致。

b. 工作位置原则。工作位置是零件在机器（部件）上所处的位置，主视图方位选择与零件工作位置一致，能较容易地想象零件的工作状况，便于读图。

c. 形状特征原则。主视图方位应尽量选择形体投影特征明显的方向进行投射，以利于形状特征的表达，便于读图。

③选择零件的其他视图。主视图确定后，应根据零件结构及形状的复杂程度选取其他视图。选择其他视图时，应优先选用基本视图，综合运用剖视图、断面图、局部视图、斜视图、局部放大图等表达方法，合理布置视图位置，确定合适的表达方案。视图的数量取决于零件结构的复杂程度，在完整、清晰表达零件的前提下，尽量减少视图数量。但对复杂形体和尚未表达清楚的结构，适当地增加视图或重复是必要的。

按剖切范围的大小，剖视图可分为全剖视图、半剖视图及局部剖视图。

国家标准《机械制图》规定零件剖切平面的种类有单一剖切平面、几个互相平行的剖切平面、两个相交的剖切平面、不平行于任何基本投影面的剖切平面、组合的剖切平面等。

根据零件的不同形状和结构，可在全剖视图、半剖视图和局部剖视图中灵活运用上述各种剖切平面，清楚、简洁地表达出零件的形状特征。

一般来说，剖视图应将剖切符号、箭头和字母全部标出。但当剖切平面通过零件的对称（或基本对称）平面，且全剖视图按投影关系配置，中间又无其他视图隔开时，标注可省略。

2）确定零件各部分形状大小的尺寸。应正确、完整、清晰、合理地标注出零件的各部分尺寸，即提供制造和检验该零件所需的全部尺寸。

标注尺寸时应合理选择尺寸基准，一般常选对称面、回转轴线、主要加工面、重要支

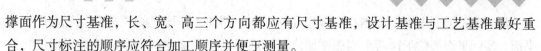

撑面作为尺寸基准，长、宽、高三个方向都应有尺寸基准，设计基准与工艺基准最好重合，尺寸标注的顺序应符合加工顺序并便于测量。

坐标标注常用于孔系众多的注塑模板和级进模凹模的孔位标注，用来标注从基准点到标注特征点的距离。当标注尺寸没有足够的空间时，尺寸数字可写在尺寸界线的外侧或者采用引出标注。

3）保证零件质量的技术要求。用国家标准中规定的符号、数字、字母和文字等标注或说明该零件在制造、检验、装配时应达到的各项技术要求，如表面粗糙度、尺寸公差、形位公差、热处理等。

①尺寸公差。允许零件的实际尺寸在一个合理的范围内变动，这个允许尺寸的变动量就是尺寸公差。

根据公差等级系数不同，国家标准将标准公差分为 20 级，从 IT01、IT0、IT1～IT18，等级依次降低，而标准公差值依次增大。特别精密零件的公差配合用 IT2 级、IT3 级、IT4 级。制件图上的未注尺寸公差通常按 IT14 级处理。在保证使用要求的前提下，尽量选较低的公差等级，以降低成本。

孔的基本偏差用大写的字母 A、…、ZC 表示，轴的基本偏差用小写的字母 a、…、zc 表示，各 28 个。其中基本偏差 H 代表基准孔，h 代表基准轴。

标注公差的尺寸用基本尺寸后跟所要求的公差带或对应的偏差值表示，如 32H7、80js15、100g6 等。

②配合。配合种类有间隙配合、过渡配合、过盈配合。轴的实际尺寸一直比孔的实际尺寸小，这样的轴和孔之间的配合属于间隙配合；轴的实际尺寸比孔的实际尺寸有时小、有时大，这样的轴和孔之间的配合属于过渡配合；轴的实际尺寸一直比孔的实际尺寸大，这样的轴和孔之间的配合属于过盈配合。

基孔制是指基本偏差为一定的孔的公差带与不同基本偏差的轴的公差带形成各种配合的一种制度。基孔制的常用表达方法如 H6/g7、H6/j6、H6/f5、H7/m6 等。

采用基孔制配合，当公差等级为 IT8 时，孔的公差等级应选用 H8，如 H8/g7、H8/d8 等。

基轴制是指基本偏差为一定的轴的公差带与不同基本偏差的孔的公差带形成各种配合的一种制度。基轴制的常用表达方法如 F6/h7、G7/h6、G6/h7、J6/h6、F6/h5 等。在模具装配中常用基轴制配合的是圆柱销与销孔。

当公差等级大于 IT8 时，孔和轴同级配合，如 H11/c11、D9/h9。

③形状与位置公差。形状公差是对被测要素的几何形状的要求。如平面度、直线度、圆度、圆柱度等都是对其几何形状精度的要求。

形状公差的"基准"是本身的理想几何形状。例如，平面度的"基准"就是理想的平面，实际平面要位于这两个理想平面之间，两个理想平面之间的距离就是平面度公差值。因此，形状公差是不能标注基准的。

位置公差既对被测要素的几何形状作出要求，又对其位置的准确性提出要求。例如，平行度、垂直度、倾斜度、位置度、同轴度、对称度、圆跳动、全跳动等。

位置公差是对位置精度的要求，是相对于基准要素的，因此，位置公差必须标注基准。

④表面粗糙度。零件加工表面上具有较小间距的峰谷所组成的微观几何形状特性称为表面粗糙度，它是评定零件表面质量的一项重要指标。

表面粗糙度的检测方法按接触与否分为非接触测量法和接触测量法两类。

一般来说，表面粗糙度值越低，加工成本越高，有配合要求及相对运动的表面要求有较低的表面粗糙度值。

4）标题栏。标题栏位于图样的右下角，根据标题栏的格式要求填写栏目中的内容，如零件的名称、数量、材料、比例、图号及设计、审核、批准人员的签名、日期等。

2. 模具零件的 UG NX 三维建模方法

UG NX 是 SIEMENS 公司的一款 CAD/CAE/CAM 一体化软件，具有强大的参数化设计功能，在设计和制造领域得到广泛的应用。UG NX 软件通过模块化构架实现不同的功能应用，进行三维设计时，通过点击工具条"开始/建模"可以进入"建模"模块。

（1）常用命令

1）基本体素命令，用于建立原料毛坯形状，常用的体素命令如图 1—12 所示。

图 1—12 基本体素命令

2）基准命令，用于建立设计或参考基准，常用的基准命令如图 1—13 所示。

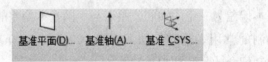

图 1—13 基准命令

3）成形特征命令，用于建立加工中的一些标准形状特征，常用的成形特征如图 1—14 所示。

图1—14　成形特征命令

4）特征操作命令，用于建立零件的各种细节特征形状，常用的特征操作命令如图1—15所示。

图1—15　特征操作命令

5）草图，主要用于构建二维轮廓，草图命令如图1—16～图1—20所示。

图1—16　启动草图

启动草图的命令：

草图中的曲线命令：

图1—17　曲线命令

草图中的约束命令：

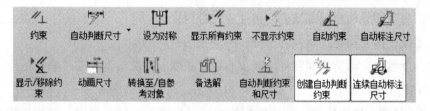

图1—18　约束命令

尺寸约束命令：

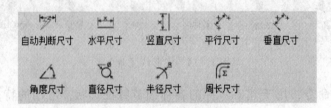

图1—19　尺寸约束命令

几何约束命令及常用约束类型：

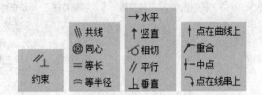

图1—20　几何约束命令及常用约束类型

6）扫掠特征，即截面线沿引导线运动形成的轨迹，常用的扫掠命令如图1—21所示。

图1—21　扫掠命令

（2）建模原则

利用 UG NX 软件进行三维建模时，一般遵循先粗后细、先大后小、先外后里、先加后减以及相关性参数化原则。

先粗后细，即先构建粗略的框架，再建立细节特征。

先大后小，即先构建大的结构，再建立小的特征。

先外后里，即先构建外部结构，再建立内部特征。

先加后减，即先构建加材料的特征，再构建减材料的特征。

相关性参数化，即特征和特征之间要有逻辑关联，特征内部要通过参数驱动。

（3）建模方法

1）基本体素＋成形特征＋特征操作的方法，主要针对特征规则、结构较简单的零件建模。

2）草图＋扫描特征＋成形特征＋特征操作的方法，主要针对较复杂的零件建模。

3. 模具零件的装配

模具是由多个零件按特定匹配关系组合在一起，实现特定功能的产品。在 UG NX 软件中，可利用软件中的装配功能建立各零部件之间的相对逻辑关系，组合成完整的模具产品。

利用软件进行装配时，可以采用多零件装配方式，也可以采用虚拟装配方式。所谓多零件装配，即在装配中的零件都是原零件的拷贝，装配中的相同零件，每装一个都要建立一个原零件的拷贝，每个零件的名称都是不同的；所谓虚拟装配，即在装配中的零件都是原零件的链接，装配中的相同零件都与原零件之间建立链接关系，相同的零件采用同一个名称。

由于虚拟装配采用链接方式，可以保证数据的唯一性和更新的实时性，便于实现并行工程，因此得到广泛应用。

在 UG NX 装配中常用的命令如图 1—22 所示

图 1—22　装配中常用的命令

UG NX 软件中的装配有两种类型，一种是"自下而上的装配"，另一种是"自上而下的装配"。

（1）自下而上的装配

所谓自下而上的装配，即各零部件模型都已经建立，然后调入装配文件中逐级建立零部件之间的相互关系，形成一个完整产品的装配形式。

在装配中，引入零件时常用的有两种定位方式，一种是绝对位置，另一种是约束匹配。绝对位置就是引入零件在装配中的位置与零件自身的绝对坐标位置保持一致。约束匹配就是引入零件在装配中的位置是由引入零件与已有零件的相对位置关系决定的。

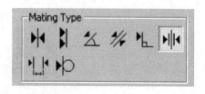

1）约束匹配条件（见图 1—23）

图 1—23　约束匹配条件

贴合（Mate）

定位两个相同的对象是贴合的，对平面对象它们的法矢指向相反的方向。

对准（Align）

对平面对象，它定位两个对象，使它们共面和相邻。对轴类零件，对准的是它们的轴。

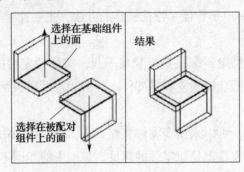

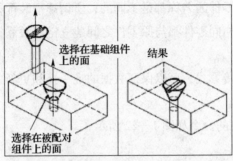

注：对柱面、锥面要求直径相同。

图1—24　贴合

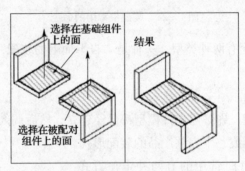

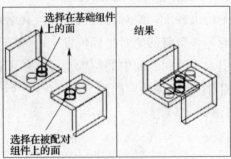

注：对柱面、锥面直径可以不相同。

图1—25　对准

角度（Angle）:

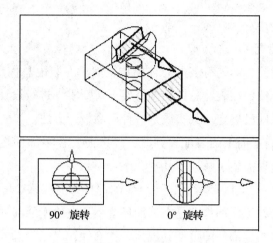

注：控制两个面的法向间夹角

图1—26　角度

平行（parallel）:

定义两个对象的方向矢量彼此平行。

正交（Perpendicular）:

定义两个对象的方向矢量彼此正交。

对中（Center）:

对中两个对象。

距离（Distance）:

规定两个对象间的最小3D距离。

利用正或负偏置值控制偏置侧。

相切（Tangent）:

定义两个对象间的物理接触。接触可以在一个点或一条线上。

2）装配步骤

①建立装配文件。

②通过"添加组件"命令，向装配文件引入第一个零件，零件定位方式采用绝对位置。

③向装配文件引入第二个零件，零件定位方式采用约束匹配，建立与第一个零件的相对位置关系。

④依次向装配文件引入其他零件，采用约束匹配定位方式，建立与已有零件的相对位置关系。

⑤保存装配文件。

（2）自上而下的装配

所谓自上而下的装配，即先有装配总体结构，然后在装配总体结构中引入已有部件，再根据需要建立新的零件，在装配总体结构框架下对新零件进行设计，设计完成后，零部件之间的相对位置关系即已确定。其实质是一种产品设计方法。

利用 UG NX 进行自上而下的装配设计时，经常需要在零部件之间进行切换，这种切换又称上下文切换，这里需要了解以下几个状态：

1）工作部件状态。在装配环境下，一个装配部件中有很多个零部件，但只有一个零部件是当前正在使用的，工作部件即是在装配环境下正在使用的部件。

在装配导航器中双击零部件即可使其成为工作部件，在工作部件状态下可以看到装配中的其他零部件。

2）显示部件状态。即退出装配环境下的正在使用的部件。

在显示部件状态下，看不到装配中的其他零部件。要想回到装配状态，可在装配导航器中右击该部件，选择上级部件，回到装配环境中。

3）在实际设计中的应用过程

①打开已有装配文件，若没有可以参照"自下而上"的装配过程建立装配。

②利用"新建组件"命令建立一个新的零件文件。

③双击该新零件，使其成为"工作部件"，在这个状态下建立与已有部件间的形状、位置及尺寸链接。

④链接建立完成后需要集中精力对零件进行设计，右击该零件将其设为"显示部件"状态，使背景变得简单、清晰，集中精力进行设计。

⑤该零件设计完成后，在装配导航器中右击该部件，返回上级部件，回到装配中。

⑥保存全部装配部件，完成本次设计。

4. 模具零件的二维工程图表达

模具零件二维工程图的表达要求前文已叙述，这里不再赘述。需要强调的是，在三维设计软件中（包括 UG NX 软件）建立零件的二维工程图时，都是先建立三维数模，再在制图模块中建立零件的二维工程图。

制图模块图标： 制图(D)... 。

在工程图中常用的命令：如图1—27所示。

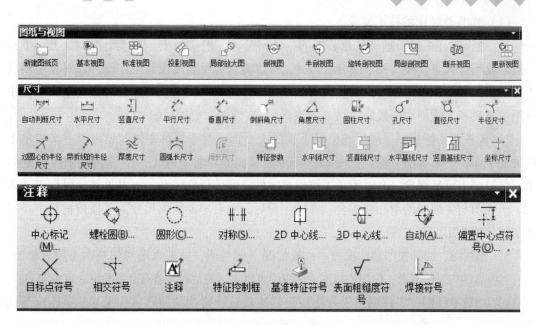

图 1—27　常用命令

UG NX 中建立零件二维工程图的步骤如下：

（1）建立零件二维工程图文件（一般在主名后加_dwg，如为 bolt. prt 建立二维工程图文件，其文件名为 bolt_dwg. prt）。

（2）在零件二维工程图文件中引入零件三维模型。

（3）通过"开始/制图"将软件模块切换到制图模块。

（4）建立图纸页。

（5）建立各种视图。

（6）建立辅助符号，如中心线等符号。

（7）标注尺寸。

（8）建立注释，如技术要求、形位公差、表面粗糙度等。

（9）建立图框及其他文字注释。

（10）保存制图文件。

5. 模具总装的二维工程图表达

模具装配图是模具生产中重要的技术文件之一。它表示了模具的结构、形状、装配关系、工作原理和技术要求等。进行模具设计时，先画出模具装配图，再根据装配图绘制模具零件图；装配时，根据装配图把模具零件总装成一副完整的模具。装配图也是安装、调试、维护和检验模具的重要依据，应清楚表达各零件之间的装配关系及固定连接方式。

（1）模具总装图的技术要求

1）主视图。主视图是模具总装图的主体部分，一般应画上、下模剖视图，上、下模一般画成闭合状态。模具处于闭合状态时，可以直观地反映出模具工作原理，对确定模具零件的相关尺寸及选用压力机的装模高度都极为方便。主视图中应标注闭合高度尺寸。主视图中条料和工件剖切面最好涂红（或涂黑），以使图面更加清晰。

2）俯视图。俯视图一般反映模具下模的上平面。对于对称零件，也可以一半表示上模的上平面，一半表示下模的上平面。如果需要，非对称零件上、下模俯视图可分别画出，且只画出可见部分。有时为了了解模具零件之间的位置关系，不可见部分可用虚线表示。俯视图与主视图的中心线重合，并标注前后、左右平面轮廓尺寸。下模俯视图中排样图的轮廓线要用细双点画线表示。

3）侧视图、局部视图和仰视图。一般情况下侧视图、局部视图和仰视图不要求画出。只有当模具结构过于复杂，仅用主视图、俯视图难以表达清楚时，才有必要画出，宜少勿多。

4）冲裁零件图。零件图用于表达经模具冲裁后所得冲件的形状和尺寸。该图应严格按比例画出，其方向应与冲压方向一致（即与零件在模具总图中的位置一样）。如果不一致，必须用箭头注明冲压方向。同时要注明零件的名称、材料、厚度及有关技术要求。

5）排样图。对于落料模、含有落料的复合模及级进模，必须绘出排样图。

6）必要的尺寸。装配图上应标注模具闭合高度、外形尺寸、特征尺寸、装配尺寸及极限尺寸。

7）标题栏和明细表。标题栏和明细表应放在总装图的右下角。标题栏的内容主要包括设计人员姓名、审核人员姓名、模具编号、所属单位、绘图比例等；总装图中的所有零件（含标准件）都要详细填写在明细表中，其内容主要包括零件编号、名称、数量、材料及热处理要求等。

8）技术要求。技术要求中一般只简要注明对本模具的使用、装配等要求和应注意的事项，主要包括对模具装配工艺的要求，模具使用和装拆方法，防氧化要求，模具编号、基准角、刻字、标记、油封、保管等要求，有关试模的要求及有关检验方面的要求等。

（2）模具装配图不同于零件图的规定画法

1）接触面与配合面的画法。两相邻零件的接触面只用一条轮廓线表示，不能画成两条线或画成一条加粗的实线。当两相邻零件间应保留空隙时，即使其间隙很小，也必须画出两条线。

2）剖面线的画法。在模具装配图中，相互邻接的金属零件剖面线的倾斜方向应相反；同一零件的剖面线在各视图中应保持间隔一致、方向相同；当三个零件相互相邻时，应把其中两个零件的剖面线画成相反方向，并改变第三个零件剖面线的间隔，第三个零件的剖面线应与另两个零件中方向相同的剖面线错开；当薄片零件厚度小于 2 mm 时，如垫片等，允许用涂黑的方式表示剖面符号。

3）实心零件和标准件的画法。在模具装配图中，对实心零件（如小型芯、凸模、推杆、复位杆、导柱、轴、手柄、连杆、球等）和一些标准件（如螺栓、螺钉、螺柱、螺母、垫圈、键、销等），若剖切平面通过它们的基本轴线时，按不剖绘制，只画出其外形即可。若这些零件上有孔、键槽等结构需要表达，可采用局部视图。

（3）模具装配图中一些特殊表达方法

1）拆卸画法。为表达被遮挡的装配关系或其他零件，可假想拆去一个或几个零件，只画出所要表达部分的视图。

2）沿结合面剖切画法。为表达模具的内部结构，可采用沿结合面剖切画法。零件的结合面不画剖面线，被剖切的零件一般都应画出剖面线。

3）单独表达某个或几个零件。为表达模具零件的主要结构，可单独画出该零件或几个零件的某一视图，但必须在被表示的视图附近用箭头指明投影方向，在所画视图上方注出视图名称。

4）夸大画法。在装配图中，遇到薄片零件、细丝弹簧、微小间隙时，无法按实际尺寸画出，或虽能画出但不能明显表达其结构的，如锥度很小的圆锥销、锥销孔等，均可采取夸大画法，即把垫片厚度、弹簧丝直径、微小间隙及锥度等适当夸大画出。

5）假想画法。在装配图中，可用细双点画线画出某些零件的外形。如模具中某些运动零件的极限位置或中间位置可用细双点画线画出其轮廓。当表示与本部件有关但又不属于本部件的其他零部件时，也可采用假想画法，如用细双点画线画出浇注系统的投影轮廓等。

6）展开画法。为表达某些零件的重叠装配关系，如模具中的齿轮齿条抽芯机构的多级传动，可假想将空间轴系按传动顺序展开在一个平面上，画成剖视图，以表示齿轮的传动顺序和装配关系。

7）简化画法。在模具装配图中，零件的工艺结构（如小圆角、倒角、退刀槽等）可不画出；若干相同的零件组（如螺纹紧固件等）可详细地画出一组，其余的用细点画线表示出中心位置；当剖切平面通过的某些标准件或该部件已由其他图形表示清楚时，可按不剖切绘制，如绘制滚动轴承时，允许画出对称图形的一半，另一半只画出轮廓，并用粗实线画出滚子的示意图即可。

（4）模具装配图中零部件序号的编写

1）一般规定

①装配图中所有零部件都必须编写序号。

②装配图中，一个部件可只编写一个序号；同一装配图中，尺寸规格完全相同的零部件应编写相同的序号。

③装配图中的零部件序号应与明细栏中的序号一致。

2）装配图中零部件序号的编写形式。装配图中零部件序号的编写形式主要有三种。图1—28a 所示为最常用的，先在所指的零部件的可见轮廓内画一圆点，然后从圆点开始引线，在引线末端画一水平线或圆，在水平线上或圆内注写序号，序号的字号比尺寸数字的字号大一号。注意：引线、水平线或圆均为细实线。图1—28b 所示为在引线的末端不画水平线或圆，直接注写序号。对于很薄的零件或涂黑的剖面，用箭头代替圆点，箭头指向该部分的轮廓，如图1—28c 所示。

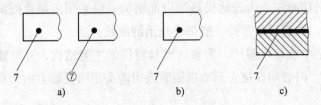

图1—28　零部件序号的编写形式

a）形式一　b）形式二　c）形式三

3）编写序号的注意事项

①引线间不能相交，也不能与剖面线平行，必要时可以将引线画成折线，但是只允许转折一次，如图1—29 所示。

②序号应按照水平或垂直方向按顺时针（或逆时针）的顺序排列整齐，并尽可能均匀分布。

③一组紧固件以及装配关系清楚的零件组可采用公共引线，如图1—30 所示。

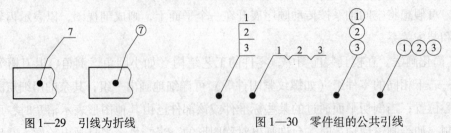

图1—29　引线为折线　　　　图1—30　零件组的公共引线

绘制模具总装图时，一般是先按比例勾画出总装草图，经仔细检查认为无误后，再画成正规总装图。

应当指出，模具总装图中的内容并不是一成不变的，在实际设计中可根据具体情况，允许作出相应的增减。

（5）在 UG NX 软件中建立模具总装二维图的步骤与建立零件二维图的步骤基本一致，这里不再赘述。

第5节　冲压模具的质量管理

 学习目标

了解模具管理的方针和质量要求，学习冲压模具涉及的质量检验知识。

 知识要求

一、企业的质量方针

企业生产的产品有人要，受欢迎，企业才能得以生存；而产品不但要能用，还要好用、耐用才有人要，所以产品的质量就是企业的生命。因此，企业管理的核心就是产品质量。

一般有形产品的质量特性包括可靠性、性能、安全性、使用寿命。

二、全面质量管理

在现代模具制造技术飞速发展的今天，在用户对模具和服务质量要求越来越高也越来越挑剔的今天，在市场竞争越来越激烈的今天，优胜劣汰已成为自然之势。因此，现代模具制造实施全员、全面的以人为本的质量管理和保证体系已是生存之需，势在必行。

1. 全面质量管理的实质和目的

所谓全面质量管理，是指一个组织以质量为中心，以全员参与为基础，目的在于通过让顾客满意和本组织所有成员及社会受益而达到成功的管理途径。

2. 全面质量管理的要求

（1）全员树立并贯彻模具的精度概念，即质量就是企业的生命的意识。在此基础上建立完善的质量控制与质量保证体制——即以人为本，以制造工艺创新为基础的人力资源开发与管理体制。

（2）将产品质量的优劣、企业效益的好坏与每个员工的生活质量好坏统一起来，即实行全员的（职）责、权（限）、利（报酬）岗位责任制，并以制度和量化的数据作为依据进行全员考核。只有在每个员工把企业视作自己的企业从而成为企业真正的主人时，企业才具有生命力，也才有希望。

（3）在质量管理的全过程中，贯彻预防为主（防患于未然），防、检结合，发现问题立即改进且不断改进的方针。以此建立良好的信誉，赢得用户的信任。

（4）贯彻科学分析，实事求是，以数据为依据，把质量管理建立在科学的基础上，以求质量控制的最佳效果。

三、冲压模具生产过程中的质量管理

在模具生产过程中，质量管理尤为重要。模具生产过程中的质量管理一般包括对模具生产过程进行全面检查和监控，模具加工过程中的设备检验，组织产品质量分析，组织对操作者进行质量教育，组织办理验收、返修及报废手续等。

对于模具生产这一典型的离散制造企业来说，模具生产过程中的质量管理一直是行业内不断探索的课题。随着 ERP、PDM 等管理软件的推广与普及，越来越多的模具企业结合自身企业特点，量身定制了适合自己企业的生产管理及质量控制软件，将企业生产计划和车间作业计划分层管理，采用计算机辅助手段，逐步实现了对计划、进度及质量的有效控制与协调。

第 2 章

冲裁设计

第1节 冲裁变形过程分析

 学习目标

掌握冲裁、冲裁件质量等基本概念，掌握冲裁变形过程及其受力状况，掌握冲裁件质量的影响因素及其作用。

 知识要求

一、冲裁变形过程

冲裁是利用压力机上的模具使板料产生分离的一种冲压工艺。它包括落料、冲孔、切断、修边、切舌等多种工序。一般来说，冲裁主要是指落料和冲孔工序，若使材料沿封闭曲线相互分离，封闭曲线以内的部分作为冲裁件时，称为落料；封闭曲线以外的部分作为冲裁件时，则称为冲孔。例如，冲制平面垫圈，冲其外形的工序是落料，冲其内孔的工序是冲孔。

冲裁可以直接制成零件，也可为弯曲、拉深、成形、挤压等工序准备毛坯。因此，冲裁在冲压生产中得到了广泛的应用。

冲裁变形过程大致可分为弹性变形、塑性变形和断裂分离三个阶段，如图2—1所示。

1. 弹性变形阶段

凸模接触板料后开始施加载荷，板料在凸、凹模作用下产生弹性压缩、拉深、弯曲等变形。此阶段以材料内应力达到弹性极限为止。在该阶段，凸模下的板料略呈弯曲状，凹模上的板料则向上翘起，凸、凹模的间隙越大，则弯曲与上翘的程度也越大，如图2—1a所示。

2. 塑性变形阶段

在弹性变形阶段末期，凸模继续压入板料，板料内部的应力逐渐增大到材料的屈服强度时，板料进入塑性变形阶段。随着变形程度的不断增大，凸模压入板料的深度增加，变形区内材料加工硬化也逐渐加剧，冲裁变形抗力相应增大，刃口处产生应力集中，直至凸、凹模刃口处出现剪裂纹，冲裁抗力达到最大值时塑性变形阶段即告终止，如图2—1b所示。

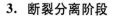
3. 断裂分离阶段

凸模继续下压，使刃口附近变形区的应力达到剪切强度极限时，在凹、凸模刃口侧面的变形区先后产生裂纹。当上、下裂纹逐渐扩大，并沿最大切应力方向向材料内层延伸，直至两裂纹相遇时，板料被剪断分离，冲裁变形过程结束，如图 2—1c 所示。

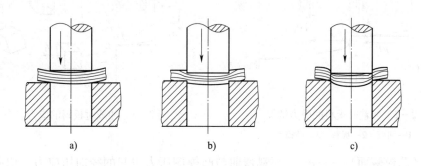

图 2—1　冲裁变形过程

a）弹性变形阶段　b）塑性变形阶段　c）断裂分离阶段

二、冲裁变形受力与应力分析

在板料冲裁的过程中，当凸模下降至与板料接触时，板料就受到凸、凹模断面的作用力。由于凸、凹模之间存在间隙，使凸、凹模施加于板料的力产生弯矩，其值等于凸、凹模作用的合力与稍大于间隙的力臂 Z 的乘积。弯矩使材料在冲裁时产生弯曲。因此，凸、凹模作用于板料的垂直压力呈不均匀分布，随着向模具刃口附近靠近而急剧增大。图 2—2 所示为无压紧装置冲裁时板料的受力情况，其中：

P_1、P_2——凸、凹模对板料的垂直作用力；

P_3、P_4——凸、凹模对板料的侧压力；

μP_1、μP_2——凸、凹模端面与板料之间的摩擦力（μ 为其间的摩擦因数），其方向与间隙有关，但一般指向模具刃口；

μP_3、μP_4——凸、凹模侧面与板料之间的摩擦力。

由图 2—2 可知，板料由于受到模具表面的力偶作用而弯曲上翘，使模具表面和板料的接触面仅局限在刃口附近的狭小区域，接触面宽度为（$0.2 \sim 0.4$）t（t 为板料厚度），且此垂直压力的分布并不均匀，随着向模具刃口的逼近而急剧增大。

冲裁时，由于板料弯曲的影响，其变形区的应力状态是复杂的，且与变形过程及间隙大小有关。图 2—3 所示为板料冲裁过程中塑性变形阶段变形区一些特征点的应力状态。

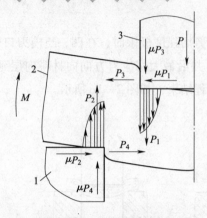

图2—2　冲裁时板料的受力情况

1—凹模　2—板料　3—凸模

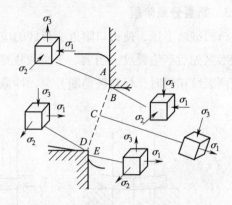

图2—3　冲裁时板料的应力状态

A 点（凸模侧面）——σ_1 为板料弯曲与凸模侧压力引起的径向压应力，切向应力 σ_2 为板料弯曲引起的压应力与侧压力引起的拉应力的合成应力，σ_3 为凸模下压引起的轴向拉应力；

B 点（凸模端面）——凸模下压及板料弯曲引起的三向压应力；

C 点（切割区中部）——σ_1 为板料受拉伸而产生的拉应力，σ_3 为板料受挤压而产生的压应力；

D 点（凹模端面）——σ_1 和 σ_2 分别为板料弯曲引起的径向拉应力和切向拉应力，σ_3 为凹模挤压板料产生的轴向压应力；

E 点（凹模侧面）——σ_1 和 σ_2 为板料弯曲引起的拉应力与凹模侧压力引起的压应力的合成应力，该合成应力是拉应力还是压应力与间隙大小有关，一般为拉应力；σ_3 为凸模下压引起的轴向拉应力。

三、冲裁件质量及其影响因素

冲裁件质量是指冲裁件的断面质量、尺寸精度和形状误差。冲裁件断面应尽可能垂直、光滑、毛刺小；尺寸精度应保证在图样规定的公差范围内；冲裁件外形应符合图样要求，表面尽可能平直。

影响冲裁件质量的因素很多，主要有材料性能、间隙大小及均匀性、刃口锋利程度、模具结构及排样（冲裁件在板料或条料上的布置方法）、模具精度等。

1. 冲裁件断面质量及其影响因素

由于冲裁变形的特点，冲裁件的断面明显地呈现 4 个特征区，即圆角带、光亮带（塌角）、断裂带（光面）、毛刺，如图2—4所示。

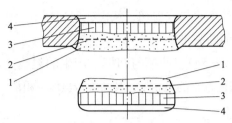

图2—4　冲裁件的断面质量
1—毛刺　2—断裂带　3—光亮带　4—圆角带

（1）圆角带（塌角）

圆角带是由于冲裁过程中刃口附近的材料被牵连拉入变形（弯曲和拉伸）的结果。

（2）光亮带（光面）

光亮带是紧靠圆角带并与板料平面垂直的光亮部分，是在塑性变形阶段凸模（或凹模）挤压切入材料后，材料受到刃口侧面的剪切和挤压作用而形成的。光亮带越宽，说明断面质量越好。正常情况下，普通冲裁的光亮带宽度占全断面的1/3～1/2。

（3）断裂带

断裂带是表面粗糙且带有锥度的部分，是由于刃口附近的微裂纹在拉应力作用下不断扩展断裂而形成的。因断裂带都向材料体内倾斜，所以对一般应用的冲裁件并不影响其使用性能。

（4）毛刺

毛刺是由于裂纹的切点不在刃口，而在刃口附近的侧面而自然形成的。普通冲裁的毛刺是不可避免的，但间隙合适时，毛刺的高度很小，易于去除。毛刺影响冲裁件的外观、手感和使用性能，因此冲裁件的毛刺越小越好。

冲裁的4个特征区域在整个断面上所占的比例不是一成不变的，其影响因素主要包括以下几项：

（1）材料力学性能

塑性好的材料，冲裁时裂纹出现得较迟，材料被剪切挤压的深度较大，因而光亮带所占的比例大，断裂带较小，但圆角、毛刺也较大；塑性差的材料，断裂倾向严重，裂纹出现得较早，使光亮带所占的比例小，断裂带较大，但圆角和毛刺都较小。一般来说，采用塑性好的板料进行冲压有利于提高冲裁件断面质量。

（2）冲裁间隙

冲裁间隙（Z）是影响冲裁件断面质量的主要因素。

当间隙过大时（见图2—5a），凸模产生的裂纹相对于凹模产生的裂纹向里移动一个距离，板料受拉伸弯曲的作用加大，光亮带高度缩短，断裂带高度增加，斜度也加大。

当间隙过小时（见图2—5b），凸模产生的裂纹相对于凹模产生的裂纹向外移动一个距离，上下裂纹不重合，产生第二次剪切，从而在剪切面上形成第二光亮带，在光亮带与第二光亮带之间夹有残留的断裂带。

当间隙合理时（见图2—5c），凸模与凹模上产生的裂纹重合，所得冲裁件断面有一较小的圆角带和正常且与板面垂直的光亮带，其断裂带虽然也粗糙，但比较平坦，斜度也不大。

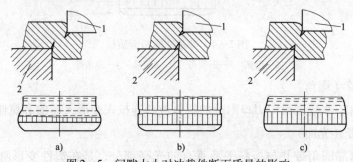

图2—5　间隙大小对冲裁件断面质量的影响

a）间隙过大　b）间隙过小　c）间隙适中

1—凸模　2—凹模

另外，当模具因安装、调整等原因使间隙不均匀时，可能在凸、凹模之间存在间隙合适、间隙过小或间隙过大几种情况，因而将在冲裁件断面上分布上述各种情况的断面。

（3）模具刃口状态

模具刃口状态对冲裁件的断面质量也有较大的影响。当凸、凹模刃口磨钝后，因挤压作用增大，冲裁件的圆角带和光亮带增大；同时，因产生的裂纹偏离刃口较远，故即使间隙合理也将在冲裁件上产生明显的毛刺，如图2—6所示。实践表明，当凸模刃口磨钝时，会在落料件上端产生明显的毛刺，如图2—6a所示；当凹模刃口磨钝时，会在冲孔件的孔口下端产生明显的毛刺，如图2—6b所示；当凸、凹模刃口都磨钝时，则落料件上端和孔口下端都会产生毛刺，如图2—6c所示。因此，凸、凹模磨钝后，应及时修磨凸、凹模工作端面，使刃口保持锋利状态，以获得较好的冲裁件断面质量。

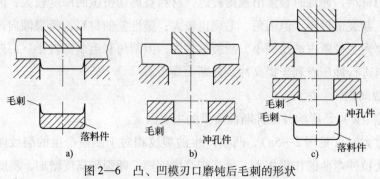

图2—6　凸、凹模刃口磨钝后毛刺的形状

a）凸模磨钝　b）凹模磨钝　c）凸、凹模均磨钝

2. 冲裁件尺寸精度及其影响因素

冲裁件的尺寸精度是指冲裁件实际尺寸与基本尺寸的差值，差值越小，则精度越高。冲裁件尺寸的测量和使用都以光面的尺寸为基准。从整个冲裁过程来看，影响冲裁件尺寸精度的因素有两个方面：一是冲模结构和制造精度；二是冲裁结束后冲裁件相对于凸模或凹模尺寸的偏差。

（1）冲模结构和制造精度

冲模制造精度（主要是凸、凹模制造精度）对冲裁件尺寸精度有直接的影响，冲模的制造精度越高，冲裁件的精度也越高。冲裁件的尺寸精度与冲模制造精度的关系见表2—1。

此外，凸、凹模的磨损和在压力作用下所产生的弹性变形也影响冲裁件的尺寸精度。

表2—1　　　　　　　　　冲裁件的尺寸精度与冲模制造精度的关系　　　　　　　　mm

冲模制造精度	板料厚度 t									
	0.5	0.8	1.0	1.5	2	3	4	5	6	8
IT7 ~ IT6	IT8	IT8	IT9	IT10	IT10	—	—	—	—	—
IT8 ~ IT7	—	IT9	IT10	IT10	IT12	IT12	IT12	—	—	—
IT9	—	—	IT12	IT12	IT12	IT12	IT12	IT12	IT14	IT14

（2）冲裁件相对于凸模或凹模尺寸的偏差

冲裁件产生偏离凸、凹模尺寸的偏差，其原因是冲裁时材料所受的挤压、拉伸和翘曲变形都要在冲裁结束后产生回弹，当冲裁件从凹模内推出（落料）或从凸模上卸下（冲孔）时，相对于凸、凹模尺寸就会产生偏差。影响这个偏差值的因素有间隙、材料性质、冲压形状与尺寸等。

凸、凹模间隙 Z 对冲裁件尺寸精度（δ 为冲裁件相对于凸、凹模尺寸的偏差）影响的一般规律如图2—7所示。从图中可以看出，当间隙较大时，材料所受拉伸作用增大，冲裁后因材料的弹性回复使落料件尺寸小于凹模刃口尺寸，冲孔件孔径大于凸模刃口尺寸；当间隙较小时，由于材料受凸、凹模侧面挤压力增大，故冲裁后材料回弹使落料件尺寸增大，冲孔件孔径减小；当间隙为某一恰当值（即曲线与横轴 Z 的交点）时，冲裁件尺寸与凸、凹模尺寸完全一样，这时 $\delta=0$。

材料性质直接决定了该材料在冲裁过程中的弹性变形量。对于比较软的材料，弹性变形量较小，冲裁后的弹性回复也较小，因而冲裁件的精度较高；硬的材料则情况正好相反。

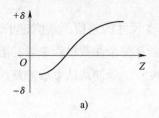 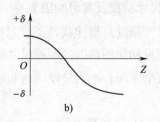

图2—7　间隙对冲裁件尺寸精度影响的一般规律

a）冲孔　b）落料

材料的相对厚度 t/D（t 为冲裁件材料厚度，D 为冲裁件外径）越大，弹性变形量越小，因而冲裁件的精度越高。

冲裁件形状越简单，尺寸越小，则精度越高。这是因为模具精度易于保证，间隙均匀，冲裁件翘起小，以及冲裁件的弹性变形绝对量小的缘故。

3．冲裁件形状误差及其影响因素

冲裁件的形状误差是指翘曲、扭曲、变形等缺陷，其影响因素很复杂。翘曲是由于间隙过大、弯矩增大、变形区拉伸和弯曲成分增多造成的；另外，材料的各向异性和卷料未校正也会产生翘曲。扭曲是由于材料不平、间隙不均匀、凹模后角对材料摩擦不均匀等造成的。变形是由于冲裁件上孔间距或孔到边缘的距离太小等原因造成的。

综上所述，用普通冲裁方法所得冲裁件的断面质量和尺寸精度都不太高。一般金属冲裁件所能达到的经济精度为 IT14～IT11 级，高的也只可能达到 IT10～IT8 级，厚料比薄料更差。若要进一步提高冲裁件的质量，则要在普通冲裁件的基础上增加修整工序或采用精密冲裁的方法。

第2节　冲裁件的工艺性

 学习目标

熟悉冲裁件的工艺适应性，掌握冲裁件的结构与尺寸设计。

 知识要求

冲裁件的工艺性是指冲裁件的材料、形状、尺寸精度等方面是否适应冲裁加工的工艺要求。良好的冲裁工艺性是指在满足冲裁件使用要求的前提下，能以最简单、最经济的冲裁方式加工出来。因此，在编制冲压工艺规程和设计模具之前，应从工艺角度分析冲裁件设计得是否合理，是否符合冲裁的工艺要求。冲裁件的工艺性主要包括冲裁件的结构与尺寸、精度与断面的表面粗糙度和材料三个方面。

一、冲裁件的结构与尺寸

1. 应尽量避免应力集中的结构。

冲裁件各直线或曲线连接处应尽可能避免出现尖锐的交角。除少废料排样、无废料排样、冲裁搭边排样或凹模使用镶拼模结构外，都应有适当的圆角相连，如图2—8所示。圆角半径 R 的最小值可参考表2—2选取。

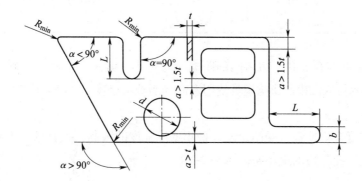

图2—8 冲裁件有关尺寸的限制

表2—2   冲裁件的最小圆角半径   mm

工序	角度	最小圆角半径 R_{min}		
		黄铜、纯铜、铝	低碳钢	高碳钢
落料	$\alpha \geqslant 90°$	$0.18t$	$0.25t$	$0.35t$
	$\alpha < 90°$	$0.35t$	$0.50t$	$0.70t$
冲孔	$\alpha \geqslant 90°$	$0.20t$	$0.30t$	$0.45t$
	$\alpha < 90°$	$0.40t$	$0.60t$	$0.90t$

2. 冲裁件应避免有过长的凸出悬臂和凹槽，如图2—8所示。

这样能有利于凸、凹模的加工，提高凸、凹模的强度，防止崩刃。一般材料取 $b \geqslant 1.5t$；高碳钢应同时满足 $b \geqslant 2t$，$L \leqslant 5b$；但 $b \leqslant 0.25$ mm 时模具制造难度已相当大，所以 $t \leqslant 0.5$ mm 时，前述要求按 $t = 0.5$ mm 判断。

3. 因受凸模刚度的限制，冲裁件的孔径不宜太小。

冲孔最小尺寸取决于冲压材料的力学性能、凸模强度和模具结构。无导向凸模冲孔的最小尺寸见表2—3。

表2—3　　　　　　　　　　　无导向凸模冲孔的最小尺寸

材料	示意图及尺寸要求			
	$d \geqslant 1.3t$	$b \geqslant 1.2t$	$b \geqslant 0.9t$	$b \geqslant 1.0t$
硬钢	$d \geqslant 1.3t$	$b \geqslant 1.2t$	$b \geqslant 0.9t$	$b \geqslant 1.0t$
软钢、黄铜	$d \geqslant 1.0t$	$b \geqslant 0.9t$	$b \geqslant 0.7t$	$b \geqslant 0.8t$
铝、锌	$d \geqslant 0.8t$	$b \geqslant 0.7t$	$b \geqslant 0.5t$	$b \geqslant 0.6t$

4. 冲裁件上孔与孔、孔与边之间的距离不宜过小，其距离应不小于料厚，以避免制件变形或因材料易拉入凹模而影响模具使用寿命（当板料厚度 $t < 0.5$ mm 时，按 $t = 0.5$ mm 计算）。

如果用倒装复合模冲裁，受凸、凹模最小壁厚强度的限制，模具壁厚不宜过薄。此时冲裁件上孔与孔、孔与边的最小距离见表2—4。

表2—4　　　　　　倒装复合模冲裁时孔与孔、孔与边的最小距离　　　　　　mm

板料厚度 t	≤0.3	0.4	0.6	0.8	1.0	1.2	1.4	1.6	1.8	2.0	2.2	2.4	2.6
最小距离 a	≥1.0	1.4	1.8	2.3	2.7	3.2	3.6	4.0	4.4	4.9	5.2	5.6	6.0
板料厚度 t	2.8	3.0	3.2	3.4	3.5	3.8	4.0	4.2	4.4	4.6	4.8	5.0	
最小距离 a	6.4	6.7	7.1	7.4	7.7	8.1	8.5	8.8	9.1	9.4	9.7	10.0	

5. 如果采用带护套的模具（见图2—9），最小冲孔的尺寸见表2—5。

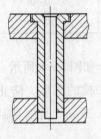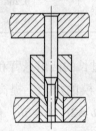

图2—9　带护套的凸模

表2—5   采用凸模护套冲孔的最小尺寸

材料	圆形孔 D	方形孔 a
硬钢	$0.50t$	$0.40t$
软钢、黄铜	$0.35t$	$0.30t$
铝、锌	$0.30t$	$0.28t$

在弯曲件或拉深件上冲孔时，为避免凸模受水平推力而折断。孔壁与制件直壁之间应保持一定距离，使 $L \geqslant R + 0.5t$，如图2—10所示。

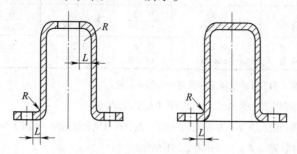

图2—10 弯曲件和拉深件冲孔位置

二、冲裁件的精度与断面的表面粗糙度

冲裁件的精度主要由尺寸精度、断面的表面粗糙度及毛刺高度来衡量。冲裁件的尺寸精度，应在经济精度范围以内，对于普通冲裁件，一般可达IT11级，较高精度可达IT8级。冲裁所能达到的外形、内孔及孔中心距一般精度的公差值见表2—6；所能达到的外形、内孔及孔中心距较高精度的公差值表2—7，所能达到的孔边距的公差值见表2—8。

表2—6   冲裁件外形、内孔及孔中心距一般精度的公差值   mm

板料厚度 t	制件尺寸					
	≤10	10~25	25~63	63~160	160~400	400~1 000
≤0.5	$\dfrac{0.05}{\pm0.025}$	$\dfrac{0.07}{\pm0.035}$	$\dfrac{0.10}{\pm0.05}$	$\dfrac{0.12}{\pm0.06}$	$\dfrac{0.18}{\pm0.09}$	$\dfrac{0.24}{\pm0.12}$
0.5~1	$\dfrac{0.07}{\pm0.035}$	$\dfrac{0.10}{\pm0.05}$	$\dfrac{0.14}{\pm0.07}$	$\dfrac{0.18}{\pm0.09}$	$\dfrac{0.26}{\pm0.13}$	$\dfrac{0.34}{\pm0.17}$
1~3	$\dfrac{0.10}{\pm0.05}$	$\dfrac{0.14}{\pm0.07}$	$\dfrac{0.20}{\pm0.10}$	$\dfrac{0.26}{\pm0.13}$	$\dfrac{0.36}{\pm0.18}$	$\dfrac{0.48}{\pm0.24}$
3~6	$\dfrac{0.13}{\pm0.065}$	$\dfrac{0.18}{\pm0.09}$	$\dfrac{0.26}{\pm0.13}$	$\dfrac{0.32}{\pm0.16}$	$\dfrac{0.46}{\pm0.23}$	$\dfrac{0.62}{\pm0.31}$
>6	$\dfrac{0.16}{\pm0.08}$	$\dfrac{0.22}{\pm0.11}$	$\dfrac{0.30}{\pm0.15}$	$\dfrac{0.40}{\pm0.20}$	$\dfrac{0.56}{\pm0.28}$	$\dfrac{0.70}{\pm0.35}$

注：1. 本表适用于按高于IT8级精度制定的模具所冲的冲裁件。

    2. 表中分子为外形和内孔的公差值，分母为孔中心距的公差值。

    3. 使用本表时，所指的孔最多应在三个工步内全部冲出。

表 2—7 冲裁件外形、内孔及孔中心距较高精度的公差值 mm

板料厚度 t	制件尺寸					
	≤10	10 ~ 25	25 ~ 63	63 ~ 160	160 ~ 400	400 ~ 1 000
≤0.5	$\dfrac{0.026}{\pm 0.013}$	$\dfrac{0.036}{\pm 0.018}$	$\dfrac{0.05}{\pm 0.025}$	$\dfrac{0.06}{\pm 0.03}$	$\dfrac{0.09}{\pm 0.045}$	$\dfrac{0.12}{\pm 0.06}$
0.5 ~ 1	$\dfrac{0.036}{\pm 0.018}$	$\dfrac{0.05}{\pm 0.025}$	$\dfrac{0.07}{\pm 0.035}$	$\dfrac{0.09}{\pm 0.045}$	$\dfrac{0.12}{\pm 0.06}$	$\dfrac{0.18}{\pm 0.09}$
1 ~ 3	$\dfrac{0.05}{\pm 0.025}$	$\dfrac{0.07}{\pm 0.035}$	$\dfrac{0.10}{\pm 0.05}$	$\dfrac{0.12}{\pm 0.06}$	$\dfrac{0.18}{\pm 0.09}$	$\dfrac{0.24}{\pm 0.12}$
3 ~ 6	$\dfrac{0.06}{\pm 0.03}$	$\dfrac{0.09}{\pm 0.045}$	$\dfrac{0.12}{\pm 0.06}$	$\dfrac{0.16}{\pm 0.08}$	$\dfrac{0.24}{\pm 0.12}$	$\dfrac{0.32}{\pm 0.16}$
>6	$\dfrac{0.08}{\pm 0.04}$	$\dfrac{0.12}{\pm 0.06}$	$\dfrac{0.16}{\pm 0.08}$	$\dfrac{0.20}{\pm 0.10}$	$\dfrac{0.28}{\pm 0.14}$	$\dfrac{0.34}{\pm 0.17}$

注：1. 本表适用于按高于 IT7 级精度制定的模具所冲的冲裁件。

　　2. 表中分子为外形和内孔的公差值，分母为孔中心距的公差值。

　　3. 使用本表时，所指的孔由导正销导正分步冲出。复合模或级进模同时（同步）冲出的孔中心距公差可按相应分子值的一半，冠以"±"号作为上、下偏差。

表 2—8 冲裁件孔边距的公差值 mm

板料厚度 t	制件尺寸					
	≤10	10 ~ 25	25 ~ 63	63 ~ 160	160 ~ 400	400 ~ 1 000
≤0.5	$\dfrac{\pm 0.025}{\pm 0.05}$	$\dfrac{\pm 0.035}{\pm 0.07}$	$\dfrac{\pm 0.05}{\pm 0.10}$	$\dfrac{\pm 0.06}{\pm 0.13}$	$\dfrac{\pm 0.09}{\pm 0.18}$	$\dfrac{\pm 0.12}{\pm 0.24}$
0.5 ~ 1	$\dfrac{\pm 0.035}{\pm 0.07}$	$\dfrac{\pm 0.05}{\pm 0.10}$	$\dfrac{\pm 0.07}{\pm 0.14}$	$\dfrac{\pm 0.09}{\pm 0.18}$	$\dfrac{\pm 0.13}{\pm 0.25}$	$\dfrac{\pm 0.17}{\pm 0.33}$
1 ~ 3	$\dfrac{\pm 0.05}{\pm 0.10}$	$\dfrac{\pm 0.07}{\pm 0.14}$	$\dfrac{\pm 0.10}{\pm 0.20}$	$\dfrac{\pm 0.13}{\pm 0.25}$	$\dfrac{\pm 0.18}{\pm 0.35}$	$\dfrac{\pm 0.24}{\pm 0.47}$
3 ~ 6	$\dfrac{\pm 0.065}{\pm 0.13}$	$\dfrac{\pm 0.09}{\pm 0.18}$	$\dfrac{\pm 0.13}{\pm 0.25}$	$\dfrac{\pm 0.16}{\pm 0.32}$	$\dfrac{\pm 0.23}{\pm 0.45}$	$\dfrac{\pm 0.31}{\pm 0.60}$
>6	$\dfrac{\pm 0.08}{\pm 0.15}$	$\dfrac{\pm 0.11}{\pm 0.22}$	$\dfrac{\pm 0.15}{\pm 0.30}$	$\dfrac{\pm 0.20}{\pm 0.39}$	$\dfrac{\pm 0.28}{\pm 0.55}$	$\dfrac{\pm 0.35}{\pm 0.70}$

注：1. 本表适用于按高于 IT8 级精度制定的模具所冲的冲裁件。

　　2. 表中分子适合复合模、有导正销级进模所冲的冲裁件。

　　3. 表中分母适合无导正销级进模、外形是单工序冲孔模所冲的冲裁件。显然，如果制件的尺寸和精度高于表中所列的值，应采用修整、精密冲裁甚至其他加工方法来满足。

冲裁件断面的表面粗糙度及毛刺高度与材料塑性、材料厚度、冲裁间隙、刃口锋利程度、冲模结构以及凸模和凹模工作部分表面粗糙度等因素有关。用普通冲裁方式冲裁厚度为 2 mm 以下的金属板料时，其断面的表面粗糙度 Ra 一般可达 12.5 ~ 3.2 μm，毛刺的允许高度见表 2—9。

表 2—9		普通冲裁模毛刺的允许高度			mm
材料厚度	≤0.3	0.3~0.5	0.5~1.0	1.0~1.5	1.5~2.0
试模时	≤0.015	≤0.02	≤0.03	≤0.04	≤0.05
生产时	≤0.05	≤0.08	≤0.10	≤0.13	≤0.15

第3节 冲裁间隙

 学习目标

掌握冲裁间隙的基本概念，掌握间隙对冲压力和模具的影响以及冲裁间隙和合理间隙的确定。

 知识要求

一、冲裁间隙概述

1. 冲裁间隙的定义

冲裁间隙是指冲裁模中凸、凹模横向尺寸的差值，是冲裁工艺中一个非常重要的工艺参数。凸模与凹模间每侧的间隙称为单面间隙，用 $Z/2$ 表示；两侧间隙之和称为双面间隙，用 Z 表示。如无特殊说明，冲裁间隙都是指双面间隙。间隙值可为正，也可为负，普通冲裁时，间隙为正。冲裁间隙的数值等于凸、凹模刃口尺寸的差值，如图 2—11 所示，即：

$$Z = D_凹 - D_凸$$

式中　$D_凹$——凹模刃口尺寸，mm；

$D_凸$——凸模刃口尺寸，mm。

2. 间隙对冲裁力的影响

试验证明，随着间隙的增大，材料所受拉应力加大，容易断裂分离，冲裁力有一定程度的降低，但当单面间隙介于材料厚度的 5%～10% 范围内时，冲裁力的降低不超过 10%。因此，在正常情况下间隙对冲裁力的影响不大。间隙对卸料力、推件力的影响比较显著。随着间隙的增大，卸料力和推件力都将减小。一般当单面间隙增大到材料厚度的

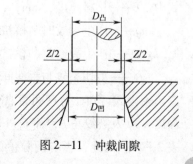

图 2—11　冲裁间隙

15% ~25% 时，卸料力几乎降到零。

3．间隙对模具使用寿命的影响

冲裁模常以刃口磨钝与崩刃的形式失效。凸、凹模磨钝后，其刃口处形成圆角，冲裁件上将会出现不正常的毛刺。凸模刃口磨钝时，在落料件边缘产生毛刺；凹模刃口磨钝时，所冲孔口边缘产生毛刺；凸、凹模刃口均磨钝时，则制件边缘与孔口边缘均产生毛刺。

由于材料的弯曲变形，材料对模具的反作用力主要集中于凸、凹模刃口部位。试验表明，小间隙将使垂直力和侧压力增大，摩擦力增大，加剧模具刃口的磨损，大大缩短模具使用寿命。

实践表明，适当选用较大的冲裁间隙可以有效延长模具使用寿命，一般可比小间隙时延长 2 ~ 3 倍，有的长达 6 ~ 7 倍。当然模具寿命还与其他因素有关，如合理的模具结构、较高的模具精度、较高的模具硬度以及良好的润滑都能延长模具使用寿命。

二、冲裁间隙值的确定

从上述冲裁分析中可以看出，找不到一个固定的间隙值能同时满足冲裁件断面质量最佳，尺寸精度最高，翘曲变形最小，冲模使用寿命最长，冲裁力、卸料力、推件力最小等各方面的要求。因此，在冲压实际生产中，主要根据冲裁件断面质量、尺寸精度和模具使用寿命这几个因素给间隙规定了一个范围值。只要间隙在这个范围内，就能得到合格的冲裁件和较长的模具使用寿命。这个间隙范围就称为合理间隙，合理间隙的最小值称为最小合理间隙，最大值称为最大合理间隙。设计和制造时应考虑到凸、凹模在使用中会因磨损而使间隙增大，故应按最小合理间隙确定模具间隙。

确定合理冲裁间隙主要有理论计算法和查表法两种。

1．理论计算法

用理论计算法确定冲裁间隙的依据：在合理间隙情况下，冲裁时板料在凸、凹模刃口处产生的裂纹会合成直线，从图 2—12 所示的几何关系得出计算合理间隙的公式。即：

$$Z = 2t(1 - h_0/t)\tan\beta$$

式中　t——材料厚度，mm；

　　　h_0——产生裂纹时凸模挤入材料深度，mm；

　　　h_0/t——产生裂纹时凸模挤入材料的相对深度，mm；

　　　β——剪切裂纹与垂线间的夹角，(°)。

由上式可知，合理间隙取决于板料厚度 t、相对切入深度 h_0/t 及裂纹角 β，而 h_0/t 与 β 及材料性质有关，见表 2—10。因此，影响间隙值的主要因素是材料性质和

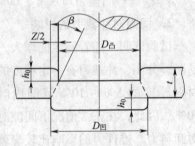

图 2—12　合理间隙的理论值

厚度。厚度越大、塑性越差的材料，其合理间隙值就越大；反之，厚度越薄、塑性越好的材料，其合理间隙值就越小。

表 2—10　常用冲压材料的 h_0/t 与 β 的近似值

材料	h_0/t		β	
	退火	硬化	退火	硬化
软铜、纯铜、软黄铜	0.5	0.35	60	50
中硬铜、硬黄铜	0.3	0.2	50	40
硬钢、硬青铜	0.2	0.1	40	40

2. 查表法

根据研究与生产实践经验，间隙值可按要求分类查表确定。对于尺寸精度、断面质量要求高的冲裁件，应选用较小的间隙，见表 2—11，这时冲裁力与模具使用寿命作为次要因素考虑。对于尺寸精度、断面质量要求不高的冲裁件，在满足冲裁件要求的前提下，应以降低冲裁力、延长模具使用寿命为主，选用较大的间隙值，见表 2—12。

表 2—11　仪表电器制造行业用冲裁模初始双面间隙值 Z（$Z=2C$）　　　　　mm

板料厚度 t	软铝		纯铜、黄铜、软钢 0.08% ~ 0.02%C		杜拉铝、中等硬钢 0.3% ~ 0.4%C		硬钢 0.5% ~ 0.6%C	
	Z_{min}	Z_{max}	Z_{min}	Z_{max}	Z_{min}	Z_{max}	Z_{min}	Z_{max}
0.2	0.008	0.012	0.010	0.014	0.012	0.016	0.014	0.018
0.3	0.012	0.018	0.015	0.021	0.018	0.024	0.021	0.027
0.4	0.016	0.024	0.020	0.028	0.024	0.032	0.028	0.036
0.5	0.020	0.030	0.025	0.035	0.030	0.040	0.035	0.045
0.6	0.024	0.036	0.030	0.042	0.036	0.048	0.042	0.054
0.7	0.028	0.042	0.035	0.049	0.042	0.056	0.049	0.063
0.8	0.032	0.048	0.040	0.056	0.048	0.064	0.056	0.072
0.9	0.036	0.054	0.045	0.063	0.054	0.072	0.063	0.081
1.0	0.040	0.060	0.050	0.070	0.060	0.080	0.070	0.090
1.2	0.050	0.084	0.072	0.096	0.084	0.108	0.096	0.120
1.5	0.075	0.105	0.090	0.120	0.105	0.135	0.120	0.150
1.8	0.090	0.126	0.108	0.144	0.126	0.162	0.144	0.180
2.0	0.100	0.014	0.120	0.160	0.140	0.180	0.160	0.200
2.2	0.132	0.176	0.154	0.198	0.176	0.220	0.198	0.242
2.5	0.150	0.200	0.175	0.225	0.200	0.250	0.225	0.275

板料厚度 t	软铝		纯铜、黄铜、软钢 0.08% ~0.02% C		杜拉铝、中等硬钢 0.3% ~0.4% C		硬钢 0.5% ~0.6% C	
	Z_{min}	Z_{max}	Z_{min}	Z_{max}	Z_{min}	Z_{max}	Z_{min}	Z_{max}
2.8	0.168	0.224	0.196	0.252	0.224	0.280	0.252	0.308
3.0	0.180	0.240	0.210	0.270	0.240	0.300	0.270	0.330
3.5	0.245	0.315	0.280	0.350	0.315	0.385	0.350	0.420
4.0	0.280	0.360	0.320	0.400	0.360	0.440	0.400	0.480
4.5	0.315	0.405	0.360	0.450	0.405	0.490	0.450	0.540
5.0	0.350	0.450	0.400	0.500	0.450	0.550	0.500	0.600
6.0	0.480	0.600	0.540	0.660	0.600	0.720	0.660	0.780
7.0	0.560	0.700	0.630	0.770	0.700	0.840	0.770	0.910
8.0	0.720	0.880	0.800	0.960	0.880	1.040	0.960	1.120
9.0	0.870	0.990	0.900	1.080	0.990	1.170	1.080	1.260
10.0	0.900	1.100	1.000	1.200	1.100	1.300	1.200	1.400

注：1. 初始间隙值的最小值相当于间隙的公称数值。

2. 初始间隙的最大值是考虑到凸模和凹模的制造公差所增加的数值。

3. 在使用过程中，由于模具工作部分的磨损，间隙将有所增加，因而间隙的实际最大数值要超过表列数值。

4. C 为单面间隙。

5. 本表适用于尺寸精度和断面质量要求较高的冲裁件。

表 2—12　　　汽车、拖拉机制造行业用冲裁模初始双面间隙值 Z （$Z=2C$）　　　mm

板料厚度 t	08、10、35 09Mn、Q235		Q345		40、50		65Mn	
	Z_{min}	Z_{max}	Z_{min}	Z_{max}	Z_{min}	Z_{max}	Z_{min}	Z_{max}
<0.5	极小间隙							
0.5	0.040	0.060	0.040	0.060	0.040	0.060	0.040	0.060
0.6	0.048	0.072	0.048	0.072	0.048	0.072	0.048	0.072
0.7	0.064	0.092	0.064	0.092	0.064	0.092	0.064	0.092
0.8	0.072	0.104	0.072	0.104	0.072	0.104	0.064	0.092
0.9	0.090	0.120	0.090	0.126	0.090	0.126	0.090	0.126
1.0	0.100	0.140	0.100	0.140	0.100	0.140	0.090	0.126
1.2	0.126	0.180	0.132	0.180	0.132	0.180		
1.5	0.132	0.240	0.170	0.240	0.170	0.230		

板料厚度 t	08、10、35 09Mn、Q235		Q345		40、50		65Mn	
	Z_{min}	Z_{max}	Z_{min}	Z_{max}	Z_{min}	Z_{max}	Z_{min}	Z_{max}
1.75	0.220	0.320	0.220	0.320	0.220	0.320		
2.0	0.246	0.360	0.260	0.380	0.260	0.380		
2.1	0.260	0.380	0.280	0.400	0.280	0.400		
2.5	0.360	0.500	0.380	0.540	0.380	0.540		
2.75	0.400	0.560	0.420	0.600	0.420	0.600		
3.0	0.460	0.640	0.480	0.660	0.480	0.660		
3.5	0.540	0.740	0.580	0.780	0.580	0.780		
4.0	0.640	0.880	0.680	0.920	0.680	0.920		
4.5	0.720	1.000	0.680	0.960	0.780	1.040		
5.5	0.940	1.280	0.780	1.100	0.980	1.320		
6.0	1.080	1.440	0.840	1.200	1.140	1.500		
6.5			0.940	1.300				
8.0			1.200	1.680				

注：1. 冲裁皮革、石棉和纸板时，间隙取 08 钢的 25%。

    2. C 为单面间隙。

    3. 本表适用于尺寸精度和断面质量要求不高的冲裁件。

第 4 节　凸、凹模刃口尺寸的确定

 **学习目标**

掌握凸、凹模刃口尺寸的计算原则及计算方法。

 **知识要求**

凸模、凹模的刃口尺寸和公差直接影响冲裁件的尺寸精度。模具的合理间隙值也靠凸、凹模刃口尺寸及其公差来保证。因此，正确确定凸、凹模刃口尺寸和公差是冲裁件设计中的一项重要工作。

一、凸、凹模刃口尺寸的计算原则

在冲裁件尺寸的测量和使用中，都以光面的尺寸为基准。落料件的光面是因凹模刃口挤切材料产生的，而孔的光面是凸模刃口挤切材料产生的。故计算刃口尺寸时应按落料和冲孔两种情况分别进行，其原则如下：

1. 落料

落料件光面尺寸与凹模尺寸相等（或基本一致），故应以凹模尺寸为基准。又因落料件尺寸会随凹模刃口的磨损而增大，为保证凹模磨损到一定程度仍能冲出合格的零件，故落料凹模基本尺寸应取工件尺寸公差范围内的较小尺寸，而落料凸模基本尺寸则由凹模基本尺寸减去初始间隙。

2. 冲孔

工件光面的孔径与凸模尺寸相等（或基本一致），故应以凸模尺寸为基准。又因冲孔的尺寸会随凸模的磨损而减小，故冲孔凸模基本尺寸应取工件尺寸公差范围内的较大尺寸，而冲孔凹模基本尺寸则由凸模基本尺寸加上最小初始间隙。

3. 孔心距

当工件上需要冲制多个孔时，孔心距的尺寸精度由凹模孔心距保证。由于凸、凹模刃口尺寸的磨损不影响孔心距的变化，故凹模孔心距的基本尺寸取在工件孔心距公差带的中点上，按双向对称偏差标注。

4. 冲模刃口制造公差

凸、凹模刃口尺寸精度的选择应以能保证工件的精度要求为准，保证合理的凸、凹模间隙值，保证模具一定的使用寿命。一般冲模精度比零件精度高 3～4 级，若冲压件没有标注公差，则可按 IT14 级取值。

二、凸、凹模刃口尺寸的计算方法

根据凸、凹模的加工方法不同，刃口尺寸的计算方法也不同，基本上可分为以下两类：

1. 凸、凹模分别加工时的计算方法

凸、凹模分别加工是指凸模与凹模分别按各自图样上标注的尺寸及公差进行加工，冲裁间隙由凸、凹模刃口尺寸及公差保证。这种方法要求分别计算出凸模和凹模的刃口尺寸及公差，并标注在凸、凹模设计图样上，如图 2—13 所示为落料、冲孔时各部分尺寸与公差分布情况。其优点是凸、凹模具有互换性，便于成批制造。但受冲裁间隙的限制，要求凸、凹模的制造公差较小，模具制造困难，加工成本高，主要适用于规则形状（圆形、方形或矩形）的冲裁件。根据刃口尺寸计算原则，计算公式如下：

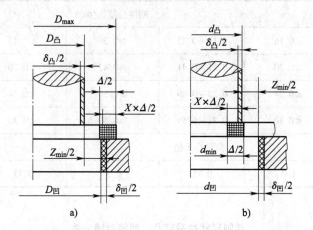

图 2—13　落料、冲孔时各部分尺寸与公差分布情况

a）落料　b）冲孔

落料

$$D_{凹} = (D_{max} - X\Delta)^{+\delta_{凹}}_{0}$$

$$D_{凸} = (D_{凹} - Z_{min})^{0}_{-|\delta_{凸}|}$$

冲孔

$$d_{凸} = (d_{min} + X\Delta)^{0}_{-|\delta_{凸}|}$$

$$d_{凹} = (d_{凸} + Z_{min})^{+\delta_{凹}}_{0}$$

中心距

$$L_{凹} = L_{中} \pm \Delta/8$$

式中　$D_{凹}$、$D_{凸}$——落料凹模和凸模的基本尺寸，mm；

　　　$d_{凸}$、$d_{凹}$——冲孔凸模和凹模的基本尺寸，mm；

　　　D_{max}——落料件最大极限尺寸，mm；

　　　d_{min}——冲孔件最小极限尺寸，mm；

　　　Δ——冲裁件的公差，mm；

　　　X——磨损系数，见表 2—13；

　　　$\delta_{凹}$、$\delta_{凸}$——凹模和凸模的制造公差，可按冲裁件公差的 1/5 ~ 1/4 选取，也可查表

　　　　　2—14 得出，mm；

　　　$L_{凹}$——凹模中心距的基本尺寸，mm；

　　　$L_{中}$——冲裁件中心距的中间尺寸，mm。

表 2—13　　　　　　　　　　　　　　　　磨损系数 X

板料厚度 t/mm	制件公差 Δ/mm				
<1	≤0.16	0.17~0.35	≥0.36	<0.16	≥0.16
1~2	≤0.20	0.21~0.41	≥0.42	<0.20	≥0.20
2~4	≤0.24	0.25~0.49	≥0.50	<0.24	≥0.24
>4	≤0.30	0.31~0.59	≥0.60	<0.30	≥0.30
磨损系数	非圆形 X 值			圆形 X 值	
	1.0	0.75	0.5	0.75	0.5

表 2—14　　　　　　　规则形状冲裁模凸、凹模制造公差　　　　　　　　　mm

基本尺寸	$\delta_凸$	$\delta_凹$	基本尺寸	$\delta_凸$	$\delta_凹$
≤18	−0.020	+0.020	>180~260	−0.030	+0.045
>18~30	−0.020	+0.025	>260~360	−0.035	+0.050
>30~80	−0.020	+0.030	>360~500	−0.040	+0.060
>80~120	−0.025	+0.035	>500	−0.050	+0.070
>120~180	−0.030	+0.040			

采用凸、凹模分开加工时，应在图样上分别标注凸、凹模刃口尺寸与制造公差，为了保证间隙值，应满足下列关系式：

$$|\delta_凸| + |\delta_凹| \le Z_{max} - Z_{min}$$

如果验算不符合上式，出现 $|\delta_凸| + |\delta_凹| > Z_{max} - Z_{min}$ 的情况，当大得不多时，可适当调整以满足上述条件，这时凸、凹模的公差应直接按公式 $\delta_凸 \le 0.4(Z_{max} - Z_{min})$ 和 $\delta_凹 \le 0.6(Z_{max} - Z_{min})$ 确定。如果出现 $|\delta_凸| + |\delta_凹| \gg Z_{max} - Z_{min}$ 的情况，则应该采用后面将要讲述的凸、凹模配作法。

【例 2—1】　如图 2—14 所示的垫圈材料为 Q235 钢，分别计算落料和冲孔的凸模、凹模工作部分尺寸。该制件由两副模具完成，第一副落料，第二副冲孔。

解： 由表 2—12 查得：

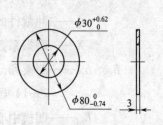

$$Z_{min} = 0.46 \text{ mm} \quad Z_{max} = 0.64 \text{ mm}$$

$$Z_{max} - Z_{min} = 0.64 - 0.46 = 0.18(\text{mm})$$

图 2—14　垫圈

（1）落料模

由表 2—14 查得：

$$\delta_凹 = + 0.03 \text{ mm} \qquad \delta_凸 = - 0.02 \text{ mm}$$

因为

$$|\delta_凸| + |\delta_凹| = 0.05 \text{ mm} < 0.18 \text{ mm}$$

故能满足分别加工时计算方法的要求。

由表 2—13 查得 $X = 0.5$，则：

$$D_{落凹} = (D_{max} - X\Delta)_0^{+\delta_凹} = (80 - 0.5 \times 0.74)_0^{+0.03} = 79.63_0^{+0.03} (\text{mm})$$

$$D_{落凸} = (D_凹 - Z_{min})_{-|\delta_凸|}^0 = (79.63 - 0.46)_{-0.02}^0 = 79.17_{-0.02}^0 (\text{mm})$$

（2）冲孔模

由表 2—14 查得：

$$\delta_凹 = + 0.025 \text{ mm} \qquad \delta_凸 = - 0.02 \text{ mm}$$

因为

$$|\delta_凹| + |\delta_凸| = 0.045 \text{ mm} < 0.18 \text{ mm}$$

故能满足分别加工时计算方法的要求。

由表 2—13 查得 $X = 0.5$

$$d_凸 = (d_{min} + X\Delta)_{-|\delta_凸|}^0 = (30 + 0.5 \times 0.62)_{-0.02}^0 = 30.31_{-0.02}^0 (\text{mm})$$

$$d_凹 = (d_凸 + Z_{min})_0^{+\delta_凹} = (30.31 + 0.46)_0^{+0.025} = 30.77_0^{+0.025} (\text{mm})$$

2. 凸、凹模配作加工时的计算方法

凸、凹模配作加工是指先按图样设计尺寸加工好凸模或凹模中的一件作为基准件（一般落料时以凹模为基准件，冲孔时以凸模为基准件），然后根据基准件的实际尺寸按间隙要求配作另一件。这种加工方法的特点是模具的间隙由配作保证，工艺比较简单，不必校核 $|\delta_凸| + |\delta_凹| \leq Z_{max} - Z_{min}$ 的条件，并且还可以放大基准件的制造公差（一般可取冲裁件公差的 1/4），使制造容易，因此是目前一般企业通常采用的方法，特别适用于冲裁薄板件和复杂形状件的冲裁模加工。

采用凸、凹模配作法加工时，只需计算基准件的刃口尺寸及公差，并详细标注在设计图样上。而另一非基准件不需计算，且设计图样上只标注基本尺寸（与基准件基本尺寸对应一致），不注公差，但要正确判断出模具刃口各个尺寸在磨损过程中是变大、变小还是不变，要在技术要求中注明：凸（凹）模刃口尺寸按凹（凸）模实际刃口尺寸配作，保证双面间隙值为 $Z_{min} \sim Z_{max}$。

根据冲裁件的结构及形状不同，刃口尺寸的计算方法如下：

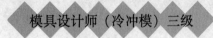

（1）落料

落料时以凹模为基准，配作凸模。图2—15a所示为落料件，图2—15b所示为落料凹模刃口的轮廓，图中细双点画线表示凹模磨损后尺寸的变化情况。

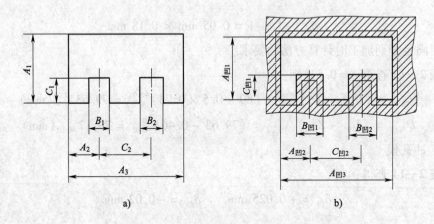

图2—15　落料件与落料凹模

a）落料件　b）落料凹模刃口的轮廓

如图2—15b所示，凹模磨损后刃口尺寸的变化有增大、减小和不变三种情况，故凹模刃口尺寸也应分三种情况进行计算：凹模磨损后变大的尺寸（见图2—15中A类尺寸），按一般落料凹模尺寸公式计算；凹模磨损后变小的尺寸（见图2—15中B类尺寸），因它在凹模上相当于冲孔凸模尺寸，故按一般冲孔凸模尺寸公式计算；凹模磨损后不变的尺寸（见图2—15中C类尺寸），可按凹模型孔中心距尺寸公式计算。凹模刃口尺寸的计算如下：

凹模磨损后变大的尺寸（图2—15中的A_1、A_2、A_3）

$$A_{凹} = (A_{max} - X\Delta)_0^{+\Delta/4}$$

凹模磨损后变小的尺寸（图2—15中的B_1、B_2）

$$B_{凹} = (B_{min} + X\Delta)_{-\Delta/4}^0$$

凹模磨损后不变的尺寸（图2—15中C_1、C_2）

$$C_{凹} = (C_{min} + 0.5\Delta) \pm 0.125\Delta$$

落料凸模刃口尺寸按凹模实际尺寸配作，保证双面间隙为$Z_{min} \sim Z_{max}$。

（2）冲孔

冲孔时以凸模为基准，配作凹模。冲裁件如图2—16a所示，图2—16b所示为冲孔凸模刃口的轮廓，图中细双点画线表示凸模磨损后尺寸的变化情况。

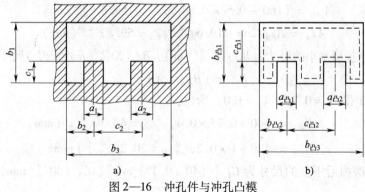

图2—16　冲孔件与冲孔凸模

a）冲孔件　b）冲孔凸模刃口轮廓

从图2—16b中看出，冲孔凸模刃口尺寸的计算同样要考虑三种不同的磨损情况：凸模磨损后变大的尺寸（见图2—16中a类尺寸），因为它在凸模上相当于落料凹模尺寸，故按一般落料凹模尺寸公式计算；凸模磨损后变小的尺寸（见图2—16中b类尺寸），按一般冲孔凸模尺寸公式计算；凸模磨损后不变的尺寸（见图2—16中c类尺寸）仍按凹模型孔中心距尺寸公式计算。凸模刃口尺寸的计算如下：

凸模磨损后变大的尺寸（图2—16中的a_1、a_2）

$$a_\text{凸} = \left(a_{\max} - X\Delta\right)^{+\Delta/4}_{0}$$

凸模磨损后变小的尺寸（图2—16中的b_1、b_2、b_3）

$$b_\text{凸} = \left(b_{\min} + X\Delta\right)^{0}_{-\Delta/4}$$

凸模磨损后不变的尺寸（图2—16中的c_1、c_2）

$$c_\text{凸} = \left(c_{\min} + 0.5\Delta\right) \pm 0.125\Delta$$

冲孔凹模尺寸按凸模实际尺寸配作，保证双面间隙为$Z_{\min} \sim Z_{\max}$。

【例2—2】　如图2—17a所示的零件材料为10钢，料厚$t = 2$ mm，按配作加工法计算落料凸、凹模的刃口尺寸及公差。

解：由于零件为落料件，故以凹模为基准，配作凸模。凹模磨损后尺寸变化有变大、变小和不变三种情况，如图2—17b所示。

（1）凹模磨损后变大的尺寸为A_1（$120^{0}_{-0.72}$ mm）、A_2（$70^{0}_{-0.6}$ mm）、A_3（$160^{0}_{-0.8}$ mm）、A_4（$R60$ mm），刃口尺寸计算公式为：

$$A_\text{凹} = \left(A_{\max} - X\Delta\right)^{+\Delta/4}_{0}$$

因圆弧$R60$ mm与尺寸$120^{0}_{-0.72}$相切，故$A_{\text{凹}4}$不需采用刃口尺寸公式计算，直接取$A_{\text{凹}4} = A_{\text{凹}1}/2$。查表2—13得$X_1 = X_2 = X_3 = 0.5$，所以：

$$A_{\text{凹}1} = \left(120 - 0.5 \times 0.72\right)^{+0.72/4}_{0} = 119.64^{+0.18}_{0}（\text{mm}）$$

$$A_{\text{凹}2} = \left(70 - 0.5 \times 0.6\right)^{+0.6/4}_{0} = 69.70^{+0.15}_{0}（\text{mm}）$$

$$A_{凹3} = (160 - 0.5 \times 0.8)_{0}^{+0.8/4} = 159.60_{0}^{+0.20}(\text{mm})$$

$$A_{凹4} = A_{凹1}/2 = 119.64_{0}^{+0.18}/2 = 59.82_{0}^{+0.09}(\text{mm})$$

（2）凹模磨损后变小的尺寸为 B_1（$40_{0}^{+0.4}$ mm）、B_2（$20_{0}^{+0.2}$ mm），刃口尺寸计算公式为：

$$B_{凹} = (B_{\min} + X\Delta)_{-\Delta/4}^{0}$$

查表 2—13 得 $X_1 = 0.75$，$X_2 = 1.0$，所以：

$$B_{凹1} = (40 + 0.75 \times 0.4)_{-0.4/4}^{0} = 40.30_{-0.10}^{0}(\text{mm})$$

$$B_{凹2} = (20 + 1 \times 0.2)_{-0.2/4}^{0} = 20.20_{-0.05}^{0}(\text{mm})$$

（3）凹模磨损后不变的尺寸为 C_1 [（40 ± 0.37）mm]、C_2（$30_{0}^{+0.3}$ mm），刃口尺寸计算公式为：

$$C_{凹} = (C_{\min} + 0.5\Delta) \pm 0.125\Delta$$

$$C_{凹1} = (39.63 + 0.5 \times 0.74) \pm 0.125 \times 0.74 \approx 40 \pm 0.09(\text{mm})$$

$$C_{凹2} = (30 + 0.5 \times 0.3) \pm 0.125 \times 0.30 \approx 30.15 \pm 0.04(\text{mm})$$

查表 2—12 得 $Z_{\min} = 0.246$ mm，$Z_{\max} = 0.360$ mm，落料凸模刃口尺寸按凹模实际刃口尺寸配作，保证双面间隙值为 0.246 ~ 0.360 mm。落料凹、凸模刃口尺寸的标注如图 2—17c、d 所示。

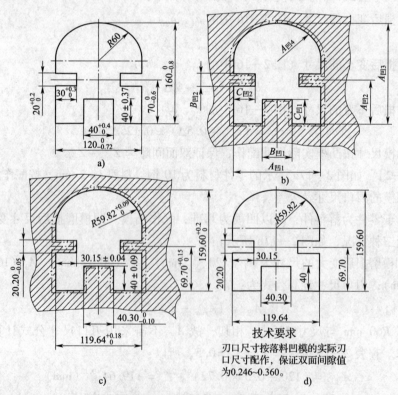

图 2—17　冲裁件及落料凸、凹模刃口尺寸

第5节 排样设计

 学习目标

了解排样方法，掌握排样图的画法、排样设计及材料利用率的计算。

 知识要求

一、材料的合理利用

排样是指冲裁件在条料、带料或板料上的布置方法。排样是否合理，将直接影响材料利用率、冲裁件质量、生产效率、冲裁模结构与使用寿命等。因此，排样是冲压工艺中一项重要的、技术性很强的工作。

在批量生产中，材料费用占冲裁件成本的60%以上。合理利用材料，提高材料的利用率，是排样设计主要考虑的因素之一。

1. 材料利用率

冲裁件的实际面积与所用板料面积的百分比称为材料利用率，它是衡量材料合理利用的一项重要经济指标。

如图2—18所示，一个步距内的材料利用率 η 为：

$$\eta = \frac{A}{BS} \times 100\%$$

式中　A——一个步距内冲裁件的实际面积，mm^2；

　　　B——条料宽度，mm；

　　　S——步距（冲裁时条料在模具上每次送进的距离，其值为两个对应冲裁件间相互对应的间距），mm。

一张板料（或条料、带料）上总的材料利用率 η_0 为：

$$\eta_0 = \frac{nA_1}{BL} \times 100\%$$

式中　n——一张板料（或条料、带料）上冲裁件的总数目；

　　　A_1——一个冲裁件的实际面积，mm^2；

　　　L——板料（或条料、带料）的长度，mm；

B——板料（或条料、带料）的宽度，mm。

η 或 η_0 越大，材料利用率越高。一般 η_0 要比 η 小，原因是条料和带料可能有料头、料尾的消耗，整张板料在剪裁成条料时还会有边料的消耗。

2. 提高材料利用率的措施

要提高材料利用率，主要从减少废料着手。冲裁所产生的废料分为两类（见图 2—18）：一类是工艺废料，是由于冲裁件之间和冲裁件与条料边缘之间存在余料（即搭边），以及料头、料尾和边余料而产生的废料；另一类是结构废料，是由冲裁件结构特点所产生的废料，如图 2—18 中冲裁件因内孔所产生的废料。显然，要减少废料，主要是减少工艺废料。但特殊情况下也可利用结构废料。提高材料利用率的措施主要有以下几种：

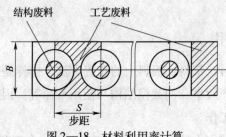

图 2—18　材料利用率计算

（1）采用合理的排样方法

同一形状和尺寸的冲裁件，排样方法不同，材料的利用率也会不同。如图 2—19 所示，在同一圆形冲裁件的四种排样方法中，图 2—19a 采用单排方法，材料利用率为 71%；图 2—19b 采用平行双排方法，材料利用率为 72%；图 2—19c 采用交叉三排方法，材料利用率为 80%；图 2—19d 采用交叉双排方法，材料利用率为 77%。因而，从提高材料利用率的角度出发，图 2—19c 的排样方法比较可取。

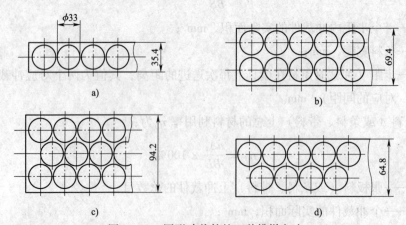

图 2—19　圆形冲裁件的四种排样方法

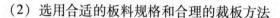

（2）选用合适的板料规格和合理的裁板方法

在排样方法确定以后，可确定条料的宽度，再根据条料宽度和步距大小选用合适的板料规格及合理的裁板方法，以尽量减少料头、料尾和裁板后剩余的边料，从而提高材料的利用率。

（3）利用结构废料冲小零件

对一定形状的冲裁件，结构废料是不可避免的，但充分利用结构废料是可能的，如图2—20所示为材料和厚度相同的两个冲裁件，尺寸精度较低的垫圈可以在尺寸较大的"工"字形件的结构废料中冲制出来。

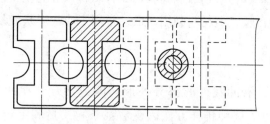

图2—20　利用结构废料冲小零件

此外，在使用条件许可的情况下，当取得产品零件设计单位同意后，也可通过适当改变零件的结构及形状来提高材料的利用率。如图2—21所示，零件A的三种排样方法中，图2—21c的材料利用率最高，但也只能达70%左右。若将零件A修改成B的形状，采用直排方式，如图2—21d所示，材料利用率便可提高到80%，而且也不需要掉头冲裁，使操作过程简单化。

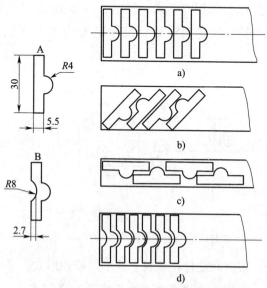

图2—21　通过改变零件结构及形状提高材料的利用率

二、排样方法

根据材料的利用情况，排样方法可分为有废料排样、少废料排样和无废料排样三种。

1. 有废料排样

如图2—22a所示，沿冲裁件的全部外形冲裁，冲裁件与冲裁件之间、冲裁件与条料边缘之间都留有搭边（a、a_1）。有废料排样时，冲裁件尺寸完全由冲裁模保证，因此冲裁件质量高，模具使用寿命长，但材料利用率低，常用于冲裁形状较复杂、尺寸精度要求较高的冲裁件。

2. 少废料排样

如图2—22b所示，沿冲裁件的部分外形切断或冲裁，在冲裁件之间或冲裁件与条料边缘之间留有搭边。这种排样方法因受剪裁条料质量和定位误差的影响，其冲裁件质量稍差；同时，边缘毛刺易被凸模带入间隙，也影响冲裁模使用寿命，但材料利用率较高，冲裁模结构简单，一般用于形状较规则、某些尺寸精度要求不高的冲裁件。

3. 无废料排样

如图2—22c、d所示，沿直线或曲线切断条料而获得冲裁件，无任何搭边废料。无废料排样的冲裁件质量更差，模具使用寿命更短，但材料利用率最高，且当步距为两倍冲裁件宽度时，如图2—22c所示，一次切断能获得两个冲裁件，有利于提高生产效率，可用于形状规则对称、尺寸精度要求不高或贵重金属材料的冲裁件。

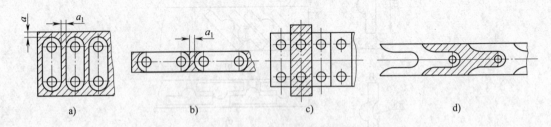

图2—22 排样方法

a) 有废料排样 b) 少废料排样 c)、d) 无废料排样

上述三种排样方法，根据冲裁件在条料上的不同排列形式，又可分为直排、斜排、直对排、斜对排、混合排、多排及冲裁搭边六种，见表2—15。

表 2—15　　　　　　　　　　　　　　排样形式的分类

排样方式	有废料排样		少、无废料排样	
	简图	应用	简图	应用
直排		用于简单几何形状（如方形、矩形、圆形等）的冲裁件		用于矩形或方形冲裁件
斜排		用于 T 形、L 形、S 形、十字形、椭圆形冲裁件		用于 L 形或其他形状的冲裁件，在外形上允许有不大的缺陷
直对排		用于 T 形、Ⅱ 形、山形、梯形、三角形、半圆形的冲裁件		用于 T 形、山形、Ⅱ 形、梯形、三角形冲裁件，在外形上允许有不大的缺陷
斜对排		用于材料利用率比直对排时高的情况		多用于 T 形冲裁件
混合排		用于材料及厚度都相同的冲裁件		用于两个外形互相嵌入的不同冲裁件（如铰链等）
多排		用于大批量生产中，尺寸不大的圆形、六角形、方形、矩形冲裁件		用于大批量生产中，尺寸不大的方形、矩形及六角形冲裁件
冲裁搭边		用于大批量生产中，小而窄的冲裁件（表针及类似冲裁件）或带料的连续拉深		用于以宽度均匀的条料或带料冲制长形件

在实际确定排样时，通常可先根据冲裁件的形状和尺寸列出几种可能的排样方案（形状复杂的冲裁件可用纸片剪成 3~5 个样件，再用样件摆出各种不同的排样方案），然后综合考虑冲裁件的精度、批量、经济性、模具结构与使用寿命、生产效率、操作与安全、原材料供应等各方面因素，最后决定出最合理的排样方法。决定排样方案时应遵循的原则是：保证在最低的材料消耗和最高劳动生产率条件下得到符合技术要求的零件，同时要考虑便于生产操作，使冲模结构简单，使用寿命长，并适应车间生产条件和原材料供应等情况。

三、搭边与条料宽度的确定

搭边是指排样时冲裁件之间以及冲裁件与条料边缘之间留下的工艺废料。搭边虽然是废料，但在冲裁工艺中却有很大的作用：补偿定位误差和送料误差，保证冲裁出合格的零件；增加条料刚度，方便条料送进，提高生产效率；避免冲裁时条料边缘的毛刺被拉入模具间隙，延长模具使用寿命。

1. 搭边值的大小要合理

搭边值过大时，材料利用率低；搭边值过小时，达不到在冲裁工艺中的作用。在实际确定搭边值时主要考虑以下因素：

（1）材料的力学性能。软材料、脆材料的搭边值取大一些；硬材料的搭边值可取小一些。

（2）冲裁件的形状与尺寸。冲裁件的形状复杂或尺寸较大时，搭边值取大些。

（3）材料的厚度。厚材料的搭边值要取大些。

（4）送料及挡料方式。用手工送料，且有侧压装置的搭边值可以小些，用侧刃定距可以比用挡料销定距的搭边值小一些。

（5）卸料方式。弹性卸料比刚性卸料的搭边值要小一些。

2. 条料宽度与导料板间距

在排样方式与搭边值确定后，就可以确定条料的宽度，进而可以确定导料板间距。条料的宽度要保证冲裁时冲裁件周边有足够的搭边值，导料板间距应使条料能在冲裁时顺利地在导料板之间送进，并与条料之间有一定的间隙。因此，条料宽度和导料板间距与冲裁模的送料定位方式有关，应根据不同结构分别进行计算。

（1）用导料板导向且有侧压装置时

如图 2—23a 所示，在这种情况下，条料是在侧压装置作用下紧靠导料板的一侧送进的，故按下列公式计算：

条料宽度

$$B_{-\Delta}^{0} = (D_{max} + 2a)_{-\Delta}^{0}$$

导料板间距

$$A = B + Z = D_{max} + 2a + Z$$

式中　D_{max}——条料宽度方向冲裁件的最大尺寸，mm；

　　　a——侧搭边值，mm；

　　　Δ——条料宽度偏差，mm，见表2—16；

　　　Z——导料板与条料之间的间隙，mm，见表2—17。

此种情况也适合用导料销导向的冲裁模，这时条料是由人工靠紧导料销一侧送进的。

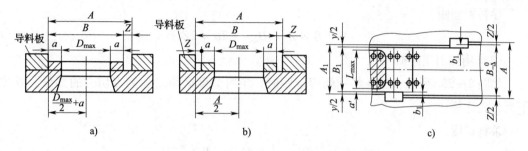

图2—23　条料宽度的确定

a）有侧压装置　b）无侧压装置　c）有侧刃

表2—16　　　　　　　　　　　**条料宽度偏差 Δ**　　　　　　　　　　mm

条料宽度 B	材料厚度 t				
	~0.5	0.5~1	1~2	2~3	3~5
~20	0.05	0.08	0.10		
20~30	0.08	0.10	0.15		
30~50	0.10	0.15	0.20		
~50		0.4	0.5	0.7	0.9
50~100		0.5	0.6	0.8	1.0
100~150		0.6	0.7	0.9	1.1
150~220		0.7	0.8	1.0	1.2
220~300		0.8	0.9	1.1	1.3

表2—17　　　　　　　　**导料板与条料之间的间隙 Z**　　　　　　　　mm

材料厚度 t	无侧压装置			有侧压装置	
	条料宽度 B			条料宽度 B	
	≤100	100~200	200~300	≤100	>100
约1	0.5	0.5	1	5	8
1~5	0.5	1	1	5	8

（2）用导料板导向且无侧压装置时

如图 2—23b 所示，无侧压装置时，应考虑在送料过程中因条料在导料板之间摆动而使侧面搭边值减小的情况，为了补偿侧面搭边值的减小，条料宽度应增加一个条料可能的摆动量（其值为条料与导料板之间的间隙 Z），故按下列公式计算：

条料宽度

$$B_{-\Delta}^{0} = (D_{max} + 2a + Z)_{-\Delta}^{0}$$

导料板间距

$$A = B + Z = D_{max} + 2a + 2Z$$

（3）用侧刃定距时

如图 2—23c 所示，当条料用侧刃定距时，条料宽度必须增加侧刃切去的部分，故按下列公式计算：

条料宽度

$$B_{-\Delta}^{0} = (L_{max} + 1.5a' + nb_1)_{-\Delta}^{0}$$

导料板间距

$$A = B + Z = L_{max} + 1.5a' + nb_1 + Z$$
$$A_1 = L_{max} + 1.5a' + y$$

式中　L_{max}——条料宽度方向冲裁件的最大尺寸，mm；

a'——侧搭边值，mm；

b_1——侧刃冲裁的料边宽度，见表 2—18；

n——侧刃数；

Z——冲裁前条料与导料板间的间隙，mm，见表 2—17；

y——冲裁后条料与导料板间的间隙，mm，见表 2—18。

表 2—18　　　　　　　　b_1 和 y 值

材料厚度 t	b_1		y
	金属材料	非金属材料	
≈1.5	1～1.5	1.5～2	1.10
1.5～2.5	2.0	3	1.15
2.5～3	2.5	4	1.20

条料宽度确定后，就可以选择板料规格，并确定裁板方式。板料一般为长方形，故裁板方式有纵裁（沿长边裁，也即沿板料轧制的纤维方向裁）和横裁（沿短边裁）两种。因为纵裁裁板次数少，冲压时条料调换次数少，工人操作方便，故在通常情况下应尽可能

采用纵裁。在以下情况可考虑用横裁：

1）横裁的板料利用率显著高于纵裁时。

2）纵裁后条料太长，受车间压力机排列的限制操作不便时。

3）条料太重，工人劳动强度太大时。

4）纵裁不能满足冲裁后的成形工序（如弯曲）对材料纤维方向的要求时。

四、排样图画法

排样图是排样设计最终的表达形式，通常应绘制在冲压工艺规程的相应卡片上和冲裁模总装图的右上角。排样图的内容应反映出排样方法、冲裁件的冲裁方式、用侧刃定距时侧刃的形状与位置、材料利用率等。

绘制排样图时应注意以下几点：

1. 排样图上应标注条料宽度 B、条料长度 L、板料厚度 t、端距 l、步距 S、冲裁件间搭边值 a_1 和侧搭边值 a、侧刃定距时侧刃的位置及截面尺寸等，如图 2—24a 所示。

2. 用剖面线表示出冲裁工位上的工序件形状（即凸模或凹模的截面形状），以便能从排样图上看出是单工序冲裁（见图 2—24a）、复合冲裁（见图 2—24b）或级进冲裁（见图 2—24c）。

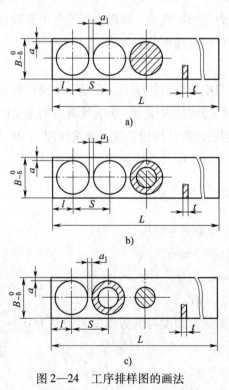

图 2—24　工序排样图的画法

a）单工序冲裁　b）复合冲裁　c）级进冲裁

3. 采用斜排时，应注明倾斜角度的大小。必要时，还可用细双点画线画出送料时定位元件的位置。对有纤维方向要求的排样图，应用箭头表示条料的纹路方向。

第6节　冲压力与压力中心的计算

 学习目标

掌握冲裁力、卸料力、推件力、顶件力的计算；掌握压力机的选择方法；了解降低冲裁力的措施；掌握确定压力中心的方法。

 知识要求

一、冲压力的计算

在冲裁过程中，冲压力是指冲裁力、卸料力、推件力和顶件力的总称。冲压力是选择压力机、设计冲裁模和校核模具强度的重要依据。

1. 冲裁力

冲裁力是冲裁过程中凸模对板料的压力，它是随凸模行程而变化的。通常说的冲裁力是指冲裁时凸模冲穿板料所需的最大压力。影响冲裁力的主要因素有材料的力学性能（如材料的抗剪强度等）、厚度、冲裁件周边长度及冲裁间隙、刃口锋利程度与表面粗糙度等。综合考虑上述影响因素，平刃口模具的冲裁力可按下式计算：

$$F = KLt\tau_b$$

式中　F——冲裁力，N；

　　　K——修正系数，一般取 $K = 1.3$；

　　　L——冲裁件周边长度，mm；

　　　t——材料厚度，mm；

　　　τ_b——材料抗剪强度，MPa。

在一般情况下，材料的抗拉强度与抗剪强度的关系为 $\sigma_b \approx 1.3\tau_b$，故冲裁力也可按下式计算：

$$F = Lt\sigma_b$$

式中　σ_b——材料抗拉强度，MPa。

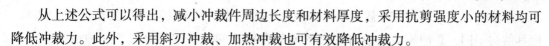

从上述公式可以得出，减小冲裁件周边长度和材料厚度，采用抗剪强度小的材料均可降低冲裁力。此外，采用斜刃冲裁、加热冲裁也可有效降低冲裁力。

2. 卸料力、推件力与顶件力

从凸模上卸下箍着的材料所需要的力称为卸料力，用 F_X 表示；将卡在凹模内的料顺冲裁方向推出所需要的力称为推件力，用 F_T 表示；逆冲裁方向将料从凹模内顶出所需要的力称为顶件力，用 F_D 表示，如图 2—25 所示。其计算公式分别为：

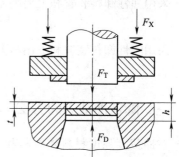

$$F_X = K_X F$$

$$F_T = n K_T F$$

$$F_D = K_D F$$

式中　K_X、K_T、K_D——卸料力、推件力和顶件力系数，其值见表 2—19；

　　　　F——冲裁力，N；

　　　　n——同时卡在凹模孔内的冲裁件（或废料）数，$n = h/t$（h 为凹模孔口的直刃壁高度，t 为材料厚度）。

图 2—25　卸料力、推件力与顶件力

表 2—19　　　　　　　　卸料力、推件力和顶料力系数

冲裁件材料		K_X	K_T	K_D
纯铜、黄铜		0.02 ~ 0.06	0.03 ~ 0.09	0.03 ~ 0.09
铝、铝合金		0.025	0.03 ~ 0.07	0.03 ~ 0.07
钢 （料厚 t/mm）	约 0.1	0.065 ~ 0.075	0.1	0.14
	>0.1 ~ 0.5	0.045 ~ 0.055	0.063	0.08
	>0.5 ~ 2.5	0.04 ~ 0.05	0.055	0.06
	>2.5 ~ 6.5	0.03 ~ 0.04	0.045	0.05
	>6.5	0.02 ~ 0.03	0.025	0.03

二、压力机公称压力的确定

对于冲裁工序，压力机的公称压力应大于或等于冲裁时总冲压力的 1.1 ~ 1.3 倍，即：

$$F_压 \geq (1.1 \sim 1.3) F_\Sigma$$

式中　$F_压$——压力机的公称压力，N；

　　　　F_Σ——冲裁时的总冲压力，N。

冲裁时，总冲压力为冲裁力和与冲裁力同时发生的卸料力、推件力或顶件力之和。模具结构不同，总冲压力所包含的力的成分有所不同，具体可分以下三种情况进行计算：

采用弹性卸料装置和下出料方式的冲裁模时：

$$F_\Sigma = F + F_X + F_T$$

采用弹性卸料装置和上出料方式的冲裁模时：

$$F_\Sigma = F + F_X + F_D$$

采用刚性卸料装置和下出料方式的冲裁模时：

$$F_\Sigma = F + F_T$$

三、降低冲裁力的方法

在冲裁高强度材料或厚料和大尺寸冲裁件时，需要的冲裁力很大。当生产现场没有足够吨位的压力机时，为了不影响生产，可采取一些有效措施降低冲裁力，以充分利用现有设备。同时，降低冲裁力还可以减小冲击、振动和噪声，对改善冲压环境也有积极意义。

目前，降低冲裁力的方法主要有以下几种：

1. 采用阶梯凸模冲裁

在多凸模冲裁中，可根据凸模截面尺寸的大小，将凸模设计成不同长度，使工作端面呈阶梯形布置，如图 2—26 所示。这样，每个凸模冲裁力的最大值不同时出现，从而减小了冲裁力。缺点是长凸模插入凹模较深，易磨损。

阶梯凸模不仅能降低冲裁力，在直径相差悬殊、彼此距离又较小的多孔冲裁中，还可以避免小直径凸模因受材料流动挤压的作用而产生倾斜或折断现象。

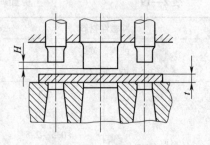

图 2—26　阶梯凸模

这时一般将小直径凸模做短一些。此外，各层凸模的布置要尽量对称，使模具受力平衡。

阶梯凸模间的高度差 H 与板料厚度有关，可按以下关系确定：

料厚 $t < 3$ mm 时，$H = t$；

料厚 $t > 3$ mm 时，$H = 0.5t$。

阶梯凸模的冲裁力一般只按产生最大冲裁力的那一层阶梯进行计算。

2. 采用斜刃口冲裁

一般在使用平刃口模具冲裁时，因整个刃口面都同时切入材料，切断是沿冲裁件周边同时发生的，因此冲床的负荷是突然增加的，故所需的冲裁力较大。采用斜刃口模具冲裁，就是将冲模的凸模或凹模制成与轴线倾斜一定角度的斜刃口，这样，冲裁时整个刃口不是全部同时切入，而是逐步将材料切断，因而能显著降低冲裁力。

斜刃口的配置形式如图2—27所示。因采用斜刃口冲裁时，会使板料产生弯曲，图2—27斜刃口的配置原则是：必须保证冲裁件平整，只允许废料产生弯曲变形。为此，落料时凸模应为平刃口，将凹模做成斜刃口，如图2—27a、b所示；冲孔时则凹模应为平刃口，而将凸模做成斜刃口，如图2—27c、d、e所示。斜刃口还应对称布置，以免冲裁时模具承受单向侧压力而产生偏移，啃伤刃口。向一边倾斜的单边斜刃口冲模只能用于切口或切断，如图2—27f所示。

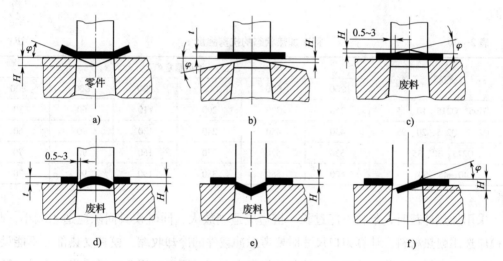

图2—27　各种斜刃口的配置形式

a)、b) 落料用　c)、d)、e) 冲孔用　f) 切舌用

斜刃口的主要参数是斜刃角 φ 和斜刃高度 H。斜刃角 φ 越大越省力，但过大的斜刃角会降低刃口强度，并使刃口易于磨损，从而缩短使用寿命；斜刃角也不能过小，过小的斜刃角起不到减力的作用。斜刃高度 H 也不宜过大或过小，过大的斜刃高度会使凸模进入凹模太深，加快刃口的磨损；而过小的斜刃高度也起不到减力的作用。一般情况下，斜刃角 φ 和斜刃高度 H 可参考下列数值选取：

料厚 $t < 3$ mm 时，$H = 2t$，$\varphi < 5°$；

料厚 $t = 3 \sim 8$ mm 时，$H = t$，$\varphi < 8°$。

斜刃冲裁时，冲裁力可用下列公式计算：

$$F_{斜} = K_{斜} L t \tau_b$$

式中　$F_{斜}$——斜刃口冲裁时的冲裁力，N；

$K_斜$——降低冲裁力系数，与斜刃高度 H 有关，当 $H=t$ 时，$K_斜=0.4\sim0.6$；$H=2t$ 时，$K_斜=0.2\sim0.4$。

斜刃口冲裁的主要缺点是刃口制造与刃磨比较复杂，刃口容易磨损，冲裁件也不够平整，并且省力不省功，因此一般情况下尽量不用，只用于大型、厚板冲裁件（如汽车覆盖件等）的冲裁。

3. 采用加热冲裁

金属材料在加热状态下的抗剪强度显著降低，因此采用加热冲裁能降低冲裁力。表2—20 所列为部分钢在加热状态的抗剪强度，从表中可以看出，当钢加热至 900℃ 时，其抗剪强度最低，冲裁最为有利，所以，一般加热冲裁是把钢加热到 800～900℃ 时进行的。

表2—20 　　　　　　　　　　　　钢在加热状态的抗剪强度 τ_b　　　　　　　　　　　　MPa

材料	加热温度/℃					
	200	500	600	700	800	900
Q195、Q215、10、15	360	320	200	110	60	30
Q235、Q255、20、25	450	450	240	130	90	60
Q275、30、35	530	520	330	160	90	70
40、45、50	600	580	380	190	90	70

采用加热冲裁时，条料不能过长，搭边应适当放大，同时模具间隙应适当减小，凸、凹模应选用耐热材料，计算刃口尺寸时要考虑冲裁件的冷却收缩，模具受热部分不能设置橡皮等。由于加热冲裁工艺复杂，冲裁件精度也不高，所以只用于厚板或表面质量与精度要求不高的冲裁件。

加热冲裁的冲裁力按平刃口冲裁力的公式计算，但材料的抗剪强度 τ_b 应根据冲裁温度（一般比加热温度低 150～200℃）按表2—20 查取。

四、压力中心的计算

冲压力合力的作用点称为压力中心。为了保证压力机和冲裁模正常、平稳地工作，必须使冲裁模的压力中心与压力机滑块中心重合，对于带模柄的中、小型冲裁模，就是要使其压力中心与模柄轴线重合；否则，冲裁过程中压力机滑块和冲裁模将会承受偏心载荷，使滑块导轨和冲裁模导向部分产生不正常磨损，合理间隙得不到保证，刃口迅速磨损，从而降低冲裁件质量，缩短模具使用寿命，甚至损坏模具。若因冲裁件的形状特殊，从模具结构方面考虑不宜使压力中心与模柄轴线重合，也应注意尽量使压力中心不超出所选压力

机模柄孔投影面积的范围。

压力中心的确定有解析法、作图法和悬挂法，这里主要介绍解析法，即采用求空间平行力系的合力作用点的方法。

1. 单凸模冲裁时的压力中心

对于形状简单或对称的冲裁件，其压力中心位于冲裁件轮廓图形的几何中心。冲裁直线段时，其压力中心位于直线段的中点。冲裁圆弧线段时，其压力中心的位置按下式计算，如图 2—28 所示。

$$x_0 = R\frac{180 \times \sin\alpha}{\pi\alpha} = R\frac{b}{l}$$

对于形状复杂的冲裁件，可先将复杂图形的轮廓线划分为若干简单的直线段及圆弧段，分别计算其冲裁力（即各段分力），由各分力之和可算出合力。然后任意选定直角坐标轴 x、y，并算出各线段的压力中心至 x 轴和 y 轴的距离。最后根据"合力对某轴之矩等于各分力对同轴力矩之和"的力学原理，即可求出压力中心坐标。

如图 2—29 所示，设复杂形状件各线段（包括直线段和圆弧段）的冲裁力为 F_1、F_2、F_3、$\cdots$、F_n，相应各线段的长度为 L_1、L_2、L_3、$\cdots$、L_n，各线段压力中心至坐标轴的距离分别为 x_1、x_2、x_3、$\cdots$、x_n 和 y_1、y_2、y_3、$\cdots$、y_n，则压力中心坐标计算公式为：

$$x_0 = \frac{L_1 x_1 + L_2 x_2 + L_3 x_3 + \cdots + L_n x_n}{L_1 + L_2 + L_3 + \cdots + L_n}$$

$$y_0 = \frac{L_1 y_1 + L_2 y_2 + L_3 y_3 + \cdots + L_n y_n}{L_1 + L_2 + L_3 + \cdots + L_n}$$

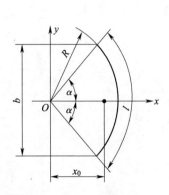

图 2—28　圆弧线段的压力中心

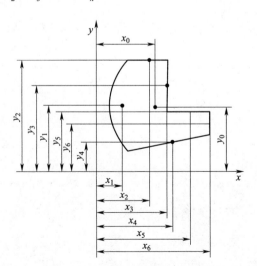

图 2—29　复杂形状件的压力中心

2. 多凸模冲裁时的压力中心

多凸模冲裁时压力中心的计算原理与单凸模冲裁时的计算原理基本相同，其具体计算步骤如下（见图 2—30）：

（1）选定坐标轴 x、y。

（2）按前述单凸模冲裁时压力中心计算方法计算出各单一图形的压力中心到坐标轴的距离 x_1、x_2、x_3、$\cdots$、x_n 和 y_1、y_2、y_3、$\cdots$、y_n。

（3）计算各单一图形轮廓的周长 L_1、L_2、L_3、$\cdots$、L_n。

（4）将计算数据分别代入上式，即可求得压力中心坐标（x_0、y_0）。

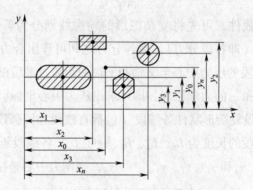

图 2—30　多凸模冲裁时压力中心的计算

第 3 章

冲裁模结构与设计

第1节　冲裁模零部件分类及功能

 **学习目标**

掌握冲裁模零件的组成、分类及基本作用。

 **知识要求**

虽然各种冲模的结构形式和复杂程度不同，但组成模具的零件种类是基本相同的，根据它们在模具中的功用和特点，可以分为以下两大类：

一、工艺零件

工艺零件直接参与完成工艺过程并与毛坯直接发生作用，它决定着制件的形状、尺寸及其精度。主要包括工作零件、定位零件及卸料、顶料和压料零件。

工作零件直接使被加工材料变形、分离而成为工件。

定位零件控制条料的送进方向和送料步距，确保条料在冲模中的正确位置。

卸料和顶料零件在冲压完毕可将工件或废料从模具中排出，以使下次冲压工序能顺利进行；拉深模中压料零件的作用是防止板料发生失稳、起皱。

二、结构零件

结构零件不直接参与完成工艺过程，也不与毛坯直接发生作用，只对模具完成工艺过程起保证或完善作用。包括导向零件、支撑零件、紧固零件和其他零件。

导向零件的作用是为保证上模对下模相对运动精确导向，使凸模与凹模之间保持均匀的间隙，提高冲压件的质量。

支撑及紧固零件的作用是使整个模具零件连接和固定在一起，构成整体，保证各零件的相互位置，并使冲模能安装在压力机上。

冲模零件分类见表3—1。

表 3—1   冲模零件分类

工艺零件			结构零件			
工作零件	定位零件	卸料、顶料和压料零件	导向零件	支撑零件	紧固零件	其他零件
凸模	挡料销	卸料装置	导柱	上、下模座	螺钉	弹性件
凹模	始用挡料销	压料装置	导套	模柄	销钉	传动零件
凸凹模	导正销	顶件装置	导板	凸、凹模固定板	键	
	定位销、定位板	推件装置	导筒	垫板		
	导料销、导料板	废料切刀		限位支撑装置		
	侧刃、侧刃挡块					
	承料板					

第 2 节   冲裁模主要零部件结构设计

 **学习目标**

掌握冲裁模模架的分类方法、结构和基本作用。掌握冲裁模主要零部件的结构形式及设计要点。

 **知识要求**

一、工作零件

1. 凸模

由于冲裁件的形状和尺寸不同，生产中使用的凸模结构形式很多，按整体结构分，有整体式（包括阶梯式和直通式）、护套式和镶拼式；按工作断面分，有圆形、方形、矩形和异形凸模；按刃口截面形式分，有平刃和斜刃等。但不论凸模的结构及形状如何，其基本结构均由两部分组成，一是工作部分，用以成形冲裁件；二是安装部分，用来使凸模正确地固定在模座上。对刃口尺寸不大的小凸模，从提高刚度等因素考虑，可在这两部分之间增加过渡段。

（1）凸模的结构形式及固定方法

1）圆形标准凸模。国家标准有三种圆凸模，分别是 A 型圆凸模、B 型圆凸模和快换圆凸模。其中 B 型圆凸模的结构形式如图 3—1a 所示。直径尺寸范围 $d = 3.0 \sim 30.2$ mm。A 型与 B 型相比，没有中间过渡段，直径尺寸范围 $d = 1.1 \sim 30.2$ mm。圆凸模常做成圆滑过渡的阶梯形，以保证强度、刚度及便于加工与装配。凸模与固定板的配合采用 H7/m6 的过渡配合。图 3—1e、f 是快换式的小凸模，其固定段按 h6 级制造，与通用模柄为小间隙配合，维修、更换方便。

圆形标准凸模的具体结构及要求可查阅冲模设计资料，其他形状凸模的形位公差、表面粗糙度等要求可依据圆形标准凸模进行设计。

2）异形凸模。又称凸缘式凸模，大多数情况下，凸模工作段截面为非圆形，称为异形。异形凸模的结构与固定方式如图 3—1b 所示。为使凸模加工方便，异形凸模固定段截面做成圆形、方形、矩形等形状简单的断面，以便加工固定板的型孔。但当固定段取圆形时，必须在凸缘的边缘处加骑缝螺钉或销钉。凸缘式凸模的工作段工艺性不好，因此刃口形状复杂时不宜采用。

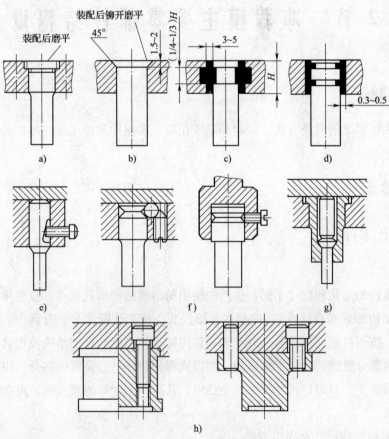

图 3—1　凸模及其固定方式

3）直通式凸模。直通式凸模的截面形状沿全长是一样的，便于成形磨削或线切割加工，且可以先淬火，后精加工，因此得到广泛应用，其固定方式采用 H7/n6、P7/n6 铆接固定，如图 3—1b 所示，这种固定方式都必须在固定端接缝处加止动销防转；也可采用低熔点合金或环氧树脂固定，如图 3—1c、d 所示。对于截面尺寸较大的，还可以采用螺钉、销钉直接固定的方式，如图 3—1h 所示。

4）冲小孔凸模。当冲制孔径与料厚相近的小孔时，应考虑采用提高凸模的强度与刚度的措施保护凸模。实际生产中，最有效的措施之一就是对小孔凸模采用护套结构（见图 3—1g）及对凸模进行导向的方式，这样既可以提高凸模的抗弯曲能力，又能节省模具钢。另外，采用厚垫板缩短凸模长度也是提高凸模刚度的一种方法，如图 3—2 所示为短凸模冲孔模。

凸模的固定方法有台肩固定、铆接固定、黏结剂浇注固定、螺钉与销钉固定、快换式固定等。

（2）凸模长度的计算

凸模长度主要根据模具结构而定，并且要考虑修模、操作安全、装配等的需要来确定。当按冲模典型组合标准选用时，则可取标准长度，否则应进行计算，如图 3—3 所示。

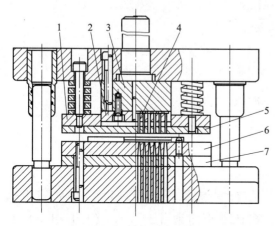

图 3—2　短凸模冲孔模

1—导板　2—固定板　3—凸模垫板

4—凸模　5—卸料板　6—凹模　7—凹模垫板

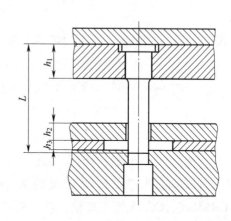

图 3—3　凸模长度计算

当采用固定卸料时，凸模长度可按下式计算：

$$L = h_1 + h_2 + h_3 + h$$

当采用弹性卸料时，凸模长度可按下式计算：

$$L = h_1 + h_2 + h_4$$

式中　L——凸模长度，mm；

　　　h_1——凸模固定板厚度，mm；

　　　h_2——卸料板厚度，mm；

　　　h_3——导料板厚度，mm；

　　　h——附加长度，mm；它包括凸模的修磨量（10~15 mm）、凸模进入凹模的深度（0.5~1 mm）、凸模固定板与卸料板之间的安全距离（15~20 mm）等；

　　　h_4——卸料弹性元件被预压后的厚度，mm。

（3）凸模强度与刚度的校核

一般情况下，凸模的强度与刚度是足够的，没有必要进行校核，但是当凸模的截面尺寸很小而冲裁的板料厚度较大，或根据结构需要确定的凸模特别细长时，则应进行承压能力（也就是强度校核）和抗纵向弯曲能力的校核。

1）强度校核。凸模最小截面积满足下式时强度满足要求：

$$A_{\min} \geqslant \frac{F'_z}{[\sigma_{bc}]}$$

特别情况，对于圆形凸模，当推件力或顶件力为零时，则为：

$$d_{\min} \geqslant \frac{4t\tau_b}{[\sigma_{bc}]}$$

式中　$d_{\min}$——凸模工作部分的最小直径，mm；

　　　$A_{\min}$——凸模最小截面积，mm^2；

　　　F'_z——凸模纵向所受的压力，其值为总冲压力，N；

　　　t——材料厚度，mm；

　　　τ_b——冲剪材料的抗剪强度，MPa；

　　$[\sigma_{bc}]$——凸模材料的许用抗压强度，MPa。

凸模材料许用抗压强度的大小取决于凸模材料及热处理，对于 T8A、T10A、Cr12MoV、GCr15 等工具钢，淬火硬度为 58~62HRC 时可取 $[\sigma_{bc}]$ = （1.0~1.6）× 10^3 MPa；如果凸模有特殊导向时，可取 $[\sigma_{bc}]$ = （2~3）× 10^3 MPa。

2）刚度校核。凸模的最大长度不超过下式时刚度满足要求：

当凸模是有导向的凸模时，相当于一端固定，另一端铰支的压杆。对于一般圆形凸模来说，凸模不发生失稳弯曲的最大长度应满足下式：

$$L_{\max} \leqslant 1\,200\sqrt{\frac{I_{\min}}{F_z}}$$

当凸模是无导向的凸模时，相当于一端固定，另一端自由的压杆。由欧拉公式可解

得，对于一般圆形凸模来说，凸模不发生失稳弯曲的最大长度应满足下式：

$$L_{\max} \leqslant 425 \sqrt{\frac{I_{\min}}{F_z}}$$

对于圆形凸模 $I_{\min} = \pi d^4 / 64$

式中　$L_{\max}$——凸模允许的最大长度，mm；

　　　$I_{\min}$——凸模最小截面的惯性矩，mm^4；

　　　d——凸模最小截面的直径，mm。

2. 凹模

凹模的类型很多，凹模的外形有圆形和矩形；结构有整体式和镶拼式；刃口有平刃和斜刃。

整体式凹模是指冲裁型腔含于内部的凹模，其外形多采用矩形或圆形等规则形状。中、小型圆冲件所需凹模多采用圆形，以便于加工，其余多采用矩形凹模。矩形凹模有利于确定型腔加工及凹模装配的基准，矩形毛坯也较容易制备。

（1）凹模的外形结构及固定方法

小型圆形凹模结构采用国家标准形式，如图3—4a、b所示，可直接装在凹模固定板内，主要用于冲孔。

实际生产中，由于冲裁件的形状和尺寸千变万化，因而更多情况是使用外形为圆形或矩形的凹模板。在其上开设所需要的凹模洞口，用螺钉和销钉直接固定在模板上，如图3—4c所示。固定凹模时也可用凹模长、宽尺寸与下模座为过渡配合的止口代替圆柱销定位。凹模采用螺钉和销钉定位时，要保证螺孔（或沉孔）间、螺孔与销孔间以及螺孔、销孔与凹模刃口间的距离不能太近；否则会影响模具使用寿命。一般螺孔与销孔间、螺孔或销孔与凹模刃口间的距离取大于两倍孔径值。孔距的最小值可查阅相关设计手册。为便于拆模，快换凹模也可采用小压合量加斜楔或紧定螺钉紧固的方式，如图3—4d所示。

（2）凹模孔口的结构形式

凹模型孔侧壁的形状有两种基本类型，一种是与凹模面垂直的直刃壁；另一种是与凹模面稍倾斜的斜刃壁。

常用的直刃壁型孔有以下三种结构形式：

1）全直壁型孔，如图3—5a所示，对应于直通形凹模，只适用于顶件式模具，如凹模型孔内带顶板的落料模与复合模。

2）适用于圆孔的阶梯式直刃壁型孔，如图3—5b所示，适用于推件式模具。

3）适用于非圆孔的阶梯式直刃壁型孔，如图3—5c所示，适用于推件式模具。

直刃壁型孔的特点是刃口强度高，修磨后刃口尺寸不变，制造方便，多用于有顶出装置、上出料的模具。

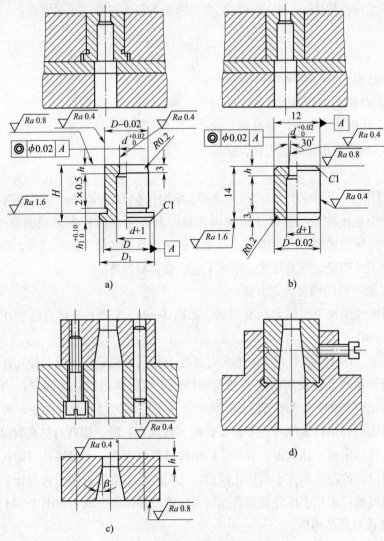

图3—4 凹模外形结构及其固定方式

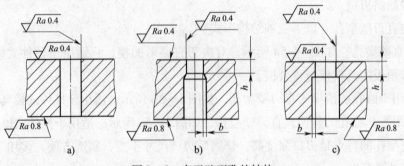

图3—5 直刃壁型孔的结构

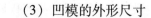

（3）凹模的外形尺寸

冲裁凹模外形尺寸是指其平面尺寸和厚度，它与标准固定板、垫板和模座等配套使用，设计时可先采用经验公式概略确定后，再参考国家标准《冲模模板　第1部分：矩形凹模板》（JB/T 7643.1—2008）和《冲模模板　第4部分：圆形凹模板》（JB/T 7643.4—2008）确定最后的尺寸。

冲裁凹模的厚度包括凹模厚度和凹模壁厚（刃口到外边缘的距离），在确定时一般的确定顺序为先确定凹模厚度，再确定凹模壁厚。在确定冲裁模凹模厚度时，需要考虑的因素有凹模刃口最大尺寸、参考系数、国家标准及凹模强度等。

经验计算公式为：

凹模厚 H：　　　　　　　$H = kS$（$\geqslant 15$ mm）

凹模壁厚 C：　　　　　$C =$（$1.5 \sim 2.0$）H（$\geqslant 30 \sim 40$ mm）

凹模宽度 B：　　　　　$B = S +$（$2.5 \sim 4.0$）H

凹模长度 L：　　　　　　　$L = S_1 + 2S_2$

式中　k——系数，考虑板厚的影响，其值可参考表3—2；

　　　S——垂直于送料方向的凹模刃壁间的最大距离，mm；

　　　S_1——送料方向的凹模刃壁间的最大距离，mm；

　　　S_2——送料方向的凹模刃壁到凹模边缘的最小距离，mm。

表3—2　　　　　　　　　　　　　凹模厚度系数　　　　　　　　　　　　　　　　mm

S	材料厚度 t		
	≤1	>1～3	>3～6
≤50	0.30～0.40	0.35～0.50	0.45～0.60
>50～100	0.20～0.30	0.22～0.35	0.30～0.45
>100～200	0.15～0.20	0.18～0.22	0.22～0.30
>200	0.10～0.15	0.12～0.18	0.15～0.22

3. 凸凹模

凸凹模是复合模中的主要工作零件，工作端的内、外缘都是刃口，一般内缘与凹模刃口结构形式相同，外缘与凸模刃口结构形式相同。

凸凹模内、外缘之间的壁厚是由冲件孔边距决定的，所以，当冲件孔边距较小时必须考虑凸凹模强度，凸凹模强度不够时就不能采用复合模冲裁。凸凹模的最小壁厚与冲模的结构有关：正装式复合模因凸凹模内孔不积存废料，胀力小，最小壁厚可小些；倒装式复合模的凸凹模内孔一般会积存废料，胀力大，最小壁厚应大些。凸凹模的最小壁厚目前一般按经验数据确定。形状复杂或制件尺寸较大时，凸凹模壁厚应取较大值，一般凸凹模厚度不得小于 15 mm。凸凹模最小壁厚的具体数值可参考表 3—3。

表 3—3　　　　　　　　　　　　倒装复合模的最小壁厚　　　　　　　　　　　　　mm

材料厚度 t	0.1	0.15	0.2	0.4	0.5	0.6	0.7	0.8	0.9	1	1.2	1.4	1.5	1.6
最小壁厚 δ	0.8	1	1.2	1.4	1.6	1.8	2.0	2.3	2.5	2.7	3.2	3.6	3.8	4
材料厚度 t	1.8	2	2.2	2.4	2.6	2.8	3	3.2	3.4	3.6	4	4.5	5	5.5
最小壁厚 δ	4.4	4.9	5.2	5.6	6	6.4	6.7	7.1	7.4	7.7	8.5	9.3	10	12

4．凸、凹模的镶拼结构

对于大、中型和形状复杂、局部薄弱的凸模或凹模时，如果采用整体式结构，往往给锻造、机械加工及热处理带来困难，而且当发生局部损坏时，会造成整个凸、凹模的报废。为此，常采用镶拼结构的凸、凹模。

镶拼结构有镶接和拼接两种。镶接是将局部易磨损部分另做一块，然后镶入凹模体或凹模固定板内。拼接是将整个凸、凹模的形状按分段原则分成若干块，分别加工后拼接起来。

（1）镶拼结构的特点及应用

当制件形状复杂，尺寸很大或很小，精度要求高时，工作零件一般采用镶拼结构。

镶拼结构比整体式制造容易，不易热处理开裂，维修及更换方便，可节约模具钢。但镶拼结构装配烦琐，零件数量多，成本也高。因此，采用镶拼结构必须选择好适当的镶拼形式，才能取得良好的效果。

（2）镶拼结构的形式及固定方法

1）平面式。把各拼块用螺钉和销钉定位固定到固定板或底座的平面上。平面式一般用于大型模具或多孔冲模，如图 3—6a 所示。

2）凸边式。把各拼块嵌入两边或四边的凸边固定板内，凸边高度不小于拼块高度的一半，凸边宽度大于两倍销钉的直径。这种结构适用于冲制薄料和小件，如图 3—6b 所示。

3）套筒式。把凹模或凸模按不同直径分割成几个同心圆套筒，分别加工后相互套合组成，如图 3—6c 所示。

4）嵌入式。把凹模中难以加工或悬臂很长、受力危险的部分分割出来，做成凸模的镶块，嵌入凹模里固定，并在凹模下面增加淬硬的垫板，防止镶块受力下沉，如图 3—6d 所示。

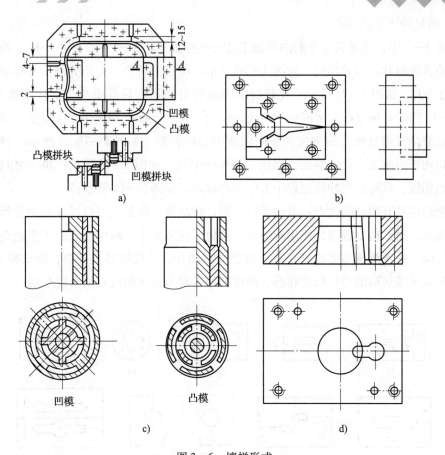

图 3—6　镶拼形式

a）平面式　b）凸边式　c）套筒式　d）嵌入式

　　镶块结构的固定方法有平面式固定、嵌入式固定、压入式固定和斜楔式固定。平面式固定就是把拼块直接用螺钉、销钉紧固定位于固定板或模座平面上，这种固定方法主要用于大型的镶拼凸、凹模。嵌入式固定即把各拼块拼合后，采用过渡配合嵌入固定板凹槽内，再用螺钉紧固，这种方法多用于中、小型凸、凹模镶块的固定。压入式固定即把各拼块拼合后，采用过盈配合压入固定板内，这种方法常用于形状简单的小型镶块的固定。斜楔式固定即利用斜楔和螺钉把各拼块固定在固定板上，拼块镶入固定板的深度应不小于拼块厚度的1/3，这种方法也是中、小型凹模镶块（特别是多镶块时）常用的固定方法。此外，还可用黏结剂浇注固定的方法。

　　（3）镶拼原则

　　1）力求改善加工工艺性，减小钳工工作量，提高模具加工精度。

　　2）便于装配、调整与维修。

3）满足冲压工艺要求。

在图 3—7 中，将形状复杂的内形加工变为外形加工，如图 3—7a、b、d、g 所示；使分块后的各块形状、尺寸相同，如图 3—7d 所示；应该沿转角、尖角分割，并尽量使拼块角度大于 90°，如图 3—7j 所示；比较薄弱的或容易磨损的局部单独分块，以便于更换，如图 3—7a 所示；拼合面应离圆弧与直线的相交处 4～7 mm，如图 3—7a 所示。拼块之间应能通过磨削或增减垫片的方法调整间隙或中心距公差，如图 3—7h、i 所示；拼块的接缝不能相切于组成工作孔的圆弧，而应在圆弧的中间，如图 3—7f 所示；拼块之间应尽量以凸凹槽相嵌，以防止在冲压过程中发生相对移动，如图 3—7k 所示。

镶拼结构具有明显的优点：节约了模具钢；拼块便于加工，刃口尺寸和冲裁间隙容易控制和调整，模具精度较高，使用寿命长；避免了应力集中，减少或消除了热处理变形与开裂的危险；便于维修与更换已损坏或过分磨损部分，延长模具总寿命，降低模具成本。缺点是为保证镶拼后的刃口尺寸和凸、凹模间隙，对各拼块的尺寸要求较严格。

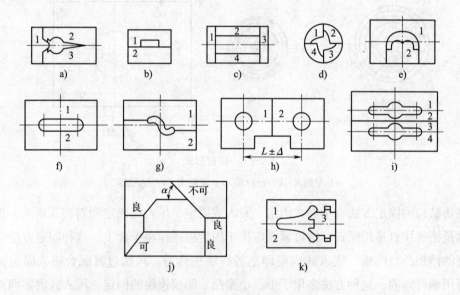

图 3—7　镶拼结构

二、定位零件

为了保证模具正常工作及冲出合格的冲裁件，必须保证坯料或工序件对模具的工作刃口处于正确的相对位置，定位必不可少。

对条料进行定位的零件有挡料销、导料销、侧压装置、导正销、侧刃等；用于对工序件进行定位的零件有定位销、定位板等。

1. 定位板与定位销

定位板与定位销用于单个坯料或工序件的定位，可以坯料外轮廓或内孔定位，常用于弯曲模。

单个毛坯或块料在模具上定位时，常采用定位板或定位销。定位有两种形式，一种靠毛坯外形定位，外形比较简单的一般采用此方法，如图 3—8a 所示；另一种靠毛坯内孔定位，外形较复杂的一般采用此方法，如图 3—8b 所示。具体选用哪一种定位方式，应根据坯料或工序件的形状、尺寸大小、冲压工序性质及定位精度来考虑。为了保证定位准确，定位板与坯料应采用间隙配合。

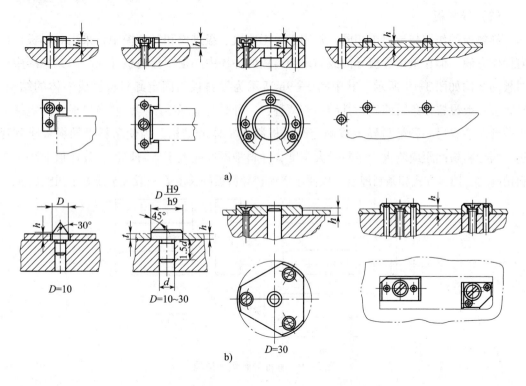

图 3—8　定位板和定位销的结构

定位板的厚度或定位销的高度要比坯料或工序件的厚度大 $1\sim2$ mm，具体数值可参考表 3—4。

表 3—4　定位板的厚度或定位销的高度　mm

材料厚度 t	1	$1\sim3$	$3\sim5$
厚度或高度 h	$t+2$	$t+1$	t

2. 导料销、导料板与侧压板

导料是指对条料或卷料的侧边进行导向，以保证其正确的送进方向。

（1）导料销

导料销的作用是保证条料沿正确的方向送进。导料销结构简单，容易制造，多用于单工序模或复合模中。导料销一般设置两个，位于条料的同一侧，条料从右向左送进时位于后侧，从前向后送进时位于左侧。导料销可以设置在凹模面上，也可以设置在弹压卸料板上，还可以设置在固定板或下模模座上，用挡料螺栓代替。固定式和活动式导料销的结构与固定式和活动式挡料销基本一样，可以从标准中选用。

（2）导料板

导料板的作用与导料销相同，常用于单工序模、级进模和复合模中，采用导料板定位时操作方便，但在采用导板导向或固定卸料板的冲模中必须用导料板导向。国家标准中导料板的结构如图3—9所示。其中图3—9b所示为导料板与固定卸料板做成一体的结构。导料板一般设置在条料两侧，其结构有两种：一种是行业标准结构，它与导板或固定卸料板分开制造；另一种是与导板或固定卸料板制成整体的结构。为使条料沿导料板顺利通过，两导料板间距应略大于条料最大宽度；导料板厚度应大于条料厚度，具体值取决于挡料销高度、挡料方式和条料厚度，以便于送料；导料板的长度 L 一般大于或等于凹模长度。

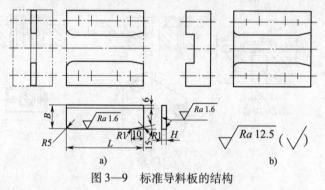

图3—9 标准导料板的结构

（3）侧压板

如果条料的公差较大，或搭边值太小时，为避免条料在导料板中偏摆，使最小搭边值得到保证，应在送料方向的一侧设置侧压装置，使条料始终紧靠导料板的另一侧送料。

常见的侧压装置分为弹簧式侧压装置、簧片式侧压装置和压板式侧压装置。

弹簧式侧压装置如图3—10a所示，侧压力大，常用于被冲材料较厚的冲裁模；簧片式侧压装置结构简单，但侧压力小，如图3—10b所示，适用于0.3～1 mm的薄料；压板式侧压装置如图3—10c所示，它侧压力大而均匀，工作可靠，但其安装位置限于进料口，适用于侧刃定距的级进模。

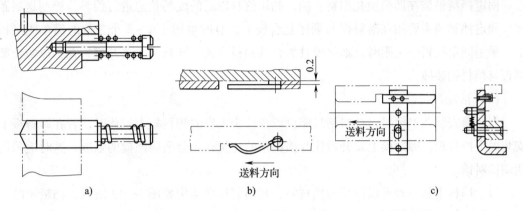

图 3—10 侧压板形式

3. 挡料销

挡料销是确定板料送进距离的圆柱形零件，因其结构简单、制造方便得到广泛应用。挡料销的作用是挡住条料搭边或冲裁件轮廓，以限定条料送进的距离。根据其工作特点及作用分为固定挡料销、活动挡料销和始用挡料销。

（1）固定挡料销

固定挡料销结构最简单，其国家标准结构如图 3—11a 所示。固定部分直径 d 与工作部分直径 D 相差一倍多，广泛用于中、小型冲模条料定距。当挡料销的固定孔离凹模孔壁太近时，为不削弱凹模强度，可采用图 3—11b 所示的钩形挡料销结构。

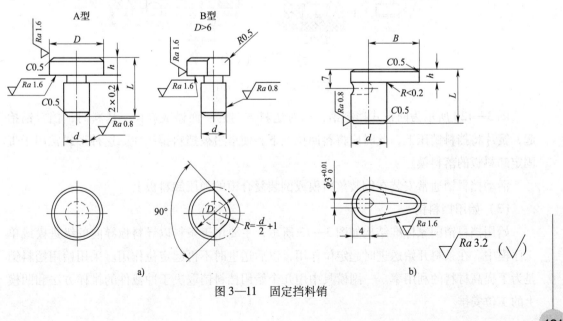

图 3—11 固定挡料销

固定挡料销装在凹模型孔出料一侧，利用落料以后的废料孔边进行挡料，控制送料距离。固定挡料销主要用在落料模与顺序复合模上，有时也用于 2~3 个工位的简单级进模上。采用固定挡料销定距时，如果模具为弹性卸料方式，卸料板上要开避让孔，以防止卸料板与挡料销碰撞。

（2）活动挡料销

当凹模安装在上模时，挡料销只能设置在位于下模的卸料板上。此时，若在卸料板上安装固定挡料销，因凹模上要开设让开挡料销的让位孔，会削弱凹模的强度，这时应采用活动挡料销。

活动挡料销是一种可以伸缩的挡料销，其国家标准结构如图 3—12 所示。挡料销的一端与弹簧、橡皮发生作用，因而可以活动。

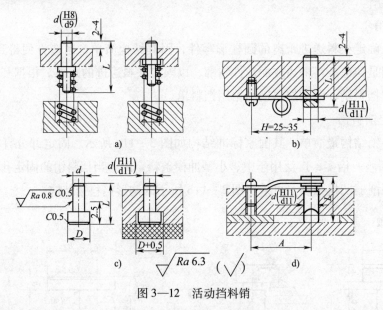

图 3—12　活动挡料销

图 3—12d 所示为回带式挡料销，面对送料方向的一面做成斜面，送料时，挡料销抬起，簧片将挡料销压下，此时应将料回拉一下，使搭边被挡料销挡住。这种形式常用于带固定卸料板的落料模。

活动挡料销通常安装在倒装落料模或倒装复合模的弹压卸料板上。

（3）始用挡料销

始用挡料销国家标准结构如图 3—13 所示，主要用于条料以导料板导向的级进模或单工序模中。在条料开始送进时起定位作用，以后送进时不再起定位作用。采用始用挡料销是为了提高材料的利用率。一副模具中用几个始用挡料销取决于冲裁件的排样方法和凹模上的工位安排。

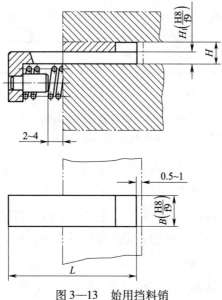

图 3—13　始用挡料销

4．侧刃

侧刃通过切去条料旁侧少量材料来达到控制条料送料距离的目的，常用于级进模中控制送料步距，其定位精度高，操作方便，生产效率高，但会造成一定的板料消耗及增加冲裁力。

国家标准中将侧刃结构分为无导向侧刃（见图 3—14）和有导向侧刃（见图 3—15）。按其刃口形状的不同又分为矩形侧刃、齿形侧刃和尖角形侧刃。

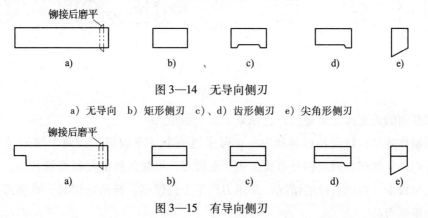

图 3—14　无导向侧刃

a）无导向　b）矩形侧刃　c）、d）齿形侧刃　e）尖角形侧刃

图 3—15　有导向侧刃

a）有导向　b）矩形侧刃　c）、d）齿形侧刃　e）尖角形侧刃

矩形侧刃的结构与制造都很简单，但刃口磨钝后在条料上易产生毛刺，如图 3—16 所示，这种毛刺会影响送料精度，所以常用于料厚在 1.5 mm 以下且要求不高的制件。

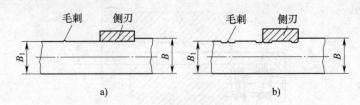

图 3—16　侧刃定距精度分析

a）矩形侧刃　b）齿形侧刃

齿形侧刃所产生的毛刺处于侧刃齿形冲出的宽缺口中，所以定距精度比矩形侧刃高。但比矩形侧刃结构复杂，加工较难。

尖角侧刃是在条料的边缘冲出一个缺口，条料送进时，当缺口直边滑过挡料销后，再向后拉料，由挡料销挡住缺口。这种侧刃定距操作不方便，但切去的料少，适用于冲裁贵重金属或料厚为 0.5~2 mm 的冲件。

在实际生产中有一种特殊侧刃，它相当于一种特殊的凸模，按与凸模相同的固定方式固定在凸模固定板上，长度与凸模长度基本相同。在少、无废料冲裁时，常以冲废料后再切断代替落料，这时常需将侧刃的冲切刃口形状设计成工件边缘部分的形状，称为成形侧刃，如图 3—17 所示。

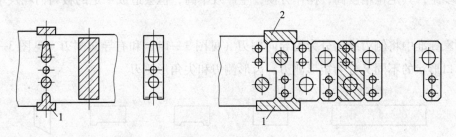

图 3—17　成形侧刃

1、2—成形侧刃

侧刃断面的关键尺寸是宽度，它原则上等于步距。

根据制件的结构特点和材料利用率，可采用一个（单侧刃）或两个侧刃（双侧刃）。双侧刃可在条料两侧并列或错开布置。错开布置时，可使条料的尾料得到利用。单侧刃一般用于工位数少、料厚且硬的情况；双侧刃用于工位数多、料薄的情况。双侧刃冲出的制件精度比单侧刃高。

5. 导正销

在用侧刃定距时，由于经侧刃冲切后的条料宽度比较精确，能以较小的间隙沿导料板进行导料，所以一般认为侧刃的定位精度高于挡料销的定位精度；但两者同属于接触定

位，受材料变形、毛刺等因素的影响，定位精度不高。当工件内形与外形的位置精度要求较高，无论挡料销定距还是侧刃定距都不可能满足要求时，可设置导正销提高定距精度。

导正销通常与挡料销配合使用，也可以与侧刃配合使用。当导正销与挡料销配合使用时，挡料销只起粗定位作用，所以，挡料销的位置应能保证导正销在导正过程中条料有被前推或后拉少许的可能。

导正销主要用于级进模，也可用于单工序模。当用于级进模时，利用导正销与其他定距组件配合，插入前一工位已冲好的孔中进行精确定位，以减小定位误差，保证孔与外形的位置。

导正销通常设置在落料凸模、凸模固定板或弹性卸料板上。其国家标准结构如图 3—18所示。

A 型用于导正 $d = 2 \sim 12$ mm 的孔。

B 型用于导正 $d \leqslant 10$ mm 的孔。这种形式的导正销采用了弹簧压紧结构，如果送料不正确，可以避免导正销的损坏。

C 型用于导正 $d = 4 \sim 12$ mm 的孔。这种形式拆装方便，模具刃磨后导正销长度可以调节。

D 型用于导正 $d = 12 \sim 50$ mm 的孔。

导正销直径一般应大于 2 mm，以防折断。如果小于 2 mm，则应冲工艺孔来导正。导正销直径按 h6 ~ h9 制造。

导正销的头部由圆柱段（起导正作用）和圆弧或圆锥体（起导入作用）组成，圆柱段的高度 h_1 不宜太大，否则不易脱件；但也不能太小，太小定位不准。

当导正销与挡料销配合使用时，冲孔凸模、导正销和挡料销之间的关系如图 3—19所示。

按图 3—19a 的方式定位，挡料销与导正销的中心距为：

$$s_1 = s - \frac{D_\mathrm{T}}{2} + \frac{D}{2} + 0.1$$

按图 3—19b 的方式定位，挡料销与导正销的中心距为：

$$s_1' = s + \frac{D_\mathrm{T}}{2} - \frac{D}{2} - 0.1$$

式中　s——步距，mm；

　　D_T——落料凸模直径，mm；

　　D——挡料销头部直径，mm；

　s_1、s_1'——挡料销与落料凸模的中心距，mm。

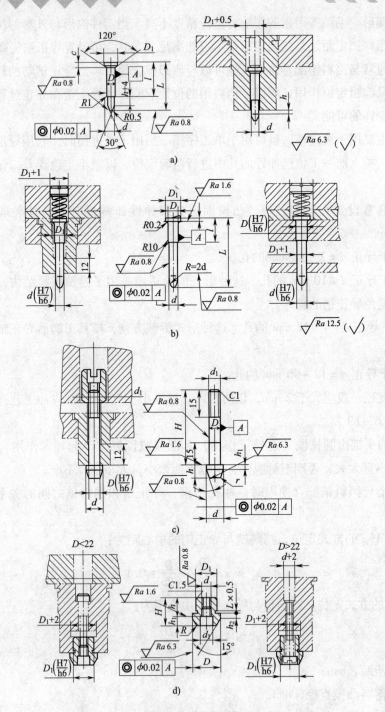

图 3—18　导正销

a）A 型　b）B 型　c）C 型　d）D 型

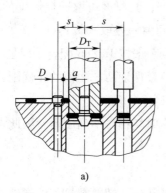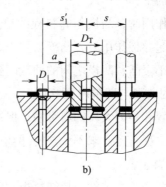

图 3—19　挡料销和导正销的关系

三、卸料、推件（顶件）零件

卸料、推件与顶件装置的作用是当冲模完成一次冲压后，把冲件或废料从模具工作零件上卸下来，以便于冲压工作的继续进行。通常，卸料是指把冲件或废料从凸模上卸下来；推件与顶件一般是指把冲件或废料从凹模中卸出来。

1．卸料装置

卸料装置按卸料方式不同分为固定卸料装置、弹性卸料装置和废料切刀三种。

（1）固定卸料装置

固定卸料装置仅由固定卸料板构成，一般安装在下模的凹模上。固定卸料装置如图3—20 所示。其中图3—20a 是与导料板制成一体的卸料板，结构简单，但装配及调整不方便；图3—20b 是分体式卸料板，导料板装配方便，应用较多；图3—20c 是悬臂式卸料板，用于窄长件冲孔或切口后的卸料；图3—20d 是拱桥式卸料板，用于空心件或弯曲件冲底孔后的卸料。

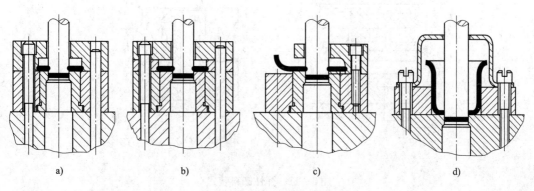

图 3—20　固定卸料装置

固定卸料板的平面外形尺寸一般与凹模相同，其厚度可取凹模厚度的 $0.8 \sim 1$ 倍。当卸料板仅起卸料作用时，凸模与卸料板的单边间隙一般取 $(0.1 - 0.5) t$，t 为坯料厚度。当固定卸料板兼起导板作用时，凸模与导板之间一般按 H7/h6 配合，但是应该保证导板与凸模之间的间隙小于凸、凹模之间的冲裁间隙，以保证凸、凹模的正确配合。固定卸料板厚度超过 3 mm 时，可与凹模厚度一致。

固定卸料装置卸料力大，卸料可靠，但冲压时坯料得不到压紧，因此常用于冲裁坯料较厚、卸料力大、平直度要求不太高的冲裁件。

（2）弹性卸料装置

弹性卸料装置的基本零件包括卸料板、弹性元件、卸料螺钉等。弹性卸料装置的卸料力较小，但它既起到卸料作用，又起到压料作用，所得冲裁零件质量较好，平直度较高。因此，质量要求较高的冲裁件或薄板件宜采用弹性卸料装置。

弹性卸料装置如图 3—21 所示。弹压卸料主要用于冲制薄料的模具。弹压卸料板既起压料作用，也起卸料作用，所得冲件平直度较高。图 3—21a 是最简单的形式，用于简单冲裁模中；图 3—21b 用于以导料板为导向的冲模中，卸料板凸台部分的高度为：

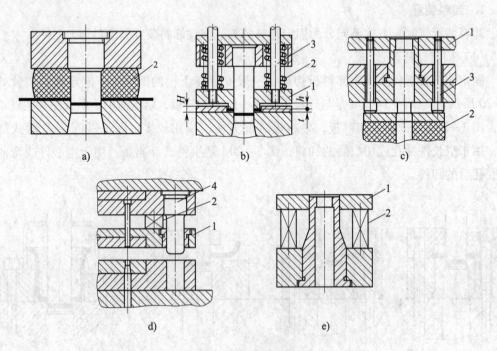

图 3—21　弹性卸料装置

1—卸料板　2—弹性元件　3—卸料板螺钉　4—凸模

$$h = H - xt$$

式中　h——卸料板凸台高度，mm；

　　　H——导料板高度，mm；

　　　x——系数，取 0.1 ~ 0.3；对于薄料取大值，对于厚料取小值；

　　　t——料厚，mm。

图 3—21c、e 都用于倒装式复合模中。但后者的弹性元件装在工作台下方，所能提供的弹性力更大，大小更易调节。图 3—21d 以弹压卸料板为细长凸模导向，卸料板本身又以两个以上的小导柱导向，以免弹压卸料板产生水平摆动，从而起保护小凸模的作用。这种结构卸料板与凸模按 H7/h6 制造，但其间隙应比凸、凹模间隙小。而凸模与固定板则以 H7/h6 或 H8/h7 配合。这种结构多用于小孔冲模、精密冲模和多工位级进模中。

弹性卸料板的平面外形尺寸等于或稍大于凹模板尺寸，厚度取凹模厚度的 0.6 ~ 0.8 倍。卸料板与凸模的双边间隙根据冲裁件料厚确定，一般取 0.1 ~ 0.3 mm（料厚时取大值，料薄时取小值）。在级进模中，特别小的冲孔凸模与卸料板的双边间隙可取 0.3 ~ 0.5 mm。当卸料板对凸模起导向作用时，卸料板与凸模间以 H7/h6 配合，但其间隙应比凸、凹模间隙小，此时凸模与固定板按 H7/h6 或 H8/h7 配合。为便于可靠卸料，在模具开启状态时，卸料板工作平面应高出凸模刃口端面 0.5 ~ 1 mm。

卸料螺钉一般采用标准的阶梯形螺钉，其数量按卸料板形状与大小确定，卸料板为圆形时常采用 3 ~ 4 个，为矩形时一般用 4 ~ 6 个。卸料螺钉根据模具大小可选 M8 ~ M12，各卸料螺钉的长度应该一致，以保证装配后卸料板水平和均匀卸料。常用圆柱头卸料螺钉如图 3—22 所示。

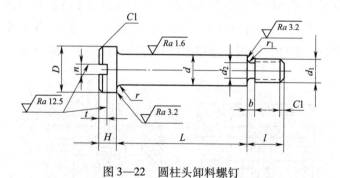

图 3—22　圆柱头卸料螺钉

（3）废料切刀

对于落料或成形件的切边，如果冲件尺寸大或板料厚度大，卸料力大，往往采用废料切刀代替卸料板，将废料切开而卸料。常用废料切刀如图 3—23 所示。废料切刀安装在下模的凸模固定板上，当上模带动凹模下压进行切边时，同时把已切下的废料压向废料切刀上，从而将其切开卸料。这种卸料方式不受卸料力大小的限制，卸料可靠，主要用于带凸缘拉深件的切边模，有时也用于大型件（适用于板状毛坯）的倒装式落料模。废料切刀已经标准化，可以根据冲裁件及废料尺寸、料厚等选用。废料切刀的刃口长度应比废料宽度大些，安装时切刀刃口应比凸模刃口低。冲裁件形状简单时，一般设置两个废料切刀；冲裁件形状复杂时，可设置多个废料切刀或采用弹性卸料装置与废料切刀联合卸料。

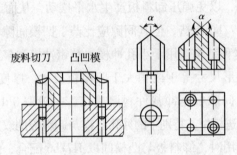

图 3—23　废料切刀

2. 出件装置

出件装置的作用是从凹模内卸下冲裁件或废料。将废料或工件从上往下从凹模内卸下称为推件。把工件或废料从凹模内从下往上顶出的装置称为顶出装置。

（1）推件装置

推件装置有刚性推件装置和弹性推件装置两种，一般刚性推件装置用得较多。

刚性推件装置是在冲压结束后上模回程时，压力机滑块上的横杆碰到限位螺钉，横杆撞击上模内的打杆与推件块，将凹模内的冲件推出，推件力大，工作可靠。刚性推件装置的基本零件有推件块、推杆、推板、连接推杆和打杆，如图 3—24 所示。

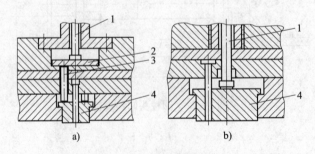

图 3—24　刚性推件装置

1—推杆　2—推板　3—连接推杆　4—推件块

连接推杆的根数及布置以使推件块受力均衡为原则，一般为 2～4 根且分布均匀，长短一致。当打杆下方投影区域内无凸模时，也可省去由连接推杆和推板组成的中间传递结构，而由打杆直接推动推件块，甚至直接由打杆推件。

推板装在上模座的孔内，要有足够的刚度，其平面形状（最好采用对称形状）尺寸只要能够覆盖连接推杆，不必设计得太大，以使安装推板的孔不至太大，材料一般使用 45 号钢。

为保证凸模支撑的刚度和强度，放推板的孔不能全部挖空，图 3—25 为标准推板的结构，设计时可根据要求选用。

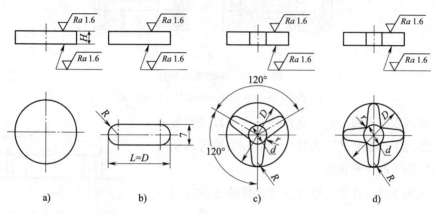

图 3—25　推板

a）A 型　b）B 型　c）C 型　d）D 型

刚性推件装置推件力大，结构简单，工作可靠，所以应用十分广泛，不但用于倒装式冲模的推件，而且也用于正装式冲模中的卸料或推出废料，尤其冲裁板料较厚的冲裁模，宜用这种推件装置。但对于薄料及平直度要求较高的冲裁件，宜采用弹性推件装置。

与刚性推件装置不同，弹性推件装置是以安装在上模内的弹性元件的弹力来代替打杆给予推件块的推件力。根据模具结构，弹性元件可以装在推板之上，也可以装在推件块之上。采用弹性推件装置时，其弹力来源于弹性元件，兼起压料和推件作用，尽管出力不大，但出件平稳无撞击。但开模时冲裁件易嵌入边料中，取件较麻烦，且受模具结构空间的限制，弹性元件产生的弹力有限，多用于冲压大型薄件以及工件精度要求较高的模具。

采用弹性推件时，必须保证弹性力要足够。弹性推件装置的结构如图 3—26 所示。

（2）顶件装置

顶件装置一般是弹性的，结构如图 3—27 所示。其基本组成零件是顶件块、顶杆和装在下模底下的弹顶器。这种结构的顶件力容易调节，工作可靠，冲裁件平直度较高。但冲件容易嵌入边料中，产生与弹性推件同样的问题。

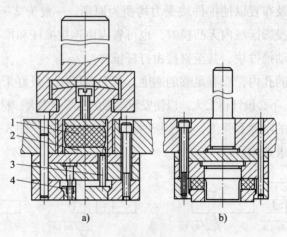

图 3—26　弹性推件装置

1—弹性元件　2—推板　3—推杆　4—推件器

弹顶器可以做成通用的，其弹性元件可以是弹簧或橡胶，主要用于小型开式压力机。大型压力机可以使用气垫或液压垫来取代弹顶器。

在推件和顶件装置中，推件块和顶件块工作时与凹模孔口配合并作相对运动，对它们的要求是：模具处于闭合状态时，其背后应有一定空间，以备修模和调整的需要；模具处于开启状态时，必须顺利复位，且工作面应高出凹模平面 0.2～0.5 mm，以保证可靠推件或顶件；与凹模和凸模的配合应保证顺利滑动，一般与凹模的配合为间隙配合，推件块或顶件块的外形配合面可按 h8 制造，与凸模的配合可呈较松的间隙配合，根据料厚取适当间隙。

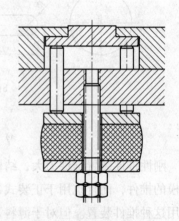

图 3—27　弹性顶件装置

（3）弹性元件的选用与计算

在冲裁模卸料与出件装置中，常用的弹性元件是弹簧和橡皮。

弹簧和橡皮都是弹性体，在模具中作为卸料或推件力的一种主要来源而被广泛地应用。

1）弹簧。模具中常用的弹簧是压缩弹簧和拉伸弹簧。按绕制钢丝断面的不同，又分为圆柱形弹簧、方形弹簧、碟形弹簧几种形式。

如图 3—28 所示，圆柱形弹簧的特点是弹力较后者小，但变形量较大，应用最广。而方形弹簧和碟形弹簧弹力比圆形弹簧大，主要用于要求推卸料力较大的中型以上模具中。

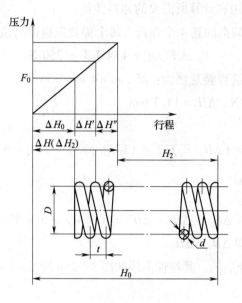

图 3—28　弹簧特性曲线

弹簧已标准化,设计时根据所要求弹簧的压缩量和产生的压力按标准选用即可。弹簧的计算与选用原则如下:

①卸料弹簧的预压力应满足下式:

$$F_0 \geqslant F_x / n$$

即最小预紧力要大于或等于卸料力。

②弹簧最大许可压缩量应满足下式:

$$\Delta H_2 \geqslant \Delta H$$

$$\Delta H = \Delta H_0 + \Delta H' + \Delta H''$$

式中　ΔH_2——弹簧最大许可压缩量,mm;

　　ΔH——弹簧实际总压缩量,mm;

　　ΔH_0——弹簧预压缩量,mm;

　　$\Delta H'$——卸料板的工作行程,mm;取 $\Delta H' = t + 1$,t 为料厚,mm;

　　$\Delta H''$——凸模刃模量和调整量,可取 $5 \sim 10$ mm。

即所选弹簧的总压缩量要小于或等于弹簧自身所允许的最大压缩量。选用弹簧应能够合理地布置在模具的相应空间,当模具中安装弹簧的空间较小,又需要较大的弹性力时,可以选用强力弹簧。

【例 3—1】　如果采用图 3—21 的卸料装置,冲裁厚度为 1 mm 的低碳钢垫圈,设冲裁卸料力为 1 000 N，试选用和计算所需要的卸料弹簧。

解： a. 根据模具安装空间选 4 个弹簧，每个弹簧应提供的预压力为：

$$F_0 \geqslant F_X/n = 1\,000/4 = 250 \text{ N}$$

b. 查有关弹簧规格，初选弹簧规格为：25 mm × 4 mm × 55 mm

其具体参数是：$F_2 = 533$ N $\Delta H_2 = 14.7$ mm

c. 计算弹簧预压缩量：

$$\Delta H_0 = (\Delta H_2/F_2)F_0 = (14.7/533) \times 250 = 6.9 \text{ mm}$$

d. 校核

设 $\Delta H' = 2$，$\Delta H'' = 5$，则

$$\Delta H = \Delta H_0 + \Delta H' + \Delta H'' = 6.9 + 2 + 5 = 13.9 \text{ mm}$$

由于 14.7 > 13.9，即 $\Delta H_2 \geqslant \Delta H$。

所以，所选弹簧是合适的。其特性曲线如图 3—29e 所示。

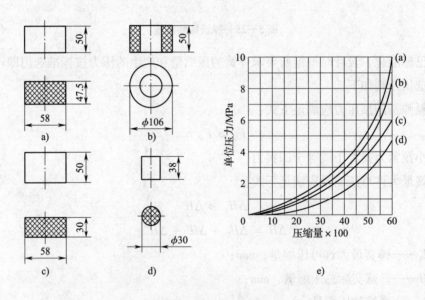

图 3—29　橡皮规格及特性

2）橡皮。由于橡皮允许承受的载荷较大，安装调整灵活方便，因而是冲裁模中常用的弹性元件。冲裁模中用于卸料的橡皮有合成橡皮和聚氨酯橡皮，其中聚氨酯橡皮的性能比合成橡皮优异，是常用的卸料弹性元件。

橡皮的形状和尺寸，如图 3—29a 所示。其压力与压缩量是非线性的，如图 3—29b 有关橡皮的计算公式如下：

$$F_{xy} = Ap$$

式中　F_{xy}——橡皮工作时的弹力，N；其值取大于或等于卸料力 F_X；

　　　A——橡皮的横截面积，mm^2；

　　　p——与橡皮压缩量有关的单位压力，N/mm^2如图3—29所示。

使用橡皮时，不应使最大压缩量超过橡皮自由高度 H 的 35% ~ 45%，否则橡皮会很快损坏，而失去弹性。所以，橡皮的自由高度应为

$$H = h/(0.25 ~ 0.30)$$

式中　h——所需的工作行程。

由上式所得的高度，应按下式进行校核：

$$0.5 \leqslant H/D \leqslant 1.5$$

如果 H/D 超过 1.5，应把橡皮分成若干段，并在橡皮之间垫上钢圈。几种断面的橡皮尺寸可查阅相关的设计手册。

第3节　标准件的选用

 学习目标

了解冲压模架零件标准化的相关知识。掌握冲裁模中标准件的选择要求以及校核方式。

 知识要求

由于在实际生产过程中，模具结构为适应生产要求，不断推陈出新，所以模具零件也在不断增加。传动零件及用以改变运动方向的零件越来越多。因此冲模设计中零件的标准化与典型化，具有重大的意义。它能简化设计工作，稳定设计质量。标准件的成批制造，可以采用二类工具，从而提高了模具制造的劳动生产率，降低制造成本，缩短制造周期。

模架是整副模具的骨架，是连接冲模主要零件的载体，模具的全部零件都固定在它的上面，并且承受冲压过程的全部载荷。一般来说标准模架是包括上模座、下模座、导柱以及导套四部分。模架的组成零件已标准化，设计中可直接选用标准模架。

标准模架的选用包括 3 个方面：根据冲裁件形状、尺寸、精度、模具种类及条料送进方向等选择模架的类型；根据凹模周界尺寸和闭合高度要求确定模架的大小规格；根据冲裁件精度、模具工作零件配合精度等确定模架的精度。

一、导向零件及其选用

对于批量较大、公差要求较高的冲裁件，为保证模具具有较高的精度和寿命，一般采用导向零件对上、下模进行导向，以保证上模相对于下模的正确运动。常用的导向装置有导板式和导柱式，并且都已经标准化。

1. 导板导向装置

导板导向分为固定导板和弹压导板两种形式，导板对凸模起到的作用有导向作用和卸料作用，导板的结构已标准化。但导板的导向孔须按凸模的断面形状加工，冲压及刃磨时，凸模与导板之间始终保持配合，凸模一直不离开导板，从而起到导向作用，导板与凸模之间通常采用的配合是 H7/h6。但工件外形复杂时，导板加工和热处理都困难，所以生产中，更多地使用导柱及导套导向。

2. 导柱导向装置

标准模架中应用最广泛的是用导柱、导套作为导向装置的模架。导柱安装固定在模架底座上，伸出端与导套孔小间隙配合，为上、下模合模提供准确导向。导套安装固定在模架上托上，以孔与导柱伸出端小间隙配合，为上、下模合模提供准确导向。导套用压板固定或压圈固定时，导套与模座为过渡配合。导柱、导套一般采用普通工具钢经渗碳淬火处理，硬度为 58～62 HRC，渗碳深度 0.8～1.2 mm。

导柱导套导向也分为两种形式：滑动导向和滚珠导向。

（1）滑动导向装置

滑动导柱、导套的国家标准结构如图 3—30、图 3—31 所示。导柱与导套的配合采用 H7/h6 或 H6/h5，并且成对研配。

图 3—30 为常见的导柱形式。A 型和 B 型导柱的结构简单，但是与模座为过盈配合，装拆较为麻烦。A 型和 B 型可拆卸导柱通过锥面与衬套配合并用螺钉和垫圈紧固，衬套再与模座以过渡配合并用压板和螺钉紧固，其结构复杂，制造麻烦，但导柱磨损后可以及时更换，便于模具维修和刃磨。为使导柱顺利地进入导套，导柱的顶部一般均以圆弧过渡。

图 3—31 为常用的标准导套结构。其中 A 型和 B 型导套与模座过盈配合，与导柱配合的内孔开有储油环槽，以便储油润滑，扩大的内孔是为了避免导套与模座过盈配合时孔径

缩小而影响导柱与导套的配合；C 型导套与模座用过渡配合并用压板与螺钉紧固，磨损后便于更换或维修。

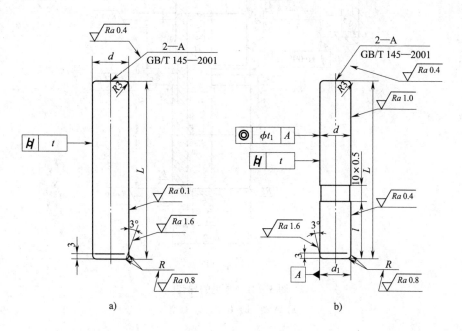

图 3—30　常见的导柱

a）A 型　b）B 型

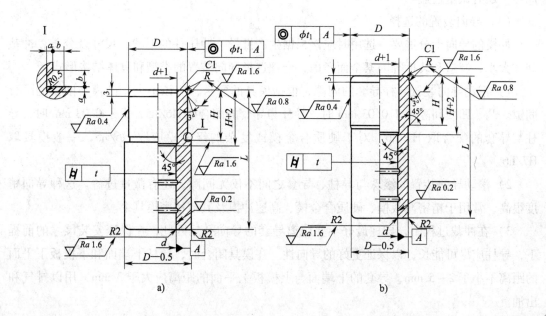

a）　　　　　　　　　　　b）

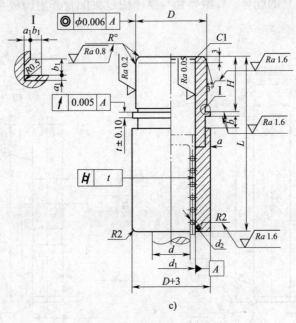

图 3—31　常见的导套

a）A 型　b）B 型　c）C 型

（2）滚动导向装置

滚动导向装置的导向是由无间隙的纯滚动副来实现的，滚珠与导柱、导套之间不仅无间隙，还有微量过盈。

（3）导向装置的选择

冲模的导向十分重要，选用时应该根据生产批量，冲压件的形状、尺寸及公差，冲裁间隙大小、制造和装拆等因素全面考虑，合理选择导向装置的类型和具体结构形式。

1）滑动导向装置导柱导套的间隙，根据模具的要求，应该不大于凸模与凹模的配合间隙。凸、凹模间隙小于 0.03 mm 时，导柱与导套的配合取 H6/h5；大于 0.03 mm 时，导柱与导套的配合取 H7/h6。对于硬质合金模或复杂的级进模应取 H6/h5，一般模具取 H7/h6。

2）滚动导向装置的滚珠与导柱、导套之间不仅无间隙，还有微量过盈。这种导向精度很高，常用于精密冲裁模、硬质合金模、高速冲模及其他精密模具上。

3）在冲裁过程中，导柱最好不要脱离导套的导向孔。因此，在保证安装尺寸的前提下，导柱应尽可能长，以保证更好的导向性。在模具闭合时，导柱下端面和下模板下平面的距离不小于 2~5 mm，导套的上端面与上模板上平面的距离应大于 3 mm，用以排气和出油。

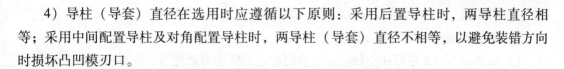

4）导柱（导套）直径在选用时应遵循以下原则：采用后置导柱时，两导柱直径相等；采用中间配置导柱及对角配置导柱时，两导柱（导套）直径不相等，以避免装错方向时损坏凸凹模刃口。

二、上、下模座及其选用

模架的上模座通过模柄与压力机滑块相连，下模座用螺钉压板固定在压力机工作台面上。上模座的作用是安装固定导套及其上模部分其他零件，安装固定模柄，并通过模柄与冲压设备滑块形成固定连接，传递动作和动力。下模座的作用是安装固定导柱及下模部分其他零件，完成模具在冲压设备工作台上的安装固定和承受冲压力。

因此，上、下模座的强度和刚度是主要考虑的问题。一般情况下，模座因强度不够而产生的破坏的可能性不大，但如果刚度不够，工作时会产生较大的弹性变形，导致模具的工作零件和导向零件迅速磨损。

在设计冲模时，模座的尺寸规格一般根据模架类型和凹模周界尺寸从标准中选取，但是如果标准的模座尺寸不能满足使用要求时，则需参考标准来重新设计，设计选用时要注意以下问题。

1. 模座的外形尺寸根据凹模周界尺寸和安装要求确定。对于圆形模座，其直径应比凹模板直径大 30～70 mm；对于矩形模座，其长度应比凹模板长度达 40～70 mm，而宽度可以等于或略大于凹模板宽度，但应考虑有足够安装导柱、导套的位置。

2. 模座的厚度一般取凹模板厚度的 1.0～1.5 倍，考虑受力情况，上模座厚度可比下模座厚度小 5～10 mm。

3. 对于大型非标准模座，还必须根据实际情况需要，按铸件工艺性要求和铸件结构设计规范进行设计；所设计的模座必须与所选用的压力机工作台和滑块的有关尺寸相适应，并进行必要的校核；上、下模座的导柱与导套安装孔的位置尺寸必须一致，其孔距公差要求在 ±0.01 mm 以下。

三、模架及其选用

按导向装置分，标准冲模模架主要有两大类：一类是由上、下模座和导柱、导套组成的导柱模模架；另一类是由弹压导板、下模座和导柱、导套组成的导板模模架。

1. 导柱模模架

（1）按导向结构分类

导柱模模架按导向结构分滑动导向和滚动导向两种。滑动导向模架的导柱导套之间的配合形式是间隙配合，其精度等级分为Ⅰ级和Ⅱ级。滚动导向模架的导柱导套之间的配合

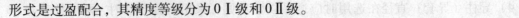
形式是过盈配合，其精度等级分为 0 I 级和 0 II 级。

导向类型的选择，参照以下两点：

1）滑动导向模架中导柱与导套通过小间隙或无间隙滑动配合，因导柱与导套结构简单，加工与装配方便，在满足精度要求的情况下优先选用；

2）滚动导向模架中导柱通过滚珠与导套实现有微量过盈的无间隙配合，导向精度高，使用寿命长，但是结构较为复杂，制造成本高，主要用于精密冲裁模、硬质合金冲裁模、高速冲模及其他精密冲模上。

（2）按导柱位置分类

导柱一般采用两个，大型模具或要求精密的模具可用四个，分别装在四角或对称位置上。当可能产生侧向推力时，要设置止推块，使导柱不受弯曲力。为了防止上模座误转 180°，模架中两个导柱、导套直径是不一样的，一般相差 2 ~ 5 mm。按照导柱在模架中固定位置的不同，分为四种模架。

1）对角导柱模架。导柱分布在矩形凹模的对角线上，既可以横向送料，又可以纵向送料。其两个导柱间的距离较远，在导柱、导套间同样间隙的条件下，这种模架的导向精度较高。适用于各种冲裁模使用，特别适于级进冲裁模使用，为避免上、下模的方向装错，两导柱直径制成一大一小。如图 3—32a 所示。

2）后侧导柱模架。导柱分布在模座的后侧，且直径相同。优点是工作面敞开，适用与大件边缘冲裁，且送料及操作比较方便。缺点是由于导柱装在同一侧，容易偏斜，导柱、导套会单边磨损，不能用于模柄与上模座浮动连接的模具。而且其模具寿命较短，刚性与安全性在四种模架中最差，适用于冲制中等复杂程度及精度要求一般的制件及小型件，如落料、冲孔等。如图 3—32b、c 所示。

3）中间导柱模架。中间导柱模架的两个导柱左、右对称分布在矩形凹模的中心线上，受力均衡，所以导柱、导套磨损均匀，但是只能在一个方向上送料。两个导柱的直径不同，可避免上模与下模因装错而发生啃模事故。适用于单工序模和工位少的级进模。如图 3—32d、e 所示。

4）四导柱模架。四个导柱分布在矩形凹模的两对角上。模架刚性很好，导向非常平稳准确可靠，但价格较高，一般用于大型冲模和要求模具刚性与精度都很高的精密冲裁模，以及同时要求模具寿命很高的多工位自动级进模。如图 3—32f 所示。

5）导柱位置类型的选择，参照以下几点：

①对角导柱模架、中间导柱模架和四导柱模架的共同特点是导向零件都是安装在模具的对角线上，滑动平稳，导向准确可靠。冲压时，可防止偏心力矩而引起的模具的偏斜，有利于延长模具的寿命，但条料宽度受导柱间距离的限制。

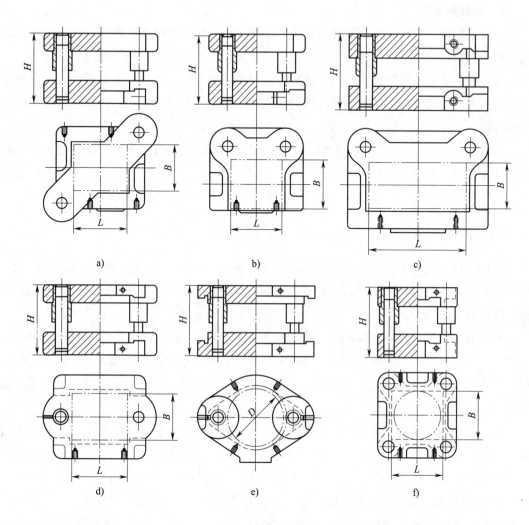

图3—32 导柱模架

②对角导柱模架工作面的横向尺寸一般大于纵向尺寸，故常用于横向送料的级进模、纵向送料的复合模或单工序模。

③中间导柱模架只能纵向送料，一般用于复合模或单工序模。

④四导柱模架常用于精度要求较高或尺寸较大冲裁件的冲压及大批量生产用的自动模。

⑤后侧导柱模架的特点是导向装置在后侧，横向和纵向送料都比较方便，但如有偏心载荷，压力机导向又不精确，就会造成上模偏斜，导向零件和凸、凹模都易磨损，从而影

响模具寿命，一般用于较小的冲模。

2. 导板模模架

导板模模架有对角导柱弹压导板模架和中间导柱弹压导板模架两种结构形式，其特点是，作为凸模导向用的弹压导板与下模座以导柱导套为导向构成整体结构。

导板模模架的凸模与固定板是间隙配合而不是过渡配合，凸模在固定板中有一定的浮动量，这样的结构形式可以起保护凸模的作用。因此，导板模模架一般用于带有细小凸模的级进模。

在实际生产中，当选用标准的模架不能满足具体模具的特殊要求时，就需要采用非标准的冲压模具，如模板强度不能达到要求，凹模外形尺寸特殊，导向装置不够理想等情况。

四、模柄及其选用

模柄的作用是把上模固定在压力机滑块上，同时使模具中心通过滑块的压力机中心。中小型模具是通过模柄固定在压力机滑块上的。对于大型模具则可用螺钉、压板直接将上模座固定在滑块上。

模柄有刚性模柄和浮动模柄两大类。所谓刚性模柄，是指模柄与上模座是刚性连接，不能发生相对运动。所谓浮动模柄，是指模柄相对上模座能做微小的摆动。采用浮动模柄后，压力机滑块的运动误差不会影响上、下模的导向；采用刚性模柄后，导柱与导套不能脱离。

模柄的结构类型较多并已经标准化。标准模柄的结构，如图 3—33 所示，其中图 a 是旋入式模柄，通过螺纹与上模座连接，并加螺钉防松，这种模柄装拆方便，但是模柄轴线与上模座的垂直度较差，多用于有导柱的小型冲模；图 b 为压入式模柄，它与上模座孔以 H7/m6 配合并加销钉防转，模柄轴线与上模座的垂直度较好，适用于上模座较厚的各种中小型冲模，生产中最为常用；图 c 为凸缘式模柄，用 3～4 个螺钉固定在上模座的窝孔内，模柄的凸缘与上模座窝孔以 H7/js6 配合，主要用于大型冲模或上模座中开设了推板孔的中小型模；图 d 是槽型模柄，图 e 是通用模柄，这两种模柄都是用来直接固定凸模，故也可称为带模座的模柄，主要用于简单冲模，更换凸模方便；图 f 是浮动式模柄，其主要特点是压力机的压力通过凹球面模柄 1 和凸球面垫块 2 传递到上模，可以消除压力机导向误差对模具导向精度的影响，主要用于硬质合金冲模等精密导柱模。

选择模柄时，先根据模具的大小、上模结构、模架类型及精度等确定模柄的结构类型，再根据压力机滑块上模柄孔尺寸确定模柄的尺寸规格。一般模柄直径应与模柄孔直径相等，模柄长度应比模柄孔深度小 5～10 mm。

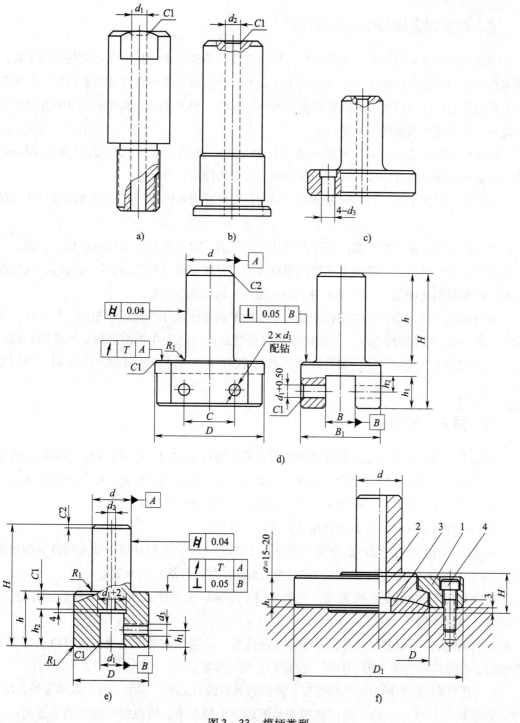

图 3—33 模柄类型

五、凸模固定板与垫板及其选用

标准凸模固定板有圆形，矩形和单凸模固定板等多种形式。凸模固定板的作用是将凸模或凸凹模固定在上模座或下模座的正确位置上。凸模固定板为矩形或圆形板件，外形尺寸通常与凹模一致，厚度可取凹模厚度的 60% ~ 80%。凸模固定板的平面尺寸在保证凸模安装外，还要满足安放螺钉和销钉。

固定板与凸模或凸凹模为 H7/n6 或 H7/m6 配合，压装后应将凸模端面与固定板一起磨平。对于弹压导板等模具，浮动凸模与固定板采用间隙配合。

对于多凸模固定板，其凸模安装孔之间的位置尺寸应与凹模型孔相应的位置尺寸保持一致。

垫板的作用是承受并扩散凸模或凹模传递的压力，以防止模座被挤压损伤。因此，当凸模或凹模与模座接触的端面上产生的单位压力超过模座材料的许用挤压应力时，就应在与模座的接触面之间加上一块淬硬磨平的垫板，否则可不加垫板。

在冷冲模具中，垫板可选用标准件。垫板的平面形状尺寸与固定板相同，其厚度一般取 6 ~ 10 mm。如果结构需要，例如在用螺钉吊装凸模时，为在垫板上加工吊装螺钉的沉孔，可适当增大垫板的厚度。如果模座是用钢板制造的，当凸模截面面积较大时，可以省去垫板。

六、紧固件的选用

冲模中用到的紧固件主要是螺钉和销钉，其中螺钉起固定、连接作用，销钉起定位作用。冲模中广泛使用的螺钉是内六角螺钉，紧固牢靠，螺钉头不外露，模具外形美观。

销钉主要起定位作用，同时也承受一定的偏移力，销钉常用圆柱销钉。

模具设计时，螺钉和销钉的选用应注意以下几点：

1. 同一个组合中，螺钉的数量一般不少于 3 个（对中小型冲模，被连接件为圆形时用 3 ~ 6 个，为矩形时用 4 ~ 8 个），并尽量沿被连接件的外缘均匀布置。

2. 螺钉拧入的深度不能太浅，否则紧固不牢靠；也不能太深，否则拆装工作量大，因此其长度应合理。

3. 螺钉有公制和英制之分，对于特殊的位置，拧紧力有要求的地方，可以选用英制的螺钉，用特定的拧紧力扳手拧紧，保证满足设计要求。

4. 用于弹压卸料板上的卸料螺钉，和普通紧固螺钉是不一样的。其个数圆形板常用 3 个，矩形板用 4 ~ 6 个。由于弹压卸料板装配后应保持水平，所以卸料螺钉的长度有一定的公差要求，因此在装配时应尽量挑选与实际尺寸相近的使用。

5. 在中、小型模具中，一般都用两个销钉定位，且尽量远离错开布置，以保证定位可靠。

6. 销钉配合深度一般不小于其直径的两倍，也不宜太深。

7. 螺钉之间、螺钉与销钉之间的距离，螺钉、销钉距凹模刃口及外边缘的距离，均不应过小，以防降低模板强度。

8. 各被连接件的销孔应配合加工，以保证位置精度。销钉与销孔之间采用 H7/m6 或 H7/n6 配合；螺钉和销钉的规格应根据冲压工艺力大小和凹模厚度等条件确定。

冷冲模中，螺钉、销钉都是标准件。螺钉规格可参考表3—5选用，销钉的直径可取与螺钉大径相同或小一个规格。

表3—5　　　　　　　　　　螺钉规格的选用

凹模厚度 H/mm	螺钉规格	凹模厚度 H/mm	螺钉规格	凹模厚度 H/mm	螺钉规格
≤13	M4、M5	19～25	M6、M8	>32	M10、M12
13～19	M5、M6	25～32	M8、M10		

七、建立标准件库

为了便于在设计中调用各类标准零件，可以利用相关三维设计软件为其建立标准件库。标准件库的建立应符合国标、部标、行业标准或企业标准，以便于相互间的交流。

第 4 章

冲裁模的典型结构

 学习目标

了解无导向、导板、导柱式落料模的结构。了解菱形、小孔、侧冲孔模的结构。了解切边模的结构。了解正装、倒装复合模的结构。了解导正销定位级进模及侧刃定位级进模。了解排样设计的基础知识。

知识要求

一、简单模

简单模就是单工序模，通常在压力机滑块每次行程中只能完成同一种冲裁工序就叫单工序模。其特点是结构简单，制造方便，成本低廉，但制件精度低，生产效率低。

1. 落料模

（1）无导向开式落料模

无导向开式落料模如图4—1所示。该模具的冲裁过程是：条料从前往后送至定位板7时被挡住，此时，导料板4对条料起导向作用，定位板7对条料定距，凸模2随压力机滑块下行，与凹模5共同完成对条料冲裁，分离后的落料件从凹模洞口中推出。料件靠凸模从凹模孔中依次推出。籤在凸模上的废料则由固定卸料板强行刮下。以后依次连续进行。

图中凸模做成H形是为了节省优质钢，与上模座固定一起。该模具凸模、凹模更换比较方便，导料板、定位板与卸料板的位置可调，因而具有一定的通用性。

无导向开式冲裁模具的优点是结构简单，制造周期短，成本低。缺点是凸、凹模间的间隙只能靠冲床滑块来保证，不够精确，冲裁件精度不高；装模调试都不方便，容易造成工作零件被啃伤，模具寿命短；生产效率低，使用不太安全。另外，由于固定卸料是强制性的，所以工作不平整。不宜用于薄料及塑性较大的材料的冲裁。

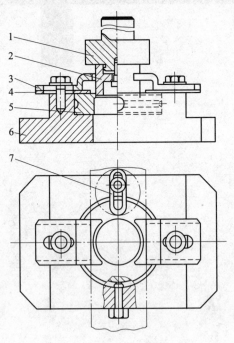

图4—1　无导向开式落料模

1—上模座　2—凸模　3—卸料板

4—导料板　5—凹模　6—下模座　7—定位板

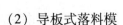

（2）导板式落料模

导板式落料模如图4—2所示。它是在无导向模具的基础上改进而来的。不同之处在于下模部分有一块起导向作用的导板9。由于导板孔与凸模间是采用 H7/h6 的配合，所以能对凸模与凹模进行导向。导板同时也起到固定卸料板的作用。

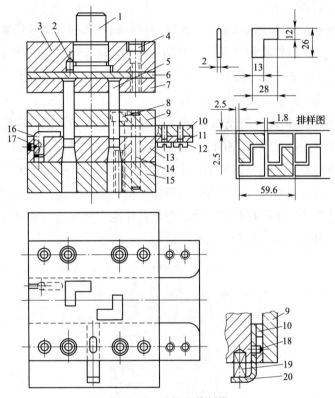

图4—2　导板式落料模

1—模柄　2、17—止动销　3—上模座　4、8、12—内六角螺钉　5—凸模　6—垫板

7—凸模固定板　9—导板　10—导料板　11—承料板　13—凹模　14—圆柱销

15—下模座　16—固定挡料销　18—限位销　19—弹簧　20—始用挡料销

根据排样的需要，该模具的固定挡料销16对首次冲裁不能定位，因此设计了始用挡料销20。在条料送进时，用手将始用挡料销压入以限制条料的位置，冲首件。以后，放手使始用挡料销在弹簧的作用下复位，不再起挡料作用，各次冲裁均由固定挡料销16对条料定距。

该模具使用直对排样，一副模具中设置了两个凸模和凹模，所以除第一次外，滑块下行一次，能同时获得两个制件。

导板模具有精度较高、使用寿命较长、安装调整容易、使用安全等优点，常用于料厚大于 0.3 mm 的冲件。但制造比无导向模具要求高。导板模一般是先做导板，后做凹模和凸模固定板，而后者的加工都是以导板为基准的，所以后者的质量直接决定于导板精度的高低。当制件形状复杂和精度要求高时，导板的制造更加困难。此类模具在使用或刃磨时，为了保证凸模与导板的良好导向不受影响，要求凸模不能离开导板，因此要求冲床行程较小。

（3）导柱式落料模

导柱式落料模中，导柱冲模的上、下模利用导柱和导套的导向来保证其正确位置，所以凸、凹模间隙均匀，制件质量比较高，模具寿命也比较长。导柱、导套都是圆柱形，加工比导板方便，另外安装维修也方便，所以应用十分广泛。对于批量大，制件精度要求高时适合采用此种结构，其缺点是制造成本较高。

图 4—3 为导柱式落料模，凹模 11 用螺钉和销钉与下模座紧固并定位，凸模 8 与凸模固定板 6 铆接固定，并通过螺钉、销钉与上模座紧固定位。凸模背面加垫板 4，以防上模座压塌。旋入式模柄旋入上模座以止动销 5 止转。安全板 10 安装在下模座上，既有安全保护作用，又有通过其上的长方孔对条料起导向作用，条料的定距则由挡料销 2 完成。弹压卸料板 9 在冲压开始时起压料作用，冲压完后把包在凸模外边的废料卸下。它借助 4 个弹簧和卸料螺钉 7 实现卸料。装配后的弹簧应有一定的预压量。

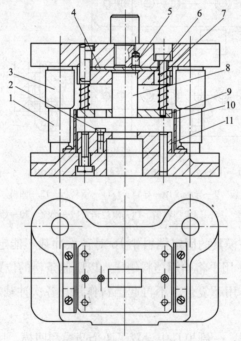

图 4—3 导柱式落料模

1—导柱 2—挡料销 3—导套 4—垫板 5—止动销 6—凸模固定板

7—卸料螺钉 8—凸模 9—弹压卸料板 10—安全板（导料板） 11—凹模

2. 冲孔模

（1）菱形件冲孔模

如图4—4所示的冲孔模，是用来在一个菱形毛坯上冲四个小孔。上模部分有四个小凸模，其中件5冲$\phi3.4$的小孔，件4冲$\phi4.2$的孔，压杆6是用来压下卸料板3的。当模具开启时，压杆6与卸料板3之间的空程h应小于卸料板台孔深h_1，即$h < h_1$。这样可以保证冲压时卸料板压下的力量完全靠压杆传递，而保护凸模。

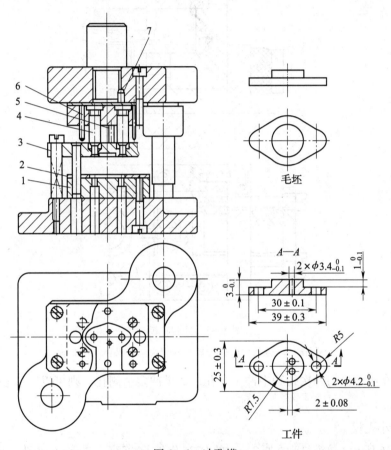

图4—4　冲孔模

1—凹模　2—定位板　3—弹压卸料板　4、5—凸模　6—压杆　7—止转销

冲孔时，将毛坯放入定位板2中定位，定位板的定位部分与毛坯外形相适应，制件的内孔与外形的相对位置精度，取决于定位板的装配质量。所以，一般等试模合格后再加工定位销孔。定位板前的缺口，便于放料。

（2）冲侧孔模

图4—5是斜楔式冲侧孔模。该模具的最大特征是依靠斜楔1把压力机滑块的垂直运

动变为滑块 4 的水平运动。从而使凸模 5 完成侧面冲孔。斜楔的工作角度 α 以 40°～50° 为宜，冲裁力大时，取小值；工作行程长时，取大值。滑块的复位依靠弹簧来完成。

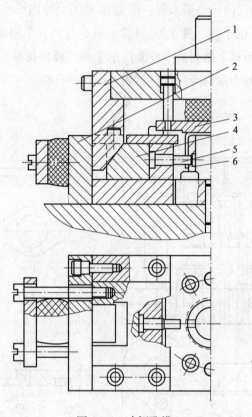

图 4—5 冲侧孔模

1—斜楔 2—座板 3—弹压板 4—滑块 5—凸模 6—凹模

该模具在压力机的一次行程中冲一个孔，如果冲多个侧孔，则可以安装多个斜楔滑块机构来实现。

（3）冲小孔模

如图 4—6 所示，该模具为在厚 2 mm 的 Q235 钢板上冲两个 $\phi2$ mm 的小孔。其凸模工作部分采用了活动护套 13 和扇形块 8 保护，并且除进入材料内的一段外，其余部分均可得到不间断的导向，从而增加了凸模的刚度，防止了凸模弯曲和折断的可能。活动护套 13 的一端压入卸料板 2 中，另一端与扇形固定板 10 成间隙配合。扇形块呈三角形以 60°斜面嵌入扇形固定板和活动护套内，并以三等分分布在凸模 7 的外围（见图 $A-A$ 剖视）。弹压卸料板 2 由导柱、导套导向，使凸模的导向更加可靠。卸料板上还装有强力弹簧 4，当模具工作时，首先使卸料板压紧坯料，然后冲孔，可使冲孔后的孔壁很光洁。

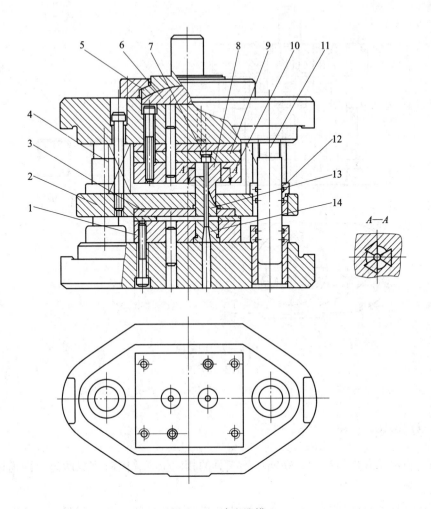

图4—6 冲小孔模

1—固定板 2—卸料板 3—托板 4—弹簧 5、6—浮动模柄 7—凸模 8—扇形块

9—凸模固定板 10—扇形块固定板 11—导柱 12—导套 13—凸模活动护套 14—带肩圆形凹模

3. 切边模

带凸缘的拉深件，常需将多余的边缘切掉，图4—7为宽凸缘小件的切边模。拉深件套在定位柱4上定位，上模下冲，利用打杆1、推板3自身重量对被切边的制件有个微小的压力，上模继续往下，通过切边凹模2和凸模将多余边料切去。

初始切边时，废料切刀6不起作用，当积存的废料厚度到一定值时，切下的废料环与切刀的刀刃接触，只要上凹模再往下冲时，切刀立即把废料环切断而分成两半，废料脱离凸模并落下。

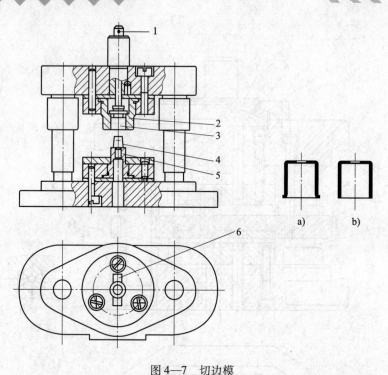

图4—7　切边模

a）毛坯　b）工件

1—打杆　2—凹模　3—推板　4—定位柱　5—凸模　6—废料切刀

二、复合模

在压力机滑块每次行程中，在同一副模具的相同位置，同时完成两道或两道以上的工序就叫复合模。

复合模结构上的特征是具有一个既充当凸模又充当凹模的工作零件——凸凹模。按凸凹模的安装位置，分为倒装式复合模和顺装式复合模（正装式）两种。

1. 倒装式复合模

当凸凹模装在下模部分时，叫倒装式复合模。倒装式复合模是应用最广泛的类型。图4—8是倒装式复合模最典型的结构。模具中凸凹模18装在下模部分，它的外轮廓起落料凸模的作用，而内孔起冲孔凹模的作用，故称凸凹模。它和固定板19一起装在下模座上，落料凹模17和冲孔凸模15则装在上模部分。

工作时，条料由活动挡料销5和导料销22定位，冲裁完毕后，由于弹性回复作用使工件卡在凹模17内，为了使冲压生产顺利进行，使用由件12、11、10和9组成的刚性推件装置将工件推下。冲孔废料则从凸凹模孔内漏下，而条料废料则由弹压卸料板4卸下。

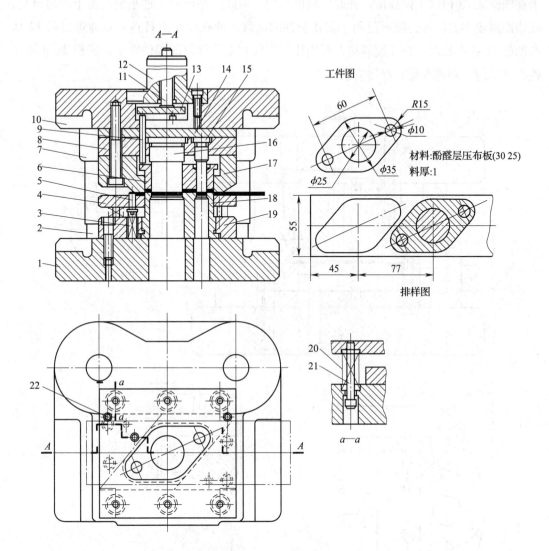

图 4—8　倒装式复合模

1—下模座　2—导柱　3、20—弹簧　4—卸料板　5—活动挡料销　6—顶件器

7—导套　8—凸模固定板　9—销钉　10—上模座　11—打杆　12—模柄　13—打件板　14—垫块

15—冲小孔凸模　16—冲大孔凸模　17—落料凹模　18—凸凹模　19—固定板　21—卸料螺钉　22—导料销

倒装式复合模结构简单、卸件可靠、应用广泛，适宜冲制孔边距离较小的冲裁件。

2. 正装式复合模

如图 4—9 所示，凸凹模 11 在上模部分，其外形为落料的凸模，内孔为冲孔的凹模，形状与工件一致，采用等截面结构，与固定板铆接固定。顶板 7 在弹顶装置的作用下，把卡在凹模2、3内的工件顶出，并起压料的作用，因此，冲出的工件平整，适于冲制薄板、孔边距离较小的工件，但不适用于多孔制件的冲裁。冲孔废料由打料装置通过推杆12从凸凹模11孔中推出，冲孔废料应及时用压缩空气吹走，以保证操作安全。凹模2、3采用镶拼式结构，制造容易，修复方便。

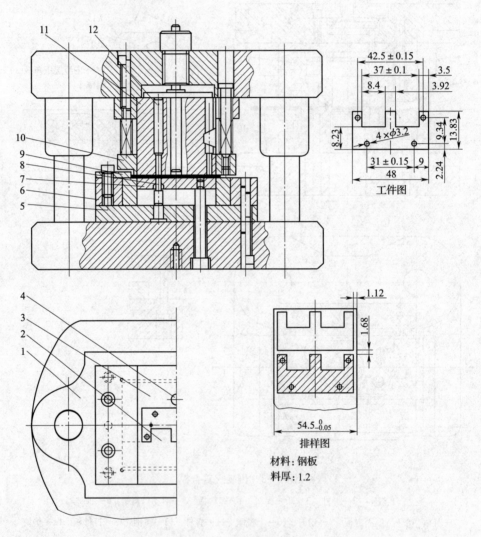

图4—9　正装式复合模

1—下模座　2、3—凹模拼块　4—挡料销　5—凸模固定板　6—凹模框

7—顶件板　8—凸模　9—导料板　10—弹压卸料板　11—凸凹模　12—推杆

　　从上述的工作过程可以看出，复合模的主要优点是结构紧凑，冲出的制件精度高、平整。但模具结构复杂，制造难度较大，成本较高。另外，凸凹模刃口形状与工件完全一

致，其壁厚取决于制件相对应的尺寸，如果尺寸过小，则凸凹模强度差。倒装式复合模因为凸凹模内积存废料，材料会对凸凹模产生胀力，其允许壁厚值比正装式要求大一些。但由于其结构比正装式简单（倒装式复合模的冲孔废料由凸模直接推出），在生产实际中应用更广泛。

三、连续模

在压力机滑块每次行程中，在同一副模具的不同位置，同时完成两道或两道以上的工序的模具就叫级进模，也叫跳步模或连续模。

使用级进模可以把两道或更多的工序合并在一副模具中完成，所以用级进模生产可以减少模具和设备的数量，提高生产效率并容易实现自动化。但制造级进模比制造单工序模复杂，成本也高。

用级进模冲压，必须解决条料的准确定位问题，才有可能保证工件的质量。根据定位零件的特征，常见的典型级进模结构有以下形式。

1. 挡料销和导正销定距的级进模

如图 4—10 所示，冲制时，始用挡料销挡首件，上模下压，凸模 1、2 先将三个孔冲出，条料继续送进时，由固定挡料销 5 挡料，进行外形落料。此时，挡料销 5 只对步距起一个初步定位的作用。落料时，装在凸模 7 上的导正销 6 先进入已冲好的孔内，使孔与制件外形有较准确的相对位置，由导正销精确定位，控制步距。此模具在落料的同时冲孔工步也在冲孔，即下一个制件的冲孔与前一个制件的落料是同时进行的，这样就使冲床每一个行程均能冲出一个制件。

此模具采用固定卸料板 3 卸料，操作比较安全。卸料板上开有导料槽，即把卸料板与导料板做成一个整体，简化了结构。卸料板左端有一个缺口，便于操作者观察。当零件形状不适合用导正销定位时，可在条料上的废料部分冲出工艺孔，利用装在凸模固定板上的导正销导正。导正销直径应大于 2 ~ 5 mm，以避免折断。如果料厚小于 0.5 mm，孔的边缘可能被导正销压弯而起不到导正的作用。另外，对窄长形凸模，也不宜采用导正销定位。这时，可用侧刃定距。

2. 侧刃定距的级进模

图 4—11 所示用侧刃 16 代替了挡料销来控制条料送进的步距（条料每次送进的距离）。侧刃实际上是一个特殊的凸模。侧刃断面的长度等于一个步距 s，在条料送进的方向上，前后导料板间距不同，所以只有等侧刃切去长度等于一个步距的料边后，条料才有可能向前送进一个步距。有侧刃的级进模定位准确，生产效率高，操作方便，但料耗和冲裁力增大。

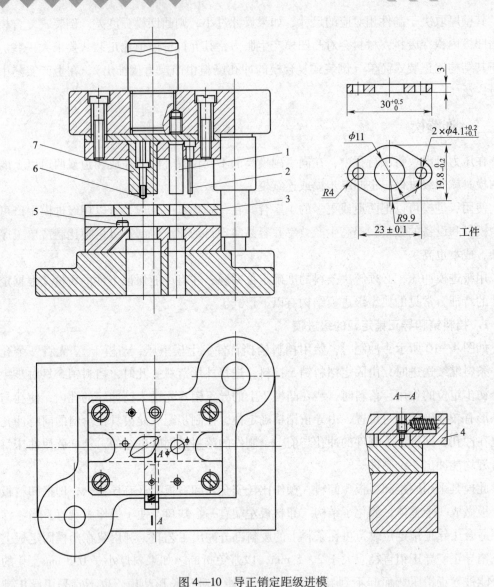

图 4—10 导正销定距级进模

1、2—凸模 3—固定卸料板 4—始用挡料销 5—挡料销 6—导正销 7—落料凸模

　　该模具采用了弹压导板模架，由于冲孔凸模较小，为保证凸模的强度和刚度，以装在弹压卸料板 2 中的导板镶块 4 导向，而弹压板则由导柱 1、10 导向；为保证凸模装配调整和更换更方便，凸模与固定板为间隙配合，这样可消除压力机导向误差对模具的影响，对延长模具寿命有利；排样采用直对排，凹模型孔之间拉开一段距离，使工位之间不致过近而降低模具的强度。由于料厚较小，采用弹压卸料的形式，可保证制件平整。

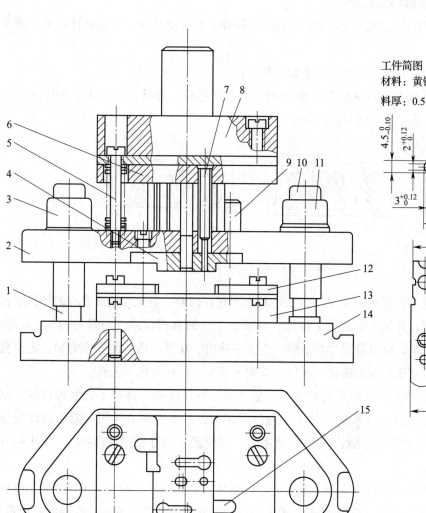

工件简图
材料：黄铜带H62
料厚：0.5

排样图

图4—11　侧刃定距的弹压弹板级进模

1、10—导柱　2—弹压导板　3、11—导套　4—导板镶块　5—卸料螺钉　6—凸模固定板

7—凸模　8—上模座　9—限位柱　12—导料板　13—凹模　14—下模座　15—侧刃挡块　16—侧刃

3. 条料工步排样图的设计

确定了冲压件采用级进模结构后，首先要设计条料的排样图，它是设计级进模的重要依据。

工步排样冲压顺序的安排应考虑如下几点：

（1）应尽可能考虑到材料的合理利用，以节约原料、降低冲压成本。如图4—12所示，显然图a的排样就比图b经济得多。

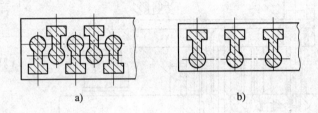

a)   b)

图4—12 级进模的排样设计

（2）应考虑零件精度的要求。由于送料步距存在误差，有位置精度要求的部分应安排在同一工位冲出，并且尽量减少工位数，以减小工位的累积误差。如图4—13b、c所示，尺寸精度高的工步，应尽量安排在最后一道工序冲出。在没有适当的孔作为导正定位孔的制品中，为了提高送料步距精度，可以在首次工位中，设计定位工艺孔。

（3）应考虑冲模制造的难易程度。一般来说，双排样或多排样尽管节约材料，但模具制造较复杂。因此，在模具设计时，应根据加工技术水平和条件的可能性加以充分考虑。外形复杂的冲件应分步冲出，以简化凸、凹模形状便于加工和装配，如图4—13d所示。

（4）应考虑模具强度及寿命。孔壁距小的冲件，其孔应分步冲出；工位之间凹模壁厚小的应增设空步，如图4—13c所示，前一个侧刃的位置尽可能与被冲工件的中心线重合，以保证受力平衡，如图4—13b所示。

（5）应考虑模具尺寸的大小。零件较大或零件虽小但工位较多，应尽量减小工位数，可采用连续＋复合排样法，以减小模具外形尺寸，如图4—13a所示。

（6）应考虑零件成形规律的要求。在多工位的级进模中，如冲孔、切口、切槽、成形、切断等工序的安排次序一般应把冲孔、切口、切槽等分离工序安排在前面，接着可安排成形工序。零件与条料的完全分离（如切断、落料）安排在最后工序，从而可保证条料的连续送进，如图4—13d所示。

通过对以上各种类型模具典型结构的分析可以看出，单工序模、级进模、复合模各有其优缺点，其对比关系如表4—1所示。

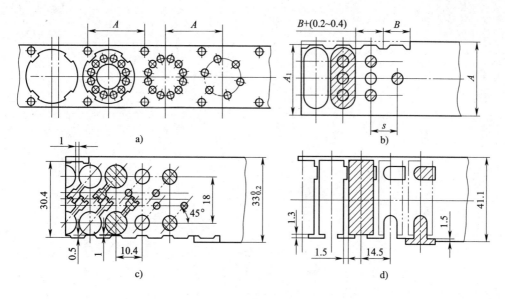

图4—13　级进模的排样设计

表4—1　　　　　　　　　　　　　各种类型模具对比

模具种类	单工序模		级进模	复合模
对比项目	无导向的	有导向的		
制件精度	低	一般	可达 IT13 ~ IT8	可达 IT9 ~ IT8
制件形状尺寸	尺寸大	中小型尺寸	复杂及极小制件	受模具结构与强度制约
生产效率	低	较低	最高	一般
模具制造工作量和成本	低	比无导向的略高	冲制较简单制件时比复合模低	冲制复杂制件时比连续模低
操作的安全性	不安全，需采取安全措施		较安全	不安全，需采取安全措施
自动化的可能性	不能使用		最宜使用	一般不用

第 5 章

弯曲模设计

将板料、棒料、管料或型材等弯曲成一定形状和角度零件的成形方法称为弯曲。弯曲是冲压的基本工序之一，在冲压生产中占有很大的比重。根据弯曲所用的模具及设备的不同，弯曲方法可分为压弯、折弯和滚弯等。但最常见的是在压力机上进行的压弯。本章主要介绍在压力机上进行压弯的工艺和弯曲模具设计。

第1节　弯曲变形过程分析

 **学习目标**

本节内容涉及弯曲变形过程及特点、弯曲变形区的应力与应变状态、弯曲半径及最小弯曲半径影响因素、弯曲卸载后的回弹及影响因素、减少回弹的措施。重点掌握弯曲变形规律及变形特点，掌握弯曲变形区的应力与应变状态。

 **知识要求**

一、弯曲变形过程及特点

1. 过程

如图5—1所示为典型的V形校正弯曲过程，在弯曲开始阶段，弯曲半径 r_0 很大，弯曲力矩很小，仅引起材料的弹性变形，随着凸模进入凹模深度的加大，凹模与板料的接触位置发生变化，材料逐渐与凹模贴合，弯曲力臂逐渐减小，即：$l < l_1 < l_2 < l_0$。同时弯曲半径 r 也逐渐减小，即：$r < r_1 < r_2 < r_0$。

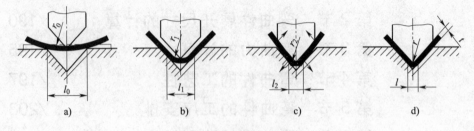

图5—1　弯曲变形过程

当凸模、板料、凹模三者弯曲贴合后凸模不再下压，则称为自由弯曲。若凸模继续下压，对板料施加的弯曲力急剧上升，此时，板料处于校正弯曲。校正弯曲与自由弯曲的凸模下止点的位置是不同的，校正弯曲使弯曲件在下止点受到刚性墩压，减小了工件的回弹。

自由弯曲是通过凸模、板料与凹模间的线接触而实现的，而校正弯曲是通过它们的面接触而实现的。

2. 变形的特点

为了观察板料弯曲时的金属流动情况，便于分析材料的变形特点，可以在弯曲前的板料侧表面用机械刻线或照相腐蚀制作网络，然后用工具显微镜观察、测量弯曲前后网格的尺寸和形状的变化情况，如图5—2所示。

弯曲前，材料侧面线均为直线，组成大小一致的正方形小格，纵向网格线长度 $\overline{aa} = \overline{bb}$。弯曲后，通过观察网格形状的变化，可以看出弯曲变形的特点。

（1）变形区域主要是在制件的圆角部分。

通过对网格的观察，可见弯曲圆角部分的网格发生了显著的变化，原来的正方形网格变成了扇形。靠近圆角部分的直边有少量变形，而其余直边部分的网格仍保持原状，没有变形，说明弯曲变形主要发生在弯曲圆角区。

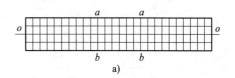

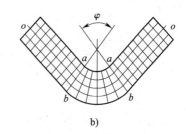

图5—2　材料弯曲前后的网格变化

（2）在变形区内，板料的外层纵向纤维（靠近凹模一边）受拉而伸长（bb 弧 > bb 弦），内层纵向纤维（靠近凸模一边）受压而缩短（aa 弧 < aa 弦）。由内外表面至板料中心，其伸长和缩短的程度逐渐变小，其间有一层纤维的长度不变，这层纤维称为变形中性层。

（3）在弯曲变形区内板料厚度略有变薄。

（4）从弯曲件变形区域的横断面看，变形有两种情况：

1）对于窄板（$B < 3t$），弯曲内侧材料受到切向压缩后，便向宽度方向流动，使板宽增大；而在弯曲区外侧的材料受到切向拉延后，则宽度变窄，结果使断面略呈扇形。

2）对于宽板（$B > 3t$），由于弯曲时宽度方向变形阻力大，材料不易流动，因此弯曲后在宽度方向无明显变化，断面仍为矩形。

二、弯曲变形区的应力与应变状态

如前所述，板料相对宽度 B/t 直接影响板料沿宽度方向的应变，进而影响其应力，因

此随着 B/t 的不同，具有不同的应力—应变状态。窄板和宽板塑性弯曲时的应力—应变状态，如图 5—3 所示。

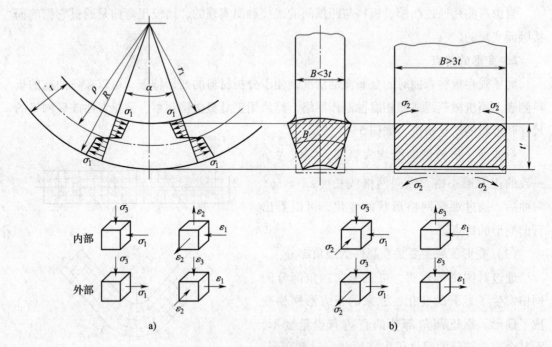

图 5—3　弯曲变形时的应力与应变

a）窄料（$B < 3t$）　　b）宽料（$B > 3t$）

1. 窄板

弯曲时，在切线方向上的应力应变最大，其弯曲处内侧应力为压应力 $-\sigma_1$、应变为压应变 $-\varepsilon_1$，外侧应力为拉应力 $+\sigma_1$，应变为拉应变 $+\varepsilon_1$；在宽度方向上，弯曲处内侧应变为拉应变 $+\varepsilon_1$，外侧应变为压应变 $-\varepsilon_2$。由于材料在宽度方向上能自由变形，所以弯曲处内、外侧的应力都接近于零（$\sigma_2 \approx 0$）；在厚度方向上，由于表层材料对里层材料产生挤压，因此，弯曲处内、外侧的应力均为压应力 $-\sigma_3$，其应变根据体积不变的原则，即有 $\varepsilon_1 + \varepsilon_2 + \varepsilon_3 = 0$，如果知道一个最大主应变，则另外两个主应变的符号必然与最大主应变相反，或者其中一个主应变为零。

如图 5—3a 所示，弯曲内侧的切向压缩应变是最大主应变 $-\varepsilon_1$，则厚度方向的应变为拉应变 $+\varepsilon_3$。同理，弯曲外侧的切向拉延应变是最大主应变 $+\varepsilon_1$，而厚度方向的应变则为压应变 $-\varepsilon_3$。

2. 宽板

宽板弯曲时，在切向和厚度方向的应力应变与窄板相同，只有在宽度方向上，由于宽度大，沿宽度方向变形困难，因而宽度基本不变，弯曲处内、外侧的应变均为零（$\varepsilon_2 = 0$），在弯曲处内侧拉延受阻，应力为压应力 $-\sigma_2$，在外侧压缩受阻，应力为拉应力 $+\sigma_2$，如图 5—3b 所示。

综上所述，窄板在弯曲时为平面（两向）应力状态和立体（三向）应变状态，宽板则为立体应力状态和平面应变状态。

三、最小相对弯曲半径

1. 最小相对弯曲半径 r_{min}/t

最小相对弯曲半径是指在自由弯曲保证配坯料最外层纤维不发生破裂的前提下，所能获得的弯曲件内表面最小圆角半径与弯曲材料厚度的比值。

如图 5—4 所示，设中性层半径为 ρ，弯曲中心角为 α，则最外层金属（半径为 R）的延伸率 $\delta_{外}$ 为：

$$\delta_{外} = \frac{(R - \rho)\alpha}{\rho\alpha} = \frac{R - \rho}{\rho}$$

设中性层位置在半径为 $\rho = r + t/2$ 处，且弯曲后厚度保持不变，则 $R = r + t$，故有：

$$\delta_{外} = \frac{(r + t) - (r + t/2)}{r + \dfrac{t}{2}} = \frac{1}{\dfrac{2r}{t} + 1}$$

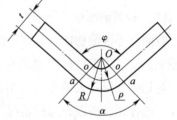

图 5—4　弯曲变形

如将 $\delta_{外}$ 以材料延伸率 δ 代入，则 r/t 转化为 r_{min}/t，且有：

$$\frac{r_{min}}{t} = \frac{1 - \delta}{2\delta}$$

从上述式可以看出，相对弯曲半径 r/t 越小，外层材料的延伸率就越大，即板料切向变形程度越大，因此，生产中常用 r/t 来表示板料的弯曲变形程度。当外层材料的延伸率达到材料断后延伸率后，就会导致弯裂，故称 r_{min}/t 为板料不产生弯裂时的最小相对弯曲半径。

2. 影响最小相对弯曲半径的主要因素

（1）材料的机械性能

材料的塑性越好，许可的相对弯曲半径越小。对于塑性差的材料，其最小相对弯曲半径应大一些，在生产中可以采用热处理的方法来提高某些塑性较差材料以及冷作硬化材料的塑性变形能力，以减小最小相对弯曲半径。

（2）弯曲中心圆角 α

弯曲中心角 α 是弯曲件圆角变形区圆弧所对应的圆心角。理论上弯曲变性区局限于圆角区域，直边部分不参与变形，变形程度只与相对弯曲半径 r/t 有关，而与弯曲中心角无关。但实际上由于材料的相互牵制作用，接近圆角的直边也参与了变形，扩大了弯曲变形区的范围，分散了集中在圆角部分的弯曲应变，使圆角外表面的受拉状态有所缓解，从而有利于降低最小相对弯曲半径的数值。

（3）板料冲裁断面和表面质量

弯曲用的毛坯一般由于冲裁或剪裁获得，材料剪切断面上的毛刺、裂口和冷作硬化，以及板料表面的划伤、裂纹等缺陷的存在，将会造成弯曲时应力集中，材料易破裂的现象。因此表面质量和断面质量差的板料弯曲时，其最小弯曲半径 r_{min}/t 的数值较大。

（4）板料的宽度

弯曲件的相对宽度 B/t 越大，材料沿宽向流动的阻碍越大；相对宽度 B/t 越小，材料沿宽向流动越容易，可以改善圆角变形区外侧的应力应变状态。因此，相对宽度 B/t 较小的窄板，其相对弯曲半径的数值可以较小。

（5）板料的厚度

弯曲变形区的切向应变在板料厚度方向上按线性规律变化，内、外表面处最大，在中性层上为零。当板料的厚度较小时，切向应变变化的梯度大，应变很快由最大值衰减为零。与切向变形量大的外表面相邻近的金属，可以起到阻止外表面材料产生局部不稳定塑性变形的作用，所以在这种情况下可能得到较大的变形和较小的最小弯曲半径。厚度对最小相对弯曲半径 r_{min}/t 的影响，如图5—5所示。

（6）板料的纤维方向

弯曲所用的板料通常都是经过轧制而成的，经多次轧制后的板料具有多方向性。板料的性能在各个方向是不同的。顺着纤维方向的塑性指标优于纤维垂直方向的塑性指标。当弯曲件的折弯线与纤维方向垂直时，材料具有较大的抗拉强度，不易拉裂，最小相对弯曲半径 r_{min}/t 的数值最小。而弯曲件的折弯线与纤维方向平行，最小相对弯曲半径的数值最大。因此，对于相对弯曲半径较小或塑性较差的弯曲件，折弯线应尽可能弯曲于轧制方向。当弯曲件为双侧弯曲，而且相对弯曲半径又比较小时，排样时应设法使折弯线与板料轧制方向成一定角度，如图5—6所示。

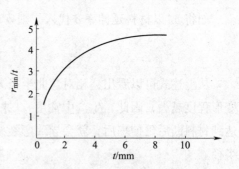

图5—5　材料的弯曲半径对最小
相对弯曲半径的影响

影响最小相对弯曲半径的因素较多，其数值一般由实验方法来确定。表5—1为最小弯曲半径的数值，仅供参考。

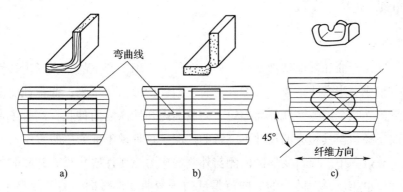

图5—6 板料纤维方向对弯曲半径的影响

表5—1 最小弯曲半径的数值

材料	退火正火状态		冷作硬化处理	
	弯曲线位置			
	垂直碾压方向	平行碾压方向	垂直碾压方向	平行碾压方向
08、10	0.1t	0.4t	0.4t	0.8t
15、20	0.1t	0.5t	0.5t	t
25、30	0.2t	0.6t	0.6t	1.2t
35、40	0.3t	0.8t	0.8t	1.5t
45、50	0.5t	t	t	1.7t
55、60	0.7t	1.3t	1.3t	2t
65Mn、T7	t	2t	2t	3t
Cr18Ni9	t	2t	3t	4t
软杜拉铝	t	1.5t	1.5t	2.5t
硬杜拉铝	2t	3t	3t	4t
磷铜	—	—	t	3t
半硬黄铜	0.1t	0.35t	0.5t	1.2t
软黄铜	0.1t	0.35t	0.35t	0.8t
纯铜	0.1t	0.35t	t	2t
铝	0.1t	0.35t	0.5t	t

注：①表中数值适用于毛刺一边处于弯角的内侧。

②当零件弯曲线与纤维方向成一定角度时，则视角度的大小，取表中的垂直与平行之间的适宜数值。

③通过冲裁而得到的窄毛料，应该视为冷作硬化。

四、回弹

1. 回弹现象

常温下的塑性弯曲和其他塑性变形一样，在外力作用下产生的总变形由塑性变形和弹性变形两部分组成。当弯曲结束，去除外力后，塑性变形保留下来，而弹性变形则完全消失。弯曲变形区外侧会因弹性恢复而缩短，内侧会因弹性恢复而伸长，产生了弯曲件的弯曲角度和弯曲半径与模具相应的尺寸不一致的现象。这种现象称为弯曲回弹。

在弯曲加载过程中，板料变形区内侧与外侧的应力应变性质相反，卸载时内侧与外侧的回弹变形性质也相反，而回弹的方向就是反向于弯曲变形方向。另外就整个坯料而言，不变形区占的比例比变形区大得多，大面积不变形区的惯性影响会加大变形区的回弹，这是弯曲回弹比其他成形工艺回弹严重的另一个原因。它们对弯曲件的形状和尺寸变化影响十分显著，使弯曲件的几何精度受到损害。

弯曲件的回弹现象通常表现为两种形式：一是弯曲半径的变化，由回弹弯曲前弯曲半径 r_t 变化为回弹后的 r_0，半径值变大，如图5—7所示；二是弯曲角度的变化，由回弹前的弯曲中心角 α_t（凸模中心角）变为回弹后的工件实际中心角 α_0，弯曲件角度增大。若弯曲中心角 α 两侧有直边，则应同时保证两侧直边之间的夹角 θ（称为弯曲角）的角度，如图5—8所示。弯曲角 θ 与弯曲中心角 α 之间的换算关系为：$\theta = 180° - \alpha$，两者之间互为补角。

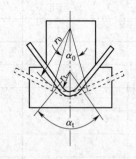 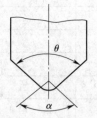

图5—7　弯曲时的回弹　　　　　　图5—8　弯曲角 θ 与弯曲中心角 α

2. 影响回弹的主要因素

（1）材料的机械性能

材料的屈服点 σ_s 越高，弹性模量 E 越小，弯曲变形的回弹也越大。因此材料的屈服点 σ_s 越高，材料在一定的变形程度下，其变形区断面内的应力也越大，因而引起更大的弹性变形，所以回弹值也大。而弹性模量 E 越大，则抵抗弹性变形的能力越强，所以回弹

越小。

（2）相对弯曲半径 r/t

相对弯曲半径 r/t 越小，则回弹量越小。因为相对弯曲半径 r/t 越小，变形程度越大，变形区的切向变形程度增大，塑性变形在总变形中占的比例增大，而相应弹性变形的比例则减少，从而回弹值减少。反之，相对弯曲半径 r/t 越大，则回弹量越大。这就是曲率半径很大的工件不易弯曲成形的原因。

（3）弯曲中心角 α

弯曲中心角 α 越大，表示变形区的长度越长，回弹累积量越大，所以回弹角越大，但对曲率半径的回弹没有影响。

（4）模具间隙

弯曲模的间隙越大，回弹也越大。

（5）弯曲件的形状

由于两边受牵制，U 形件的回弹小于 V 形件的回弹。形状复杂的弯曲件一次弯成时，由于各部分相互牵制，以及弯曲件表面与模具表面之间的摩擦影响，改变了弯曲件各部分的应力状态，使回弹困难，因而回弹角减小。

（6）坯料与模具的表面状态

由于弯曲坯料与模具的表面状态决定了它们之间的摩擦，从而影响到弯曲坯料各部位的应力状态，尤其是在一次弯成多个部位的曲率时，摩擦对应力状态的影响更加显著。一般认为，摩擦在大多数情况下可以增大弯曲变形区的拉应力，从而有利于弯曲件接近于模具的形状。但是，在拉弯时，摩擦对工件接近模具形状的影响通常是不利的。

（7）板厚偏差

弯曲坯料存在明显的厚度偏差时，对某一具体的模具来说，其实际工作间隙是忽大忽小的，因而弯曲件的回弹值是波动的。

（8）弯曲力

弯曲力的大小不同，使回弹也有所不同。校正弯曲时回弹较小，因为校正弯曲时校正力比自由弯曲时的弯曲力要大得多，使变形区的应力应变状态与自由弯曲时有所不同。极大的校正弯曲力迫使变形区内侧产生了切向拉应变，与外侧的切向应变方向相同，因此内外侧纤维都被拉长。

卸载后变形区内外侧都因弹性恢复而缩短，内侧回弹方向与外侧相反，内外两侧的回弹趋势相互抵消，产生了减小回弹的效果。如果 V 形件校正弯曲时相对弯曲半径 $r/t <$ $0.2 \sim 0.3$，则角度回弹量 $\Delta\alpha$ 也可能为零或负值。

3. 回弹值的确定

由于回弹直接影响了弯曲件的形状误差和尺寸公差，因此在模具设计和制造时，必须预先考虑材料的回弹值，修正模具相应工作部分的形状和尺寸。

回弹值的确定方法有理论公式算法和经验值查表法。

（1）小圆角半径弯曲的回弹

当弯曲件的相对弯曲半径 $r/t < 5 \sim 8$ 时，弯曲半径的变化一般很小，可以不予考虑，而仅考虑弯曲角度的回弹变化。回弹角以弯曲前后工件弯曲角度的变化量 $\Delta\theta = \theta_0 - \theta_t$ 来表示，其中，θ_0 为工件弯曲后的实际弯曲角度，θ_t 为回弹前的弯曲角度（即凸模的弯曲角）。可以使用相关的手册查取回弹角修正系数经验数值。

当弯曲角不是90°时，其回弹角则可用下述公式计算

$$\Delta\theta = \frac{\theta}{90}\Delta\theta_{90}$$

式中　　θ——弯曲件的弯曲角；

$\Delta\theta_{90}$——当弯曲角为90°时的回弹角（查阅冲压手册）。

（2）大圆角半径弯曲的回弹

当弯曲件的相对弯曲半径 $r/t > 5 \sim 8$ 时，卸载后弯曲件的弯曲圆角半径和弯曲角度都发生了变化，凸模圆角半径、凸模弯曲中心角及弯曲角可按纯塑性弯曲条件进行计算：

$$r_t = \frac{r}{1 + 3\dfrac{\sigma_s r}{Et}} = \frac{1}{\dfrac{1}{r} + \dfrac{3\sigma_s}{Et}}$$

$$\alpha_t = \frac{r}{r_t}\alpha$$

$$\theta_t = 180° - \alpha_t$$

式中　　r——工件的圆角半径，mm；

r_t——凸模的圆角半径，mm；

α——工件的圆角半径 r 所对弧长的中心角，°；

α_t——凸模的圆角半径 r_t 所对弧长的中心角，°；

σ_s——弯曲材料的屈服极限，MPa；

t——弯曲材料的厚度，mm；

E——材料的弹性模量，MPa；

θ_t——凸模的弯曲角，°。

有关手册给出了许多弯曲计算回弹的公式和图表，选用时应注意它们的应用条件。

由于弯曲件的回弹值受诸多因素的综合影响，如材料性能的差异（甚至同型号、不同

批次材料性能的差异）、弯曲件的形状、毛坯非变性弹复、弯曲方式、模具结构等，上述公式的计算值只能是近似的，还需在生产实践中进一步试模修正。同时可采用一些行之有效的工艺措施来减少回弹。

4．减少回弹的措施

弯曲加工必然要发生回弹现象。回弹大小与弯曲的方法及模具结构等因素有关，要消除回弹是极其困难的，生产中可以采用某些措施来减小或补偿由于回弹产生的误差，以提高弯曲件的精度。

（1）从选用材料上采取措施

在满足弯曲件使用要求的条件下，尽可能选用弹性模量 E 大、屈服极限 δ_s 小，机械性能比较稳定的材料，以减少弯曲时的回弹。

（2）改进弯曲件的结构设计

设计弯曲件时，改进某些结构，加强弯曲件的刚度以减小回弹。可以在工件的弯曲变形区压制加强筋或成形边翼，如图 5—9 所示。

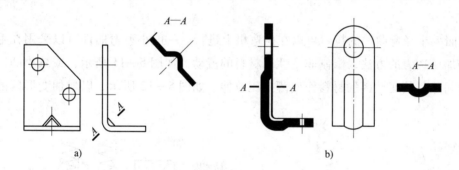

图 5—9　加强筋减小回弹

五、为减少回弹可以采取的工艺措施

1．采用热处理工艺

对一些硬材料和已经冷作硬化的材料，弯曲前先进行退火处理，降低其硬度以减少弯曲时的回弹，待弯曲后再淬硬。在条件允许的情况下，甚至可以使用加热弯曲。

2．增加校正工序

对弯曲施加较大的校正压力，可以改变其变形区的应力应变状态，以减少回弹量。通常，当弯曲变形区材料的校正压缩量为板厚的 2%～5% 时，可得到较好的效果。

3．采用拉弯工艺

拉弯工艺如图 5—10 所示，在弯曲过程中对板料施加一定的拉力，使弯曲件变形区的整个断面都处于同向拉应力，卸载后变形区的内、外区回弹方向一致，从而可以大大减小弯曲件的回弹。这种方法对于弯曲 r/t 很大的弯曲件特别有利。

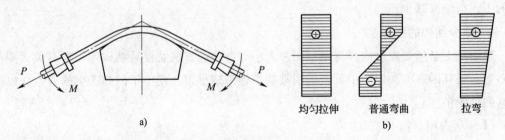

图5—10　拉弯工艺

a）拉弯工艺方法　b）拉弯时断面应力分布情况

工件在弯曲变形的过程中受到了切向拉伸力的作用。施加的拉伸力使变形区内的合成应力大于材料的屈服极限，中性层内侧压应变转化为拉应变，从而使材料的整个横断面都处于塑性拉伸变形的范围。卸载后内外两侧的回弹趋势相互抵消，因此可大大减少弯曲件的回弹。

大曲率半径弯曲件的拉弯可以在拉弯机上进行。一般小型弯曲件可以采用在毛坯直边部分加压边力的方法，限制非变性区材料的流动，如图5—11所示，或减小凸、凹模之间的间隙，使变性区的材料作变薄挤压拉伸，如图5—12所示，以增加变形区的拉应变。

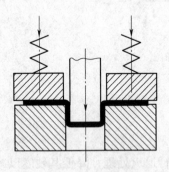

图5—11　压边力拉弯方法一

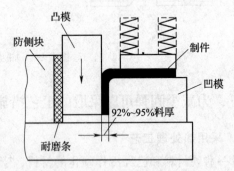

图5—12　压边力拉弯方法二

4. 从模具结构上采取措施

（1）补偿法

利用弯曲件不同部分回弹方法相反的特点，按预先估算或试验所得的回弹量，修正凸模或凹模工作部分尺寸和几何形状，以相反的回弹来补偿工件的回弹量，这种方法即为补偿法。如图5—13所示，图5—13a为单角弯曲时，根据工件可能产生的回弹量，将回弹角做在凹模上，使凹模的工作部分具有一定斜度的方法。图5—13b为双角弯曲时，可以将弯曲凸模两侧修出回弹角，并保持弯曲模的单面间隙等于最小料厚，使工件贴住凸模，开模后工件两侧回弹至垂直。或者将模具底部做成圆弧形如图5—13c所示，利用开模后底部向下的回弹作用来补偿工件两侧向外的回弹。

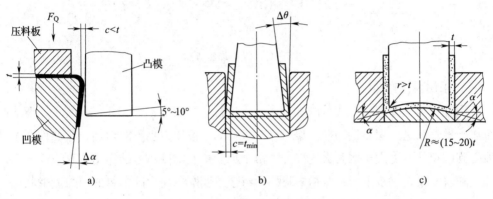

图5—13　补偿法修正模具结构

（2）校正法

当材料的厚度在0.8 mm以上，塑性比较好，而且弯曲圆角半径不大时，可以改变凸模结构，校正力集中在弯曲变形区，改变变形区的应力应变状态来减少回弹，如图5—14所示。

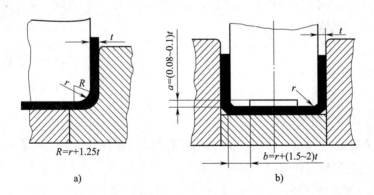

图5—14　用校正法修正模具结构

（3）纵向加压法

在弯曲过程完成后，利用模具的突肩在弯曲件的端部纵向加压，如图5—15所示。使弯曲变形区横断截面上都受到压应力，卸载时工件内外侧的回弹趋势相反，回弹大为降低。利用这种方法可获得较精确的弯曲尺寸，但对毛坯精度要求较高。

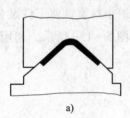 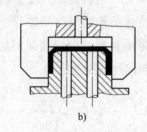 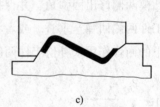

a)　　　　　　　　　　　b)　　　　　　　　　　　c)

图 5—15　纵向加压弯曲

（4）采用弹性弯曲模

利用弹性聚氨酯凹模来代替刚性金属凹模进行弯曲成形，如图 5—16 所示。弯曲时随着金属凸模逐渐进入聚氨酯凹模，聚氨酯对板料的单位压力也不断增加，弯曲件圆角变形区所受到的单位压力大于两侧直边部分。由于承受聚氨酯侧压力的作用，直边部分不发生弯曲，随着凸模进一步下压，激增的弯曲力将会改变圆角变形区材料的应力应变状态，达到类似校正弯曲的效果，从而减少了回弹。通过凸模压入聚氨酯凹模的深度，可以控制弯曲力的大小，使卸载后的弯曲件角度符合精度要求。

5. 偏移

弯曲过程中，坯料沿凹模边缘滑动时要受到摩擦阻力的作用，当坯料各边所受到的摩擦力不等时，坯料会沿其长度方向产生滑移，从而使弯曲后的零件两直边长度不符合图样要求，这种现象称为偏移。

图 5—16　聚氨酯弯曲模

（1）产生偏移的原因

1）弯曲件坯料形状不对称。

2）弯曲件两边折弯的个数不相等。

3）弯曲凸、凹模结构不对称。

此外，坯料定位不稳定、压料不牢、凸模与凹模的圆角不对称、间隙不对称和润滑情况不一致时，也会导致弯曲时产生偏移现象。

（2）常用克服偏移的措施

1）采用压料装置，使坯料在压紧状态下逐渐弯曲成形，从而防止坯料的滑动，而且还可得到平整的弯曲件，如图 5—17 所示。

2）利用毛坯上的孔或弯曲前冲出工艺孔，用定位销插入孔中定位，使坯料无法移动，如图 5—18a、b 所示。

3）根据偏移量大小，调节定位元件的位置来补偿偏移，如图 5—18c 所示。

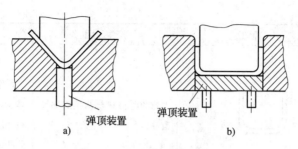

图 5—17　控制偏移的措施一

4）对于不对称的零件，先成对地弯曲，弯曲后再切断，如图 5—18d 所示。

5）尽量采用对称的凸、凹结构，使凹模两边的圆角半径相等，凸、凹模间隙调整对称。

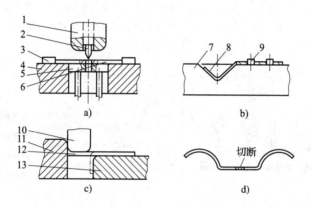

图 5—18　控制偏移的措施二

1、10—凸模　2—导正销　3—定位板　4、7、13—凹模　5—顶件板　6—板料

8、12—工件　9—定位销　11—侧定位板

6. 弯曲件常见缺陷及对策

生产上如果出现废次品，应及时分析产生废次品的原因，并有针对性地采取相应措施加以消除。弯曲件常见废次品的类型、产生原因及消除方法见表 5—2。

表 5—2　　　　　　　　弯曲件常见废次品的类型、产生原因及消除方法

废次品类型	简图	产生原因	消除方法
裂纹	裂纹	凸模弯曲半径过小，毛坯毛刺的一面处于弯曲外侧，板材的塑性较低，落料时毛坯硬化层过大	适当增大凸模圆角半径。将毛刺一面处于弯曲内侧，用经退火或塑性好的材料，弯曲线与纤维方向垂直或成45°方向

废次品类型	简图	产生原因	消除方法
底部不平		弯曲时板料与凸模底部没有靠紧	采用带有弹性压料顶板的模具，在弯曲开始时顶板便对毛坯施加足够的压力，最后对弯曲件进行修正
翘曲		由于变形区应变状态引起，横向应变（沿弯曲线方向）在中性层外侧是压应变，中性层内侧是拉应变，故横向变形成翘曲	采用矫正性弯曲，增加单位面积压力，根据翘曲量修正凸模与凹模
孔不同心	 轴心线错移　轴心线倾斜	弯曲时毛坯产生了偏移，故引起孔中心线错移，弯曲后的回弹使孔中心线倾斜	毛坯要准确定位，保证左右弯曲高度一致。设置防止毛坯窜动的定位销或压料顶板减小回弹
直臂高度不稳定		高度 h 尺寸太小，凹模圆角对称，弯曲过程中毛坯偏移	高度 h 尺寸不能小于最小弯曲高度，修正凹模圆角。 采用弹性压料装置或工艺孔定位
表面擦伤		金属的微粒附在模具工作部分的表面上凹模的圆角半径过小。凸、凹模的间隙过小	清除模具工作部分表面赃物，降低凸、凹模表面粗糙度，适当增大凹模圆角半径。采用合理的凸、凹模间隙

废次品类型	简图	产生原因	消除方法
弯曲线与两孔中心线不平行	最小弯曲高度 弯张口	弯曲高度小于最小弯曲角度，在最小弯曲高度以下的部分出现张口	在设计工件时应保证大于或等于最小弯曲高度。当工件出现小于最小弯曲高度时，可将小于最小弯曲高度的部分去掉后再弯曲
偏移	滑移 滑移	当弯曲不对称形状工件时，毛坯在向凹模内滑动时，两边受到的摩擦力不相等，故发生尺寸偏移	采用弹性压料顶板的模具。毛坯在模具中定位要准确。在可能情况下，采用成双弯曲后，再切开
孔变形	变形	孔边离弯曲线太近，在中性层内侧为压缩变形，而外侧为拉伸变形，故孔发生了变形	保证从孔边到弯曲半径 r 中心的距离大于一定值，在弯曲部位设置工艺孔，以减轻弯曲变形的影响
弯曲角度变化		塑性弯曲时伴随着弹性变形，当弯曲工件从模具中取出后，便产生弹性恢复，从而使弯曲角度发生了变化	依预定的回弹角来修正凸、凹模的角度，达到补偿目的。采用矫正弯曲代替自由弯曲
弯曲端部鼓起	鼓起	弯曲时中心层内侧的金属纵向被压缩而缩短，宽度方向则伸长，故宽度方向边缘出现突起，以厚板小角度弯曲最为明显	在弯曲部位两端预先做成圆弧切口，将毛坯毛刺一边放在弯曲内侧

废次品类型	简图	产生原因	消除方法
扭曲	翘曲不平　扭曲	由于毛坯两侧宽度、弯边高度相差悬殊，弯曲变形阻力不等。弯曲时，宽度窄、弯曲高度低的一侧易产生扭曲，又因两端缺口较大，顶出器压不住，使带缺口的底面翘曲不平，加剧了弯边的扭曲	两侧增加工艺余料，弯曲后切除工艺余料。在产生扭曲的一侧和缺口处安装导板，可减轻扭曲角度
断面形状不良，棱角不清晰	棱角不清晰　断面形状不良	因弯曲凸模底部呈锥形，使它与凹模及顶板之间存在自由空间，毛坯与凸模锥面无法保证贴合。因此得不到理想的断面形状，工件底部与臂部的转折处为大圆弧过渡	在顶板上加一橡胶垫，使毛坯在弯曲过程中，逐步包紧在凸模上，工件形状弯曲由凸模形状确定，能保证生产出合格工件

第 2 节　弯曲件展开尺寸的计算

 学习目标

掌握应变中性层的确定及毛坯尺寸的计算方法。

 知识要求

一、弯曲件中性层位置的确定

在板料弯曲时，弯曲件毛坯展开尺寸准确与否，直接关系到所弯工件的尺寸精度。而

弯曲中性层在弯曲变形前后长度不变，因此可以用中性层长度作为计算弯曲部分展开长度的依据。弯曲中性层位置的确定，可按以下两条原则作为计算的依据：

1. 变形区弯曲变形前后体积不变。

2. 应变中性层的长度在弯曲变形前后保持不变。

由于应变中性层的长度在弯曲变形前后不变，因此其长度就是所要求的弯曲件坯料展开尺寸的长度。而要想求得中性层的长度，必须先找到中性层的确切位置。当弯曲变形程度很小时，可以认为中性层位于板料厚度的中心，即：

$$\rho = r + \frac{1}{2}$$

当弯曲变形程度较大时，弯曲变形区的厚度变薄，中性层位置将发生内移，从而使中性层的曲率半径 $\rho_0 = r + t/2$。这时的中性层位置可以根据弯曲变形前后体积不变的原则来确定。

弯曲变形区的体积为：

$$V_0 = LBt$$

式中　L——板料弯曲区弯曲前的长度，mm；

　　B——板料弯曲区弯曲前的宽度，mm；

　　t——板料弯曲区弯曲前的厚度，mm。

弯曲后变形区的体积为：

$$V = \pi (R^2 - r^2) \frac{\alpha}{2\pi} b'$$

式中　R——板料弯曲变形区的外圆角半径，mm；

　　b'——板料弯曲变形区弯曲后的宽度，mm；

　　r——板料弯曲变形区的内圆角半径，mm；

　　A——弯曲中心角，弧度。

因为中性层的长度弯曲变形前后不变，即 $L = \alpha \rho_0$

而且弯曲前后变形区变形前后体积不变，即 $V_0 = V$

所以有
$$\rho_0 = \frac{R^2 - r^2}{2t} \cdot \frac{b'}{b}$$

设板料变形区弯曲后的厚度 $t' = \eta t$ 则 $\eta = t'/t$ 为变薄系数，可查表5—3。

将 $R = r + t' = r + \eta t$ 代入上式，整理后得到

$$\rho_0 = \left(\frac{r}{t} + \frac{\eta}{2} \right) \eta \beta \cdot t$$

式中，$\beta = B'/B$，为宽板系数，当 $B/t > 3$ 时（宽板弯曲），$\beta = 1$（不考虑畸变）。

表 5—3   变薄系数 η 的数值

r/t	0.1	0.5	1	2	3	>10
η	0.8	0.93	0.97	0.99	0.998	1

从上述几式可以看出，中性层的位置与板料厚度 t、弯曲半径 r 以及变薄系数 η 等因素有关。相对弯曲半径 r/t 越小，则变薄系数 η 越小，板料减薄量越大，中性层位置的内移量越大。相对弯曲半径 r/t 越大，则变薄系数 η 越大，板料减薄量越小。当 r/t 大于一定值后，变形区厚度减薄的问题已不存在。在生产实际中，通常采用以下经验公式来确定中性层的位置。

$$\rho_0 = r + xt$$

式中，x 是与变形程度有关的中性层位移系数，其值查表 5—4。

表 5—4   中性层位移系数 x 的值

r/t	0.1	0.2	0.3	0.4	0.5	0.6	0.7	0.8	1	1.2
x	0.21	0.22	0.23	0.24	0.25	0.26	0.28	0.3	0.32	0.33
r/t	1.3	1.5	2	2.5	3	4	5	6	7	≥8
x	0.34	0.36	0.38	0.39	0.4	0.42	0.44	0.46	0.48	0.5

二、弯曲件展开尺寸的计算

弯曲件的形状、弯曲半径大小及弯曲的方法等不同，其毛坯展开尺寸的计算方法也不相同。弯曲件展开尺寸的计算有以下几种。

1. 圆角半径 $r/t > 0.5$ 的弯曲件

这类弯曲件的变薄不严重，其毛坯的展开长度可以根据弯曲前后中性层长度不变的原则进行计算，毛坯的长度等于弯曲件直线部分与弯曲部分中性层展开长度的总和，如图 5—19 所示。

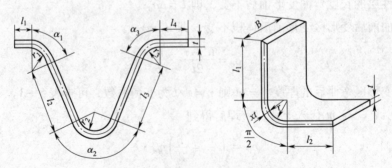

图 5—19   圆角半径 $r/t > 0.5$ 的弯曲件

$$L_0 = \sum l_{直线} + \sum l_{圆弧}$$

式中　L_0——弯曲件毛坯展开长度，mm；

　　　$l_{直线}$——直线部分各段长度，mm；

　　　$l_{圆弧}$——圆弧部分各段长度，mm。

$$l_{圆弧} = \frac{2\pi\rho}{360} = \frac{\pi\alpha}{180}(r + xt)$$

式中　α——弯曲带中心角，°。

2. 圆角半径 $r/t < 0.5$ 的弯曲件

这类弯曲件的毛坯展开长度一般根据弯曲前后体积相等的原则，并考虑弯曲材料变薄的情况进行计算。

如图5—20所示，当弯曲角为90°时，弯曲前的体积：

$$V = LBt$$

弯曲后的体积：

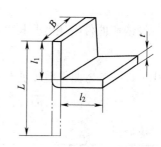

$$V' = (l_1 + l_2)Bt + \frac{\pi t^2}{4}B$$

由 $V = V'$ 可得：

$$L = l_1 + l_2 + 0.785t$$

由于弯曲变形时，不仅在毛坯的圆角变形区产生变薄，而且与其相邻的两直边部分也相应变薄，因此对上述公式进行修正：

图5—20　圆角半径 $r/t < 0.5$ 的弯曲件

$$L = l_1 + l_2 + x't$$

式中，x' 为系数，一般取 $0.4 \sim 0.6$。

用上述公式计算出来的毛坯展开长度仅仅是一个参考值，与实际所需的长度有一定的误差。因为上述公式中有很多影响弯曲变形的因素，如材料性能、模具结构、弯曲方式等，都没有考虑。所以只能用于形状简单、弯曲个数少和尺寸公差要求不高的弯曲件。对于形状复杂、弯角较多及尺寸公差较小的弯曲件，应先用上述公式进行初步计算，确定试弯坯料，待试模合格后再确定准确的毛坯长度。

3. 铰链式弯曲件

铰链式弯曲件和一般弯曲件有所不同，铰弯曲常用推卷的方法成形。在弯曲卷圆的过程中材料除了弯曲以外还受到挤压作用，板料不是变薄而是增厚了，中性层将向外移动，因此其中性层位移系数 $K \geqslant 0.5$（K 值见表5—5）。如图5—21所示为铰链中性层的示意图，如图5—22所示为常见的铰链弯曲件。

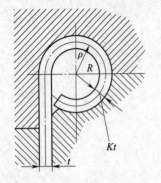

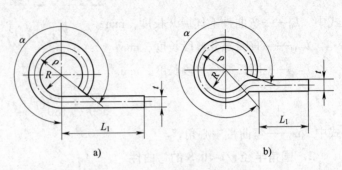

图 5—21 铰链中性层位置示意图　　　　图 5—22　常见的铰链弯曲件

a）a 型　b）b 型

铰链弯曲件毛坯展开长度的计算可采用以下经验公式：

$$L_0 = L_1 + 5.7R + 4.7Kt$$

式中　　L_0——弯曲件毛坯展开长度，mm；

L_1——铰链直边部分长度，mm。

表 5—5　　　　　　　　　　铰链卷圆的中性层位移系数 K

R/t	0.5 ~ 0.6	0.6 ~ 0.8	0.8 ~ 1	1 ~ 1.2	1.2 ~ 1.5
K	0.76	0.73	0.7	0.67	0.64
R/t	1.5 ~ 1.8	1.8 ~ 2	2 ~ 2.2	> 2.2	
K	0.61	0.58	0.54	0.5	

　　一般的板料弯曲绝大部分属于宽板弯曲，沿宽度方向的应变 $\varepsilon_B \approx 0$。根据变形区弯曲变形前后体积不变的条件，板厚减薄的结果必然使板料长度增加。相对弯曲半径 R/t 越小，板厚变薄量越大，板料长度增加越大。因此对于相对弯曲半径 R/t 较小的弯曲件，必须考虑弯曲后材料的增长。此外，还有许多因素影响了弯曲件的展开尺寸，例如，材料的性能、凸模与凹模的间隙、凹模圆角半径、凹模深度、模具工作部分的表面粗糙度等，变形速度、润滑条件等也有一定影响。因此按以上方法计算得到的毛坯展开尺寸，仅适用于一般形状简单、尺寸精度要求不高的弯曲件。

　　对于形状复杂而且精度要求较高的弯曲件，计算所得结果和实际情况常常会有出入，必须经过多次试模修正，才能得出正确的毛坯展开尺寸。可以先制作弯曲模具，初定毛坯裁剪试样，经试弯修正并将尺寸修正正确后再制作落料模。

【例5—1】 计算图5—23所示弯曲件的坯料展开长度。

解：零件的相对弯曲半径 $r/t > 0.5$，故坯料展开长度公式为

$$L_z = 2(l_{直1} + l_{直2} + l_{弯1} + l_{弯2})$$

$R4$ 圆角处，$r/t = 2$，查表5—3，$x = 0.38$；

$R6$ 圆角处，$r/t = 3$，查表5—3，$x = 0.40$。故

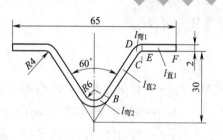

图5—23 V形支架

$$l_{直1} = EF = [32.5 - (30 \times \tan30° + 4 \times \tan30°)] = 12.87 \text{（mm）}$$

$$l_{直2} = BC = [30/\cos30° - (8 \times \tan60° + 4 \times \tan30°)] = 18.47 \text{（mm）}$$

$$l_{弯1} = \pi \times 60/180 (4 + 0.38 \times 2) = 4.98 \text{（mm）}$$

$$l_{弯2} = \pi \times 60/180 (6 + 0.40 \times 2) = 7.12 \text{（mm）}$$

则坯料展开长度 $L_z = 2 \times (12.87 + 18.47 + 4.98 + 7.12) = 86.88 \text{（mm）}$

第3节　弯曲力的计算

 学习目标

掌握弯曲力的计算及弯曲时压力机标称压力的选择。

 知识要求

弯曲力是指工件完成预定弯曲时需要压力机所施加的压力。计算弯曲力是作为选择压力机和模具设计的依据。影响弯曲力的因素很多，如材料的性能、工件的形状尺寸、材料厚度、弯曲方式、模具结构等。此外，模具间隙和模具的工作表面质量也会影响弯曲力的大小。因此，理论分析的方法很难精确计算弯曲力。在实际生产中，通常根据板料的机械性能、厚度和宽度，按照经验公式来计算弯曲力。

一、自由弯曲的弯曲力

V形件弯曲力：

$$F_{自} = \frac{0.6KBt^2\sigma_B}{r + t}$$

U形件弯曲力：

$$F_{自} = \frac{0.7KBt^2\sigma_B}{r + t}$$

式中　$F_{自}$——自由弯曲在冲压行程结束时的弯曲力，N；

　　　b——弯曲件的宽度，mm；

　　　r——弯曲件的内弯曲半径，mm；

　　　t——弯曲件材料厚度，mm；

　　　σ_b——材料的抗拉强度，MPa；

　　　K——安全系数，一般取 $K = 1.3$；

二、校正弯曲的弯曲力

校正弯曲是在自由弯曲阶段后，进一步对贴合于凸、凹模表面的弯曲件进行挤压，其弯曲力比自由弯曲力大得多。由于两个力并非同时存在，校正弯曲时只需计算校正弯曲力即可。

$$F_{校} = qA$$

式中　$F_{校}$——校正弯曲力，N；

　　　A——校正部分在垂直于凸模运动方向上的投影面积，mm^2；

　　　q——单位面积校正力，MPa，其值查表5—6。

表5—6　　　　　　　　　　单位面积上的校正力 q 的值　　　　　　　　　　MPa

材料	材料厚度 t/mm			
	<1	1~3	3~6	6~10
铝	15~20	20~30	30~40	40~50
黄铜	20~30	30~40	40~60	60~80
10、20钢	30~40	40~60	60~80	80~100
25、30钢	40~50	50~70	70~100	100~120

必须指出，在一般机械压力机上，校正模深浅（即压力机闭合高度的调整）和工件厚度的微小变化会极大地影响校正力的数值。

三、顶件力或压料力

对设置顶件或压料装置的弯曲模，顶件力或压料力可近似取自由弯曲力的30%～80%，即

$$F_{顶(压)} = (0.3 \sim 0.8)F_自$$

压力机公称压力的确定如下。

自由弯曲时，总的工艺力为

$$F_总 \geq F_自 + F_{顶(压)}$$

校正弯曲时，由于校正弯曲力远大于自由弯曲力、顶件力和压料力，因此，$F_自$ 和 $F_{顶(压)}$ 可以忽略不计，即 $F_总 \geq F_校$。

一般情况下，压力机的公称压力应大于冲压总工艺力的 1.3 倍，因此，取压力机的压力为 $F_{压机} \geq 1.3 F_总$。

第 4 节 弯 曲 件 的 工 艺 性

 学习目标

本节内容为弯曲件的工艺性分析，其中对弯曲件的材料、弯曲件的结构及精度做了详细的讲解。重点掌握弯曲件的结构及精度的相关知识。

 知识要求

设计弯曲件时，在满足使用要求的同时要考虑工艺上的可能性和合理性。

一、弯曲件的结构

1. 最小弯曲半径

弯曲件的最大弯曲圆角半径可以不加限制，只要措施得当，控制其回弹量，最终可以弯出所需的制件。但最小弯曲圆角半径是有限制的，小于其限制时工件弯曲变形区外侧将出现破裂——弯裂。最小弯曲圆角半径的确定可参考表 5—1。

当弯曲件的弯曲圆角半径必须小于最小弯曲圆角半径时，可采取以下工艺措施来解决：

（1）采用加热弯曲或两次弯曲。第一次采用较大的弯曲件半径，经中间退火后第二次再弯至要求的半径尺寸。

（2）若板料厚度在 1 mm 以下的薄料工件要求弯曲内侧倾角时，可采取改变结构，压出圆角凸肩的方法，如图 5—24 所示。

（3）对于板料较厚的弯曲件，可以采用预先沿弯曲变形区开槽，然后再弯曲的方法，如图5—25所示。

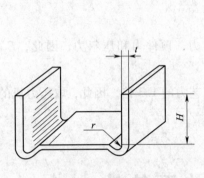

图5—24　压圆角凸肩

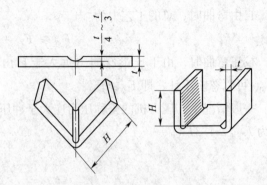

图5—25　开槽后弯曲

2. 弯曲件的直边高度

在进行直角弯曲时，如果弯曲的直立部分过小，将产生不规则形状或称为稳定性不好。为了避免这种情况，应该使直立的高度 $H \geqslant 2t$，如图5—26所示。若要求 $H < 2t$ 时，则先开槽后弯曲（见图5—25）或加高直边，弯曲后切除。

如果弯曲件侧面带有斜边，让斜边进入弯曲变形区是不合理的，将使斜边弯曲部分扩张变形。采取增添侧面直边的方法或改变弯曲件的结构来改变这一情况，如图5—27所示。

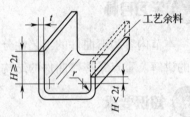

图5—26　弯曲件的直边高度

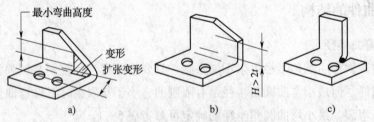

图5—27　侧面为斜边的弯曲件

3. 弯曲件的孔边距

对于带孔的弯曲件，若预先冲好的孔位于弯曲变形区附近，由于弯曲过程中材料的塑性流动，会使原有的孔变形。所以孔的位置应处于弯曲变形区外，如图5—28所示。孔边至弯曲半径 r 中心的距离 L 与材料的厚度有关，一般应满足：$t < 2$ mm 时，$L \geqslant t$；当 $t \geqslant 2$ mm 时，$L \geqslant 2t$。

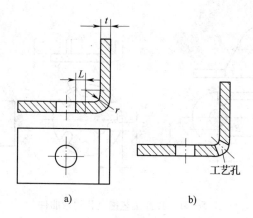

图5—28　弯曲件的孔边距

　　若弯曲件不能满足上述要求时，则可以先弯曲后冲孔。如果工件的结构允许，可以采取冲凸缘缺口或月牙形槽，如图5—29a、b所示。此外，还可以采用在弯曲变形区预先冲出工艺孔的方法，如图5—29c所示，由工艺孔来吸收弯曲变形应力，以转移变形范围，即使工艺孔变形，仍能保持所需要的孔不产生变形。

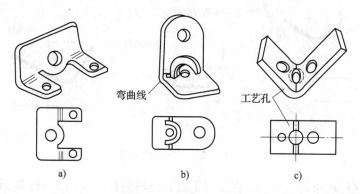

图5—29　防止孔变形的措施

4. 增加工艺缺口、槽和工艺孔

　　为了提高弯曲件的尺寸精度，对于弯曲时圆角变形区侧面可能产生畸变的弯曲件，可以预先在折弯线的两端切出工艺缺口或槽，以避免畸变对弯曲件宽度尺寸的影响，如图5—30所示。

　　当工件局部边缘部分需要弯曲时，为防止弯曲部分受力不均匀而产生变形和裂纹，应预先切槽或冲孔工艺，如图5—31所示。

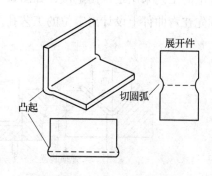

图5—30　弯曲畸变的消除方法

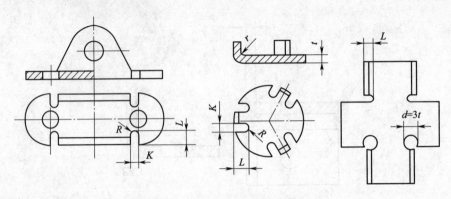

图5—31 预冲工艺槽、孔的弯曲件

5. 弯曲件的几何形状

如果弯曲件的形状不对称或左右弯曲半径不一致，板料弯曲时将会因摩擦阻力不均匀而产生偏移，图5—32a为毛坯形状不对称引起的偏移；图5—32b为工件结构不对称引起的偏移；图5—32c为凹模两边角度不对称引起的偏移。

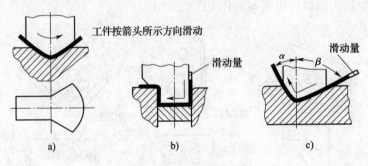

图5—32 弯曲时的偏移

为了防止这种现象的产生，应在模具上设置压料装置，如图5—33所示，或利用弯曲件上的工艺采用定位销定位，如图5—34所示。对于形状复杂或需多次弯曲的工件，也应预先在弯曲件上设计出定位的工艺孔。

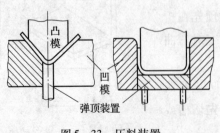

图5—33 压料装置

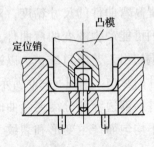

图5—34 定位销定位

带有缺口的弯曲件，若先冲缺口再弯曲会出现叉口现象，甚至无法成形。因此，应先留下缺口部分作为连接带，弯曲以后再切除，如图5—35所示。

带有切口弯曲的工件，弯曲部分一般应做成梯形以便出模具。也可以先冲出周边槽孔，然后弯曲成形，如图5—36所示。

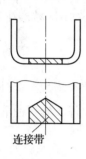

连接带

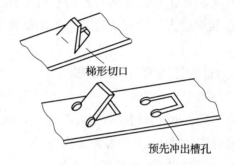

梯形切口

预先冲出槽孔

图5—35　带有缺口的弯曲件　　　　　图5—36　切口弯曲件的形状

二、弯曲件的精度

1. 弯曲件的精度要求

在冷冲压生产中，弯曲零件占据很大数量。弯曲零件有 V 形、U 形、Z 形以及其他复杂的形状，对其形状及精度的要求如下：

（1）弯曲件各部分尺寸及弯角、直线部位应具有一定的准确性。

（2）弯曲件孔的中心距与孔及基准面的距离应准确，符合要求。

（3）弯曲后的零件不应有翘曲及扭转现象。

（4）弯曲件弯曲后应保证有一定的弯曲角，应减少回弹现象。

（5）弯曲件弯曲后应表面光洁，无明显划痕。

2. 影响弯曲件精度的因素

在实际生产中，影响弯曲件精度的因素很多，主要有：

（1）模具对弯曲件精度的影响

通常弯曲工件的形状和尺寸取决于模具工作部分的尺寸精度，模具制造的精度越高，装配越准确，获得工件的尺寸精度也越高。

此外，模具的结构对弯曲工件有很大影响。一般来说，有导向机构的弯曲模比无导向机构的弯曲模在弯曲工件时形状与尺寸要精确得多，并且模具的压料装置和定位装置的可靠及稳定性，对工件的尺寸精度都有较大影响。

（2）材料对弯曲件精度的影响

被弯曲材料对弯曲件精度的影响主要体现在两个方面：一是材料的力学性能，成分分布不均，则对于同一板料所弯曲的工件由于应力及回弹值不同，工件的形状及尺寸也不同，会造成一定的尺寸偏差；二是材料的厚度不均，即使采用同一弯曲模进行弯曲，所得到的工件尺寸与形状也有所差异，厚度大的，弯曲时阻力大、回弹小，厚度小的，回弹就大，形状及尺寸均不准确而影响工件的精度，并且易产生翘曲及扭弯现象。

（3）弯曲工艺顺序对精度的影响

弯曲件的工序增多时，出于各工序的偏差所引起的累积误差会增大。此外，工序前后安排顺序不同，也会对精度有很大影响。例如，对于有孔的弯曲件，先弯曲后冲孔的精度比先冲孔后弯曲时孔的位置精度要高得多。

（4）工艺操作对弯曲件精度的影响

冲模的安装、调整及熟练程度对工件精度高低有影响。如果安装不准确，不仅使工件质量降低。而且会造成很多废品。另外，操作时送料的准确性及坯料定位的准确程度，都会对工件形状及尺寸精度产生影响。

（5）工件形状及尺寸精度的影响

形状不对称和外形尺寸较大的弯曲件弯曲的偏差会明显增大。

（6）压力机对工件精度的影响

在弯曲时，由于压力机吨位大小、工作速度等不同，都会使弯曲尺寸发生变化。此外，压力机本身精度不佳或压力机中心与模具压力中心不一致时，也会造成形状和尺寸的偏差。

总之，弯曲件的精度与板料力学性能、板料厚度、坯料定位、弯曲件本身形状、回弹、弯曲工序数目等因素有关。

一般弯曲件的经济精度在 IT13 级以下，角度公差大于 15′。长度的未注公差尺寸的极限偏差见表 5—7，弯曲件角度的自由公差见表 5—8。

表 5—7　　　　　　　　弯曲件未注公差尺寸的极限偏差　　　　　　　　　mm

长度尺寸 l		3~6	6~18	18~50	50~120	120~260	260~500
材料厚度 t	≤2	±0.3	±0.4	±0.4	±0.8	±1.0	±1.5
	2~4	±0.4	±0.6	±0.8	±1.2	±1.5	±2.0
	>4	—	±0.8	±1.0	±1.5	±2.0	±2.5

表5—8   弯曲件角度的自由公差

l/mm	≤6	6~10	10~18	18~30	30~50
$\Delta\beta$	±3°	±2°30′	±2°	±1°30′	±1°15′
l/mm	50~80	80~120	120~180	180~260	260~360
$\Delta\beta$	±1°	±50′	±40′	±30′	±25′

三、弯曲件的材料

如果弯曲件的材料具有足够的塑性，屈强比（σ_s/σ_b）小，屈服点与弹性模量的比值（σ_s/E）小，则有利于弯曲成形和工件质量的提高。软钢、黄铜和铝等材料的弯曲成形性能好。而脆性较大的材料，如磷青铜、铍青铜、弹簧等，最小相对弯曲半径 r_{min}/t 大，回弹大，不利于成形。

第 5 节   弯曲件的工序安排

 学习目标

本节主要内容为弯曲件的工序安排。

 知识要求

一、弯曲件工序安排的原则

弯曲件的弯曲次数和工序安排必须根据工件形状的复杂程度、弯曲材料的性质、尺寸精度要求的高低及生产批量的大小等因素综合进行考虑。合理地安排弯曲工序可以简化模具结构、便于操作定位、减少弯曲次数、提高工件的质量和劳动生产率。一般形状较复杂的弯曲件需多次弯曲才能成形，在确定工序安排和模具结构时应反复比较，才能制订出合理的成形工序方案。

弯曲件的工序安排可以遵循以下方法：

1. 尽量使毛坯或半成品的定位可靠、卸件方便，必要时可增设工艺定位。

2. 应避免材料在弯曲过程中弯薄或弯曲变形区发生畸变。

3. 对于试模后修正工作部位的几何形状和减少回弹。

4. 对形状和尺寸要精确的弯曲件，应利用过弯曲和较早弯曲来控制回弹。

5. 对多角弯曲件，因变形会影响弯曲件的形状精度，故一般应先弯外角，后弯内角。前次弯曲要给后次弯曲留出可靠的定位，并保证后次弯曲不破坏前次已弯曲的形状。制件上的高精度尺寸应安排在后面工序来定成。

6. 对于过小的内弯半径，为防止弯曲件出现裂口，可适当增加弯曲工序次数，通过逐次递减凸模圆角半径以减小弯曲变形程度，确保弯曲件质量。

7. 在考虑排样方案时，应使弯曲线与板料轧纹方向垂直（尤其内弯半径小时）。若工件具有多个不同的弯曲线时，最好使各弯曲线和轧纹方向均保持一定角度。

8. 对于批量大而尺寸较小的弯曲件（如电子产品中的元器件），为了提高生产效率和产品质量，可以采用多工位级进冲压的工艺方法，即在一副模具上安排冲裁、弯曲、切断等多道工序连续地进行冲压成形。

9. 某些结构不对称的弯曲件，弯曲时毛坯容易发生偏移，可以采取工件成对弯曲成形，弯曲后再切开的方法，这样既防止了偏移也改善了模具的受力状态，如图5—37所示。

如果弯曲件上孔的位置会受弯曲过程的影响，而且孔的精度要求较高时，该孔应在弯曲后再冲孔，否则孔的位置精度无法保证，如图5—38所示。

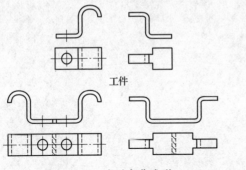

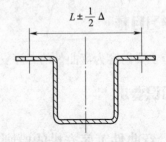

图5—37　成对弯曲成形　　　　　　图5—38　弯曲件的空位精度

对于某些尺寸小、材料薄、形状较复杂的弹性接触件，最好采用一次复合弯曲成形较为有利，如采用多次弯曲，则定位不易准确，操作不方便，同时材料经过多次弯曲而易失去弹性。

经济上要合理。批量小、精度低的弯曲件，可用几个单工序模来完成。反之，要用结构比较复杂的复合模或连续模来完成。

二、弯曲件工序安排实例

图5—39至图5—42为一次弯曲、二次弯曲、三次弯曲及多次弯曲成形工件的例子，可供制定弯曲件工艺过程时参考。

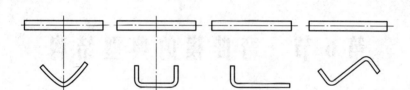

图 5—39　一道工序弯曲成形

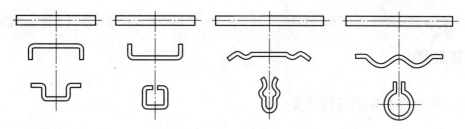

图 5—40　两道工序弯曲成形

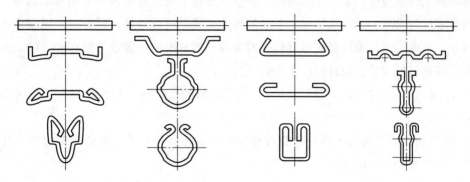

图 5—41　三道工序弯曲成形

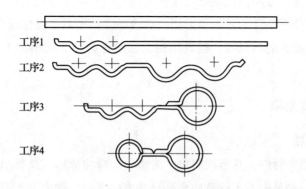

图 5—42　多道工序弯曲成形

第6节 弯曲模的典型结构

 学习目标

本节内容涉及弯曲模设计时的要点，对常见的一些典型弯曲模结构进行了详细的讲解。

 知识要求

一、弯曲模的分类与设计要点

由于弯曲件的种类很多，形状繁简不一，因此弯曲模的结构类型也是多种多样的。常见的弯曲模结构类型有：单工序弯曲模、级进弯曲模、复合弯曲模和通用弯曲模等。简单的弯曲模工作时只有一个垂直运动，复杂的弯曲模除垂直运动外，还有一个或多个水平动作。因此，弯曲模设计难以做到标准化，通常参照冲裁模的一般设计要求和方法，并针对弯曲变形特点进行设计。设计时应考虑以下要点：

1. 坯料的定位要准确、可靠，尽可能采用坯料的孔定位，防止坯料在变形过程中发生偏移。

2. 模具结构不应妨碍坯料在弯曲过程中应有的转动和移动，避免弯曲过程中坯料产生过度变薄和断面发生畸变。

3. 模具结构应能保证弯曲时上、下模之间水平方向的错移力得到平衡。

4. 为了减小回弹，弯曲行程结束时应使弯曲件的变形部位在模具中得到校正。

5. 坯料的安放和弯曲件的取出要方便、迅速、生产率高、操作安全。

6. 弯曲回弹量较大的材料时，模具结构上必须考虑凸、凹模加工及试模时便于修正的可能性。

二、单工序弯曲模

1. V形件弯曲模

V形件即为单角弯曲件，其形状简单，能够一次弯曲成形。这类形状的弯曲件可用两种弯曲方法弯曲：一种是沿着工件弯曲角平分线方向弯曲，称为V形弯曲；另一种是垂直于工件一条边的方向弯曲，称为L形弯曲。V形件弯曲模的基本结构如图5—43所示。

由图 5—43 可知，凸模 3 装在标准槽形模柄 1 上，并用两个销钉 2 固定。凹模 5 通过螺钉和销钉直接固定在下模座上。顶杆 6 和弹簧 7 组成的顶件装置，工作行程起压料作用，可防止坯料偏移，回程时又可将弯曲件从凹模内顶出。弯曲时，坯料由定位板 4 定位，在凸、凹模作用下，一次便可将平板坯料弯曲成 V 形件。简易 V 形弯曲模的特点：结构简单、坯料容易偏移、零件精度不宜保证。

L 形弯曲模通常用于两直边相差较大的单角弯曲件，如图 5—44 所示。弯曲件的长边被夹紧在压料板 4 和凸模 1 之间，弯曲过程中另一边竖立向上弯曲。由于采用了定位销 3 定位和压料装置，压弯过程中工件不易偏移。但是，由于弯曲件竖边无法得到校正，因此工件存在回弹。图 5—45 为带有校正作用的 L 形件弯曲模。由于压弯时工件倾斜了一定角度，下压的校正力可以作用于原先的竖边，从而减少回弹。图 5—45 中 α 为倾斜角，板料较厚时取 10°，薄料时取 5°。

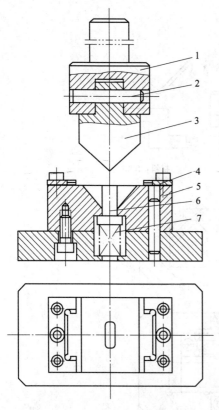

图 5—43　V 形件弯曲模

1—槽形模柄　2—销钉　3—凸模　4—定位板

5—凹模　6—顶杆　7—弹簧

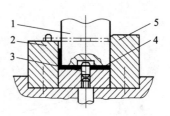

图 5—44　L 形弯曲模 1

1—凸模　2—凹模　3—定位销

4—压料板　5—挡块

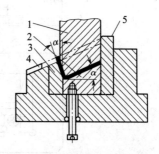

图 5—45　L 形弯曲模 2

1—凸模　2—压料板　3—凹模

4—定位板　5—挡块

对于精度要求较高、形状复杂、定位较困难的 V 形件可采用如图 5—46 所示的 V 形件折板式弯曲模。两块活动凹模 4 由铰链 8 连接，铰链的心轴 2 可沿支架 7 的长槽作上下滑动，定位板 9 固定在活动凹模上。弯曲前，顶杆 3 将心轴顶到最高位置，使两块活动凹模成一平面，平板坯料放在定位板上定位。工作时，在凸模 1 作用下，两块凹模将绕铰链心轴转动，而铰链心轴沿支架槽下滑，从而使坯料随活动凹模一起折弯成形。当凸模回程时，活动凹模借助顶杆 3 的作用复位并顶出弯曲件。在弯曲过程中，由于坯料始终与活动凹模和定位板接触，即使坯料形状不对称也不会产生相对滑动和偏移，因此弯曲件的精度和表面质量都较高。图中铰链心轴中心至凹模面的距离 s 影响凹模成 V 形时底部开口宽度 b 的大小，b 过大时弯边接触凹模的面积减小，将失去折板凹模的优越性。为了使全部直边都能与凹模接触，一般 s 值不能大于弯曲件的外弯曲半径，即 $s \leq r_0 + t$。这种弯曲模特别适用于有精确孔位的小零件、坯料不易放平稳的带窄条的零件以及没有足够压料面的零件。

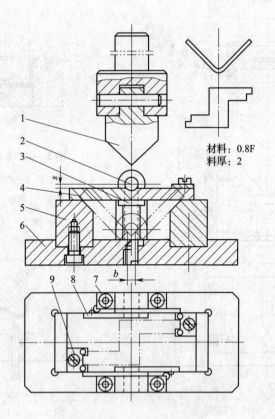

材料：0.8F
料厚：2

图 5—46 V 形件折板式弯曲模

1—凸模 2—心轴 3—顶杆 4—活动凹模 5—支撑板 6—下模座 7—支架 8—铰链 9—定位板

2. U形件弯曲模

如图5—47所示为上出件U形弯曲模,坯料用定位板4和定位销2定位,凸模1下压时将坯料及顶板3同时压下,待坯料在凹模5内成形后,凸模回升,弯曲后的零件就在弹顶器(图中未画出)的作用下,通过顶杆和顶板顶出,完成弯曲工作。该模具的主要特点是在凹模内设置了顶件装置,弯曲时顶板能始终压紧坯料,因此弯曲件底部平整。同时顶板上还装有定位销2,可利用坯料上的孔(或工艺孔)定位,即使U形件两直边高度不同,也能保证弯边高度尺寸。因有定位销定位,定位板可不作精确定位。如果要进行校正弯曲,顶板可接触下模座作为凹模底来用。

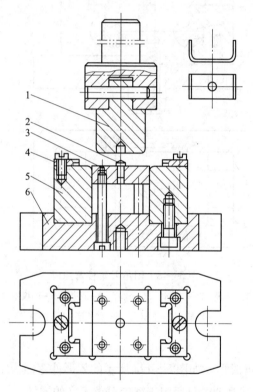

图5—47 上出件U形弯曲模

1—凸模 2—定位销 3—顶板 4—定位板 5—凹模 6—下模座

如图5—48所示为弯曲角小于90°的闭角U形件弯曲模,在凹模4内安装有一对可转动的凹模镶件5,其缺口与弯曲件外形相适应。凹模镶件受拉簧6和止动销的作用,非工作状态下总是处于图示位置。模具工作时,坯料在凹模4和定位销2上定位,随着凸模的下压,坯料先在凹模4内弯曲成夹角为90°的U形过渡件,当工件底部接触到凹模镶件5后,凹模镶件5就会转动而使工件最后成形。凸模回程时,带动凹模镶件5反转,并在拉簧作用下保持复位状态。同时顶杆 3 配合凸模 1 一起将弯曲件顶出凹模，最后将弯曲件由垂直于图面方向从凸模上取下。

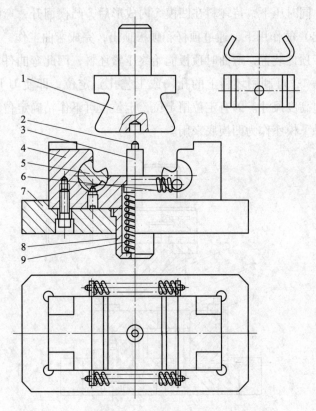

图 5—48　闭角 U 形件弯曲模

1—凸模　2—定位销　3—顶杆　4—凹模　5—凹模镶件

6—拉簧　7—下模座　8—弹簧座　9—弹簧

3. Z 形件弯曲模

Z 形件一次弯曲即可成形。如图 5—49a 所示的 Z 形件弯曲模结构简单，但由于没有压料装置，弯曲时坯料容易滑动，只适用于精度要求不高的零件。

图 5—49b 所示的 Z 形件弯曲模设置了顶板 1 和定位销 2，能有效防止坯料的偏移。反侧压块 3 的作用是平衡上、下模之间水平方向的错移力，同时也为顶板导向，防止其窜动。

图 5—49c 所示的 Z 形件弯曲模，弯曲前活动凸模 10 在橡皮 8 的作用下与凸模 4 端面平齐。弯曲时活动凸模与顶板 1 将坯料压紧，并由于橡皮的弹力较大，推动顶板下移使坯料左端弯曲。当顶板接触下模座 11 后，橡皮 8 压缩，则凸模 4 相对于活动凸模 10 下移，将坯料右端弯曲成形。当压块 7 与上模座 6 相碰时，整个弯曲件得到校正。

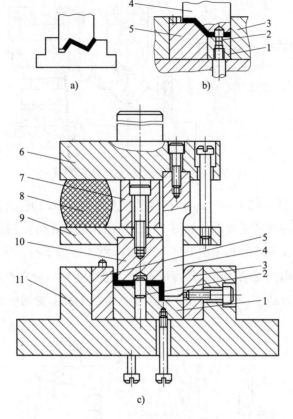

图 5—49　Z 形件弯曲模

1—顶板　2—定位销　3—反侧压块　4—凸模　5—凹模　6—上模座
7—压块　8—橡皮　9—凸模托板　10—活动凸模　11—下模座

4. 圆筒形件弯曲模

圆筒形件弯曲的方法，可分为三类：

（1）对于圆筒直径 $d < 5$ mm 的小圆筒形件，一般先将毛坯弯成 U 形，然后再弯成圆筒形。其模具结构，如图 5—50 所示。

（2）对于圆筒直径 $d > 20$ mm 的大圆筒形件，一般先将毛坯弯成波浪形，然后再弯成圆筒形。其模具结构，如图 5—51 所示。波浪形状由中心的三等分圆弧组成，首次弯曲的波浪形状尺寸必须经过试验修正。

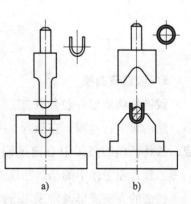

图 5—50　小圆筒件弯曲模

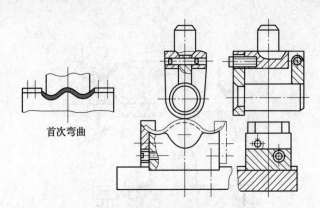

图 5—51　较大圆筒形件弯曲模

（3）对于圆筒直径 $d = 10 \sim 40$ mm、材料厚度大约为 1 mm 的圆筒形件，可以采用摆动式凹模结构的弯曲模一次弯曲成形，如图 5—52 所示。毛坯先由两侧定位板及凹模 1 的上端定位，弯曲时凸模 3 先将坯料压成 U 形，然后凸模 3 继续下行，下压凹模块 1 的底部，使凹模块 1 绕销轴 2 向内摆动，将工件弯成圆形。弯曲结束后向右推开支撑 4，将工件从凸模 3 上取下。这种方法生产效率较高，但由于筒形件上部未受到校正，因而回弹较大。

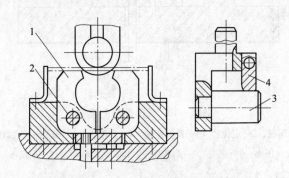

图 5—52　圆筒形件一次弯曲成形模具
1—凹模块　2—销轴　3—凸模　4—支撑

5. 铰链弯曲模

铰链弯曲成形一般分两道工序进行，先将平直的毛坯端部预弯成圆弧，如图 5—53 所示，然后再进行卷圆。在预弯工序中，由于弯曲端部的圆弧（$\alpha = 70° \sim 80°$）一般不易形成，故将凹模的圆弧中心向里偏移 l 距离，使端部材料挤压成形。偏移量 l 的值可查表 5—9。预弯曲工序中的凸、凹模成形尺寸，如图 5—53b 所示。

铰链的卷圆成形通常采用推圆的方法，由于铰链卷圆件的回弹随相对弯曲半径比值增加，所以卷圆成形时的凹模尺寸应比铰链的外径小 $0.2 \sim 0.5$ mm。

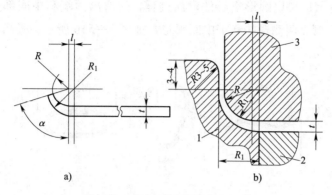

图 5—53 预弯工序中的成形尺寸

1—凹模 2—顶板 3—凸模

料厚 t	1	1.5	2	2.5	3	3.5	4	4.5	5	5.5	6
偏移量 l	0.3	0.35	0.4	0.45	0.48	0.5	0.52	0.60	0.60	0.65	0.65

表 5—9 偏移量 l 的值 mm

图 5—54 所示为铰链弯曲卷圆模。预弯曲模如图 5—54a 所示，卷圆的原理通常是采用推圆法。图 5—54b 所示为直立式铰链弯曲卷圆模的结构，适用于材料较厚而且长度较短的铰链，结构较简单，制作容易。图 5—54c 所示为卧式铰链弯曲卷圆模的结构，利用斜楔 1 推动卷圆凹模 2 在水平方向进行弯曲卷圆，凸模 3 同时兼做压料部件。这种模具结构较复杂，但工件的质量较好。

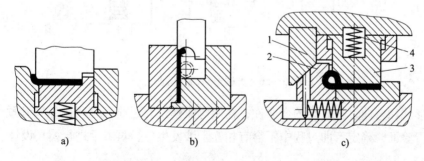

图 5—54 铰链弯曲卷圆模

1—斜楔 2—凹模 3—凸模 4—弹簧

6. 封闭件弯曲模

封闭件是指板料几经弯曲后，两端在一处对合闭死的空心弯曲件，如圆环、夹箍等都是典型的管形封闭件。

如图 5—55 所示是一扁圆形空心件弯曲过程，先弯出两端和中间部分的弧形，如图 5—55a 所示；然后弯直两侧臂并修正中间弧形，如图 5—55b 所示；最后压合成要求的零件，如图 5—55c 所示。

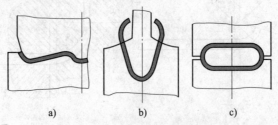

a)   b)   c)

图 5—55　扁圆形空心件弯曲过程

如图 5—56 所示是一方框形空心件弯曲过程，先压出相当方框半个边长的两端，如图 5—56a 所示；然后对称弯曲出方框底部的两个角，如图 5—56b 所示。由于对方框成形轮廓质量要求较高，弯角圆角半径极小，而且入模深度相对较大，所以在模具中设有弹顶器；最后将上边两半压合，同时压出上方两角轮廓，如图 5—56c 所示，为保护工件表面质量和出件方便，模具中设置斜楔形顶件器。

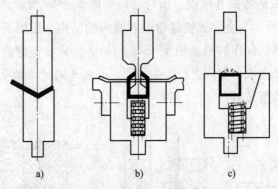

a)   b)   c)

图 5—56　方框形空心件弯曲过程

对于形状和弯曲过程复杂的弯曲件，在做弯曲模设计之前，宜利用金属丝预弯或作图等手段进行验证，确定弯曲过程中不会有相互干涉发生后，再着手进行模具设计。

三、级进模

对于批量大、尺寸小的弯曲件，为了提高生产效率和安全性，保证零件质量，可以采用级进弯曲模进行多工位的冲裁、弯曲、切断等工艺成形。

如图 5—57 所示为同时进行冲孔、切断和弯曲的级进模。条料以导料板导向并从刚性卸料板下面送至挡块右侧定位。上模下行时，条料被凸凹模切断并随即将所切断的坯料压弯成形，与此同时冲孔凸模在条料上冲出孔。上模回程时卸料板卸下条料，顶件销则在弹簧的作用下推出工件，获得侧壁带孔的 U 形弯曲件。

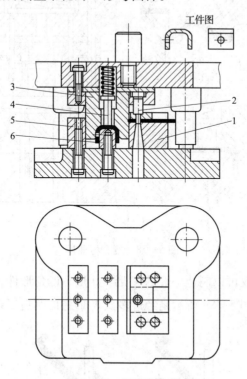

图 5—57　级进弯曲模

1—冲孔凹模　2—冲孔凸模　3—凸凹模　4—顶件销　5—挡块　6—弯曲凸模

四、复合弯曲模

对于尺寸不大的弯曲件，还可以采用复合模，即在压力机一次行程内，在模具同一位置上完成落料、弯曲、冲孔等不同的工序。

图 5—58a、b 是切断、弯曲复合模结构简图。图 5—58c 是落料、弯曲、冲孔复合模，模具结构紧凑，工件精度高，但凸凹模修磨困难。

五、通用弯曲模

对于小批量生产或试制生产的零件，因为生产量少、品种多且形状尺寸经常改变，所以在大多数情况下，不宜使用专用弯曲模。如果用手工加工，不仅会影响零件的加工精度，增加劳动强度，而且延长了产品的制作周期，增加了产品的生产成本。解决这一问题的有效途径是采用通用弯曲模。

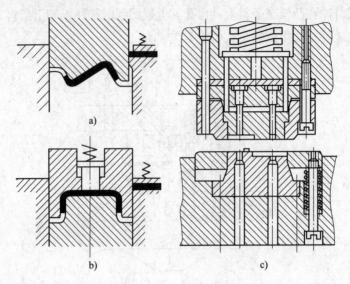

图5—58 复合弯曲模

采用通用弯曲模不仅可以制造一般的V形、U形、四角形件，还可以制造精度要求不高的复杂形状的零件，图5—59所示是经过多次V形弯曲制造复杂零件的例子。

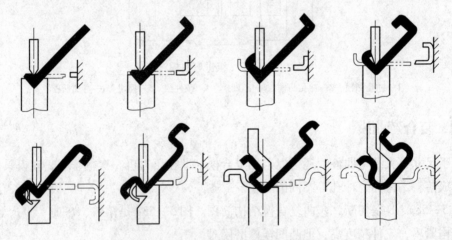

图5—59 多次V形弯曲制造复杂零件

图5—60所示是折弯机上用的通用弯曲模。凹模4个面上分别制出适应于弯制零件的几种槽口。凸模有直臂式和曲臂式两种，工件圆角半径制成几种尺寸，以便按工件需要更换。

如图5—61所示为通用V形弯曲模。凹模由两块组成，它具有4个工作面，以供弯曲多种角度用。凸模按工件弯曲角和圆角半径大小更换。

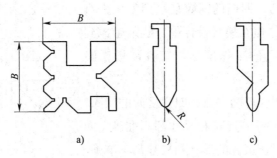

图 5—60　折弯机用弯曲模的端面形状

a）通用凹模　b）直臂式凸模　c）曲臂式凸模

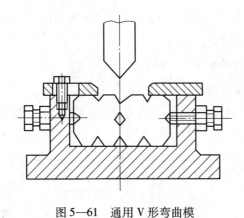

图 5—61　通用 V 形弯曲模

第 7 节　弯曲模工作零件的设计

学习目标

本节内容为弯曲模工作零件的设计，重点掌握凸模、凹模设计相关尺寸计算。

知识要求

一、凸、凹模的间隙

弯曲模凸模、凹模之间的间隙指的是单边间隙，用 $Z/2$ 来表示，如图 5—62 所示。

V 形件弯曲时，凸、凹模的间隙是靠调整压力机的闭合高度来控制的。但在模具设计中，必须考虑到要使模具闭合时，模具的工作部分与工件能紧密贴合，以保证弯曲质量。

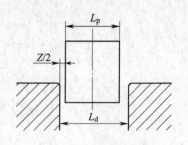

图 5—62　弯曲模间隙

U 形件弯曲时必须合理确定凸、凹模之间的间隙，间隙过大则回弹大，工件的形状和尺寸都不准确。间隙过小会加大弯曲力，使工件的形状和尺寸都不准确。同时，间隙过小也会使工件厚度减薄，增加摩擦，擦伤工件并减低模具的寿命。

U 形件凸、凹模的间隙一般可按下式进行计算：

$$Z/2 = t_{max} + kt = t + \Delta + kt$$

式中　$Z/2$——凸、凹模的间隙，mm；

　　　t——板料厚度的基本尺寸，mm；

　　　Δ——板料厚度的正偏差，mm；

　　　k——根据弯曲件的高度和宽度而决定的间隙系数，其值可查表 5—10。

表 5—10　　　　　　　　　　　间隙系数 k

弯曲件高度 H/mm	弯曲件宽度 $B \leqslant 2H$				弯曲件宽度 $B > 2H$				
	材料厚度 t/mm								
	<0.5	0.6~2	2.1~4	4.1~5	<0.5	0.6~2	2.1~4	4.1~7.5	7.6~12
10	0.05	0.05	0.04	—	0.10	0.10	0.08	—	—
20	0.05	0.05	0.04	0.03	0.10	0.10	0.08	0.06	0.06
35	0.07	0.05	0.04	0.03	0.15	0.10	0.08	0.06	0.06
50	0.10	0.07	0.05	0.04	0.20	0.15	0.10	0.06	0.06
70	0.10	0.07	0.05	0.05	0.20	0.15	0.10	0.06	0.08
100	—	0.07	0.05	0.05	—	0.15	0.10	0.10	0.08
150	—	0.07	0.05	0.05		0.20	0.15	0.10	0.10
200	—	0.10	0.07	0.07		0.20	0.15	0.15	0.10

二、凸模、凹模的设计

1. 凸模圆角半径 r_p

弯曲凸模圆角半径的确定与弯曲件的内侧弯曲半径及材料允许的最小弯曲半径有关。当弯曲件的相对弯曲半径 $r/t < 5 \sim 8$ 且不小于 r_{min}/t 时，凸模的圆角半径取等于弯曲件的圆

角半径，即 $r_p = r$。若 $r/t < r_{min}/t$，则应取 $r_p \geq r_{min}$，将弯曲件先弯成较大的圆角半径，然后采用整形工序进行整形，使其满足弯曲件圆角半径的要求。

当弯曲件的相对弯曲半径 $r/t \geq 10$ 时，由于弯曲件圆角半径的回弹较大，凸模的圆角半径应根据回弹值作相应的修正。

2. 凹模圆角半径 r_d

凹模入口处圆角半径 r_d 的大小对弯曲力及弯曲件的质量均有影响。过小的凹模圆角半径 r_d 会使弯矩的弯曲力臂减小，毛坯沿凹模圆角滑入时的阻力增大，弯曲力增加，并易使工件表面擦伤甚至出现压痕。

弯曲凹模的圆角半径 r_d 一般不应小于 3 mm，以免弯曲时毛坯表面出现裂痕。凹模两侧圆角半径 r_d 应保持一致，否则弯曲过程中毛坯会发生偏移。

在生产中，通常根据材料的厚度 t 选取凹模圆角半径：

当 $t \leq 2$ mm 时，$r_d =$（3 ~ 6）t；当 $t = 2 ~ 4$ mm 时，$r_d =$（2 ~ 3）t，当 $t > 4$ mm 时，$r_d = 2t$，如图 5—63 所示。

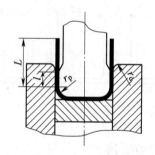
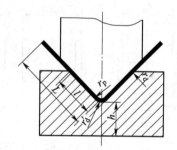

图 5—63　弯曲模工作部分尺寸

对于 V 形弯曲件的凹模，其底部圆角半径可依据弯曲变形区坯料变薄的特点取 $r'_d =$（0.6 ~ 0.8）（$r_p + t$），或者开退刀槽。

3. 凹模工作部分的深度 l

过小的凹模深度会使毛坯两边自由部分过大，造成弯曲件回弹量大，工件不平直；过大的凹模深度 l 增大了凹模的尺寸，浪费模具材料，并且需要大行程的压力机，因此模具设计中要保持适当的凹模深度 l。凹模圆角半径 r_d 及凹模深度 l，可按表 5—11 查取。

4. 凸、凹模宽度尺寸

计算弯曲件的尺寸标注时只能标注外形或内形尺寸，不可同时标注内、外形尺寸，如图 5—64 所示。

表 5—11　　　　　　　　　　　　弯曲凹模圆角半径及工作深度

材料厚度 t	<1		1~2		2~4		>4	
边长 L	l	r_d	l	r_d	l	r_d	l	r_d
10	6	3	10	3	10	4	—	—
20	8	3	12	4	15	5	20	8
35	12	4	15	5	20	6	25	8
50	15	5	20	6	25	8	30	10
75	20	6	25	8	30	10	35	12
100	—	—	30	10	35	12	40	15
150	—	—	35	12	40	15	50	20
200	—	—	45	15	55	20	65	25

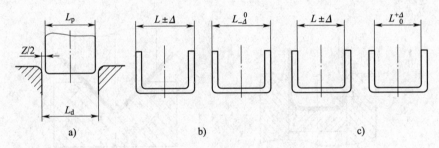

图 5—64　弯曲模及工件的尺寸标注

（1）弯曲件外形尺寸标注时应以凹模为基准件，先确定凹模的尺寸，然后再减去间隙确定凸模尺寸。

当弯曲件为双向对称偏差时，凹模尺寸为：

$$L_d = \left(L - \frac{1}{2}\Delta \right)_0^{+\delta_d}$$

当弯曲件为单向对称偏差时，凹模尺寸为：

$$L_d = \left(L - \frac{3}{4}\Delta \right)_0^{+\delta_d}$$

凸模尺寸为：

$$L_p = \left(L_p - Z \right)_{-\delta_p}^0$$

或者凸模尺寸按凹模尺寸配做，保证单边间隙值为 $Z/2$。

凹模、凸模的制作公差，选用 IT7~IT9 级精度。

（2）弯曲件内形尺寸标注时应以凸模为基准件，先确定凸模的尺寸，然后再增加间隙确定凹模尺寸。

当弯曲件为双向对称偏差时，凸模尺寸为：

$$L_p = \left(L + \frac{1}{2}\Delta \right)_{-\delta_p}^{0}$$

当弯曲件为单向对称偏差时，凸模尺寸为：

$$L_p = \left(L + \frac{3}{4}\Delta \right)_{-\delta_p}^{0}$$

凹模尺寸为：

$$L_d = (L - Z)_{0}^{+\delta_d}$$

或者凹模尺寸按凸模尺寸配做，保证单边间隙值为 $Z/2$。

三、弯曲模工作零件的制造

弯曲模零件的加工方法基本与冲裁模相同。一般都是根据零件的尺寸精度、形状复杂程度与表面粗糙程度要求及设备条件，按图样进行加工与制造。由于弯曲变形工艺的特殊性，弯曲模制造有如下特点：

1．制造精度

弯曲模工作部分形状比较复杂，几何形状、尺寸精度要求较高。在制造时，凸、凹模工作表面的曲线和折线需要用事先做好的样板或样条来控制，以保证制造精度。样板和样条的精度一般应为 ±0.05 mm。由于零件回弹的影响，加工出来的凸模与凹模的形状不可能与零件最后形状弯曲相同。因此必须要有一定的修正值。该值应根据操作者的实践经验并经反复试验后确定，并根据修正值来加工样板及样条。

2．回弹控制

弯曲凸、凹模的淬火、回火工序是在试模以后进行的，弯曲成形时，由于材料的弹塑性变形，使弯曲产生回弹。因此，在制造弯曲模时，必须要考虑材料的回弹值，以便使弯曲的零件符合图样所规定的要求。由于影响回弹的因素很多，要求设计得完全准确是不可能的。这就要求在制造模具时，对其反复试验和修正，根据实际情况，对凸、凹模的尺寸和形状进行精修，直到回弹影响消除为止。为了便于修整，弯曲模的凸、凹模形状及尺寸经试验确定后，才能进行淬硬定形。

3．加工次序

弯曲凸、凹模的加工次序，应按零件外形尺寸标注情况来选择。对于尺寸标注在内形上的零件，一般先加工凸模，而凹模按凸模配置，并保证一定的间隙值；对于尺寸标注在外形上的工件，应先加工凹模，凸模按加工出的凹模配制加工，并保证合适的间隙值。

4. 表面粗糙度

弯曲凸、凹模的圆角半径应加工一致，工作部分表面应进行抛光，表面粗糙度值应在 $Ra0.4\ \mu m$ 以下，弯曲模工作零件加工的关键是如何保证工作型面的尺寸形状精度和表面粗糙度。

其工艺过程通常为：锻制坯料—退火—基准平面加工—划线—工作型面粗精加工—热处理—光整加工。

由于生产条件不同，所采用的加工工艺过程也有所不同。如果模具加工设备比较齐全，可采用电火花、线切割、成形磨削等方法进行工作型面的精加工，否则采用普通金属切削机床加工和钳工锉修相配合的加工方案较为合适。

5. 表面硬度

斜楔、滑块、小型弯曲凸、凹模常用 T8A、T10A 钢，淬硬到 $58 \sim 62HRC$。斜楔、滑块滑动面的加工采用铣、刨、淬硬后磨平，装配时配磨和研修。对于形状复杂的或生产批量较大的弯曲件，凸、凹模的材料可用 CrWMn、Cr10MoV，淬硬到 $60 \sim 64HRC$。

【例5—2】 根据给定的条件设计弯曲模。零件：压板，如图5—65所示。材料：10钢。厚度：$t = 1\ mm$。产量：中批量生产。

具体设计步骤如下：

1. 零件的工艺性分析

根据工件的结构形状和中等批量要求，可采用先落料、冲孔复合冲裁制得弯曲坯料，再弯曲成形两道冲压工序获得该零件，这里只讨论弯曲工序。

根据零件的结构、尺寸、精度、材料及料厚均符合弯曲工艺性要求，相对弯曲半径 $r/t = 3.5 < 5$，回弹量不大。但零件形状不对称，弯曲时主要解决好坯料的偏移问题。零件的弯曲部位是 $R3.5\ mm$ 的圆弧，图中所注高度尺寸 8 mm 有公差，其余均为自由公差，可计算出圆心角变化范围是 $135° \sim 147°$，取中间值 $141°$ 进行模具设计。

2. 弯曲模具结构方案的确定

模具采用的是楔块弯曲模，模具结构如图5—66所示。弯曲前，顶件块7与滑块8（兼作凹模）的上表面平齐，坯料以 $\phi8.5$ 的孔套在定位销上定位。上模下行时，凸模4与顶件块将坯料压紧。继续下行，坯料在凸模与滑

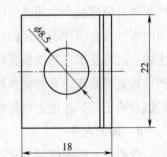

图5—65 压板零件图

块的作用下开始弯曲，当凸模在弹簧 2 的作用下到达下止点时，完成圆弧的预弯曲。此时，滑块在斜楔 5 的作用下向左运动，当上模继续下行到达下止点时，滑块使零件弯曲成形，并产生校正力。上模回程时，凸模受弹簧 2 的作用先不动，滑块在弹簧 9 的作用下随斜楔 5 的上升向右移动复位，继而凸模上升，顶件块将零件顶出。该模具中，坯料受定位销的限制和顶件块的压紧作用，避免了弯曲时的偏移。同时，将凸模做成活动式，实现了用同一滑块既进行预弯又进行弯曲的先后动作，并避免了凸模回程时与滑块相碰而产生的干涉。

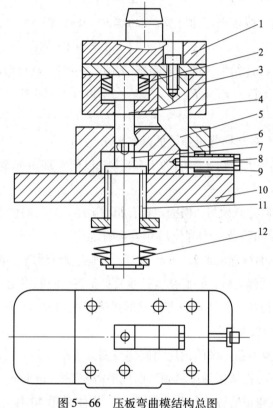

图 5—66　压板弯曲模结构总图

1—上模座　2—凸模被压弹簧　3—凸模固定板　4—凸模　5—斜楔　6—下固定板

7—顶件块　8—滑块　9—复位弹簧　10—下模座　11—顶杆　12—弹顶器

3. 有关工艺参数的计算

（1）坯料展开长度的确定

弯曲件由直边和圆弧两部分组成，圆弧部分中性层位移系数由 $r/t = 3.5$ 查表 5—3 得 $x = 0.41$。圆弧中心角 $\alpha = 141°$，直线部分长度 $l = 18 - 4.5 = 13.5$ mm，故坯料的展开长度为：

$$L = l + \frac{\pi\alpha}{180}(r + xt) = 13.5 + \frac{3.14 \times 141}{180} \times (3.5 + 0.14 \times 1) = 23.1 \text{ mm}$$

（2）弯曲力

弯曲过程有两步，第一步是凸模向下运动的弯曲，第二步是通过滑块向左推压圆弧的弯曲，并施加校正力。

第一步弯曲的弯曲力按自由弯曲计算，取 $\sigma_b = 400$ MPa，得

$$F_1 = \frac{0.6Kbt^2\sigma_b}{r + t} = \frac{0.6 \times 1.3 \times 22 \times 1^2 \times 400}{3.5 + 1} = 1\ 525 \text{ N}$$

第二步弯曲的弯曲力按校正弯曲计算，取 $p = 30$ MPa，得

$$F_2 = pA = 30 \times 22 \times 8 = 5\ 280 \text{ N}$$

校正力是通过斜楔传递给滑块的，取斜楔的角度为 45°，故总弯曲力为

$$F = F_1 + F_2 = 1\ 525 + 5\ 280 = 6\ 850 \text{ N}$$

（3）弹簧

1）凸模背压弹簧。对凸模背压弹簧的基本要求是：

①弹簧的预压力必须大于初始弯曲力 1 525 N，以便实现由弹簧的弹力完成对坯料的预弯曲。

②凸模达到下止点时才开始与凸模固定板有相对运动，此时斜楔才开始推动滑块向左运动 2.5 mm，由凸、凹模间隙及工作部位尺寸关系确定，如图 5—65 所示，因斜楔的角度为 45°，故凸模在固定板中的行程也是 2.5 mm，也就是弹簧预压后进一步的压缩量为 2.5 mm。

由于需要弹簧产生的弹力较大，而弹簧尺寸又受安装空间的限制，因此只宜采用弹力较大的碟形弹簧。可通过初步计算并对照有关碟形弹簧标准选取。具体选用 8 片外径 50 mm、料厚 2 mm 的碟形弹簧组成弹簧组。

2）弹顶器弹簧。弹顶器弹簧的预压力同样也要大于 1 525 N。同时，根据弯曲件尺寸要求并考虑凹模强度，凸模从接触坯料到弯曲成型需要下行 14 mm，也就是弹顶器的工作行程为 14 mm。考虑到弹顶器弹簧行程大的特点，具体采用 40 片碟形弹簧并与凸模背压弹簧规格相同的弹簧组。

3）滑块复位弹簧。滑块复位弹簧只要求在上模回程时能使滑块可靠复位，可采用一般圆柱螺旋压缩弹簧。查有关标准，选用弹簧 $1.6 \times 15 \times 22$（GB/T 2089—2009），弹簧的极限压缩量为 15.2 mm，极限工作压力为 79.6 N。

（4）弯曲回弹

因圆弧部分的相对弯曲半径 $r/t = 3.5 < 5$，故半径的回弹值可以忽略。凸模工作部分设计成半圆形，补偿角度的回弹量也足够，因此也不计算。为了保证其形状，施加校正力

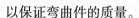

以保证弯曲件的质量。

（5）凸模与滑块（凹模）工作部位尺寸确定

滑块（凹模）在初始位置要配合凸模完成第一次弯曲，然后滑块在斜楔的作用下向左移动，完成圆弧部位的弯曲成型，凸模与凹模的间隙用下式进行计算，由表5—9查得系数 $C=0.10$，则凸、凹模间隙为：

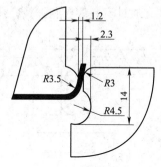

$$Z = t_{max} + kt = 1.1 \times 1 = 1.2 \text{ mm}$$

忽略弯曲半径的回弹值，故凸模圆角半径 $r_p = r = 3.5$ mm。凹模的圆角取 $r_d = 3t = 3$ mm。凸模与滑块（凹模）工作部位尺寸关系，如图5—67所示。由图5—67可以看出，当滑块移动行程为2.5 mm时，就可使滑块的 $R4.5$ mm的圆心与凸模 $R3.5$ mm的圆心重合，因此滑块的行程即为2.5 mm。

图5—67 凸模与滑块工作部分尺寸关系

4. 主要模具零件的设计

（1）凸模

凸模上部的圆柱是碟形弹簧的导向杆，至下止点时，凸模的上顶面与垫板接触，对工件施加压力。凸模上部圆柱的直径稍小于弹簧内径（25.4 mm），取 24 mm。圆柱的高度是弹簧压缩变形后的高度，每片弹簧高度是3.4 mm，工作时的总压缩量是0.7 mm，故圆柱的高度为（3.4 – 0.7）×8 = 21.6 mm。凸模的中间部位是圆柱形台肩，直径取50 mm，下部为工作部分，具体结构尺寸如图5—68所示。

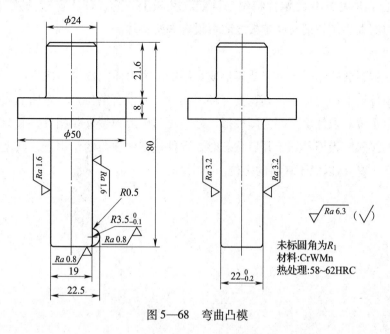

图5—68 弯曲凸模

（2）滑块

滑块的斜面、底面和台阶面是滑动工作面，表面要求光滑。滑块的上面是坯料定位面，左侧圆弧部位是弯曲凹模的工作部分，具体结构如图5—69所示。滑块的右侧有螺纹孔，通过安装螺栓和弹簧，用于滑块的复位。

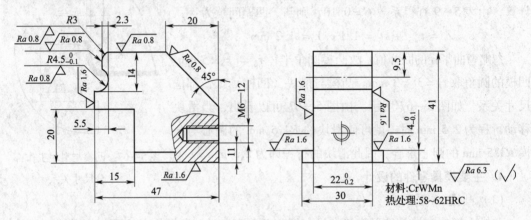

图5—69 滑块

（3）斜楔

斜楔的横截面为矩形，其宽度可比滑块的宽度略小，取21 mm，为防止与固定板干涉，长度取24 mm。斜楔的斜面及与斜面相对的侧面是滑动工作面，斜楔与凸模固定板采用H7/k6配合，并用M10的螺栓将斜楔固定在垫板上。为了便于调整圆弧部位的间隙，并控制校正力的大小，斜楔与固定板之间可设置调整垫片。

（4）顶件块

顶件块在弹顶器的作用下，与凸模形成足够的压紧力而完成第一次弯曲，并对坯料起定位作用。顶件块上部为矩形，其宽度与坯料相等，并设有定位销，弯曲前坯料的8.5孔套在定位销上定位。顶件块下部为圆柱形，外径可与碟形弹簧外径相等，底面通过4个顶杆与弹顶器相接触。当模具处于开启状态时，顶件块在弹顶器的作用下，其上表面与滑块等高（见图5—69），以便于坯料的定位。

第6章

拉深模设计

第1节 拉深变形过程分析

 学习目标

了解拉深的定义，分类，以及变形时候的特点。掌握变形中坯料内部各部分的变形特点，变形规律。掌握拉深变形中变形的力学分析过程。了解拉深成形中主要的工艺问题，包括起皱、拉裂、硬化以及基本的解决方法。

 知识要求

一、拉深变形过程

1. 拉深定义

拉深（俗称拉延）是利用拉深模将平面毛坯或半成品在模具上成形为具有一定形状、尺寸和使用功能的开口空心零件的冲压工艺。拉深工艺可以在普通的单动压力机上进行，也可在专用的双动、三动拉深压力机或液压机上进行。

2. 拉深特点

用拉深方法可以制成筒形、阶梯形、锥形、球形和其他不规则形状的薄壁零件，如果和其他冲压成形工艺配合，还可以制造形状极为复杂的零件。用拉深方法来制造薄壁空心件，生产效率高，省材料，零件的强度和刚度好，精度较高，拉深可加工范围非常广泛，从直径几毫米的小零件到直径 $2 \sim 3$ m 的大型零件。因此，拉深在汽车、航空航天、国防、电器和电子等工业部门以及日用品生产中，占据相当重要的地位。

3. 拉深变形过程

图 6—1 所示为圆筒形件的拉深过程。直径为 D、厚度为 t 的圆形毛坯经过拉深模拉深，得到具有外径为 d、高度为 h 的开口圆筒形工件。

（1）在拉深过程中，坯料的中心部分成为筒形件的底部，基本不变形，是不变形区，坯料的凸缘部分（即 $D-d$ 的环形部分）是主要变形区。拉深过程实质上就是将坯料的

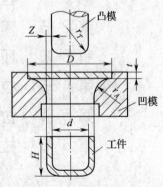

图 6—1 圆筒形件的拉深

凸缘部分材料逐渐转移到筒壁的过程。

（2）在转移过程中，凸缘部分材料由于拉深力的作用，径向产生拉应力 σ_1，切向产生压应力 σ_3。在 σ_1 和 σ_3 的共同作用下，凸缘部分金属材料产生塑性变形，其"多余的三角形"材料沿径向伸长，切向压缩，且不断被拉入凹模中变为筒壁，成为圆筒形开口空心件。

（3）圆筒形件拉深的变形程度，通常以筒形件直径 d 与坯料直径 D 的比值来表示，即

$$m = d/D$$

其中，m 称为拉深系数，m 越小，拉深变形程度越大；相反，m 越大，拉深变形程度就越小。

4. 拉深的分类

拉深件的种类很多，不同形状零件在变形过程中变形区的位置、变形性质、毛坯各部位的应力状态和分布规律等都有相当大的甚至是本质上的差别。所以，确定工艺参数、工序数目和顺序，以及模具结构也不一样。各种拉深件按变形力学特点可分为四种基本类型，如图6—2所示。用平面板坯制作杯形件的冲压成形工艺，又称拉延。通过拉深可以制成圆筒形、球形、锥形、盒形、阶梯形、带凸缘的和其他复杂形状的空心件。采用拉深与翻边、胀形、扩口、缩口等多种工艺组合，可以制成形状更复杂的冲压件。汽车车身、油箱、盆、杯和锅炉封头等都是拉深件。拉深设备主要是机械压力机。在圆筒形工件的拉深过程中，板坯由初始直径缩小为冲压件的圆筒直径，表示拉深变形的大小，称为拉深变形程度。变形程度很大时，拉深所需变形力可能大于已成形零件侧壁的强度，而把工件拉断。为了提高拉深变形程度以制出满意的工件，常常把变形程度较大的拉深分为两道或多道成形，逐步缩小直径、增加高度。

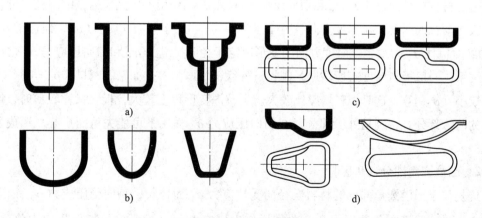

图6—2　拉深件示意图

a）直壁旋转体拉深件　b）曲面旋转体拉深件　c）盒形件　d）非旋转体曲面形状拉深件

二、拉深过程中坯料的应力应变状态

拉深过程是一个复杂的塑性变形过程，其变形区比较大，金属流动性大，拉深过程中容易发生凸缘变形区的起皱和传力区的拉裂而使工件报废。因此，有必要分析拉深时的应力、应变状态，从而找出产生起皱、拉裂的根本原因，在设计模具和制订冲压工艺时引起注意，以提高拉深件的质量。

根据应力应变的状态不同，可将拉深坯料划分为凸缘平面区、凸缘圆角区、筒壁区、筒底圆角区、筒底区五个区域，如图 6—3 所示。

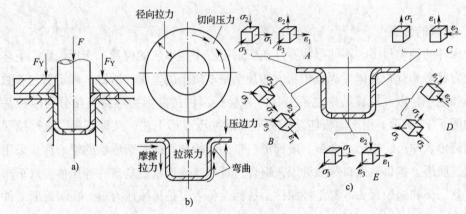

图 6—3 拉深过程的应力与应变状态

1. 凸缘平面部分（A 区）

这是拉深的主要变形区，变形最为剧烈。拉深所做的功大部分消耗在该区材料的塑形变形上。材料在径向拉应力 σ_1 和切向压应力 σ_3 的共同作用下产生切向压缩与径向伸长变形而被逐渐拉入凹模。在厚度方向，由于压料圈的作用，产生了压应力 σ_2，但通常 σ_1 和 σ_3 的绝对值比 σ_2 大得多。厚度方向的变形决定于径向拉应力 σ_1 和切向压应力 σ_3 之间的比例关系，一般板料厚度有所增厚，越接近外缘，增厚越多。如果不压料（$\sigma_2 = 0$），或压料力较小（σ_2 小），这时板料增厚比较大。当拉深变形程度较大，板料又比较薄时，则在坯料的凸缘部分，特别是外缘部分，在切向压应力 σ_3 作用下可能失稳而拱起，形成所谓起皱。

2. 凸缘圆角部分（B 区）

这是位于凹模圆角部分的材料，径向受拉应力 σ_1 而伸长，切向受压应力 σ_3 而压缩，厚度方向受到凹模圆角的压力和弯曲作用产生压应力 σ_2。由于这里切向压应力值 σ_3 不大，而径向拉应力 σ_1 最大，且凹模圆角越小，由弯曲引起的拉应力越大，板料厚度有所减薄，所以有可能出现破裂，故凹模圆角半径有一个适合的值。

3. 筒壁部分（C区）

这部分材料已经形成筒形，材料不再发生大的变形。但是，在拉深过程中，凸模的拉深力要经由筒壁传递到凸缘区，因此它承受单向拉应力 σ_1 的作用，发生少量的纵向伸长变形和厚度减薄。

4. 底部圆角部分（D区）

这是与凸模圆角接触的部分，它从拉深开始一直承受径向拉应力 σ_1 和切向拉应力 σ_3 的作用，并且受到凸模圆角的压力和弯曲作用，因而这部分材料变薄最严重，尤其与侧壁相切的部位，所以此处最容易出现拉裂，是拉深的"危险断面"。

5. 筒底部分（E区）

筒底区在拉深开始时即被拉入凹模，并在拉深的整个过程中保持其平面形状。它受切向和径向的双向拉应力作用，变形是双向拉伸变形，厚度弱有减薄。但这个区域的材料由于受到与凸模接触面的摩擦阻力约束，基本上不产生塑性变形或者只产生不大的塑性变形。

上述筒壁区、底部圆角区和筒底区这三个部分的主要作用是传递拉深力，即把凸模的作用力传递到变形区凸缘部分，使之产生足以引起拉深变形的径向拉应力 σ_1，因而又叫传力区。

综上分析可知，拉深时毛坯各区的应力、应变是不均匀的，且时刻在变化，因而拉深件的壁厚也是不均匀的，拉深凸缘区在切向压应力作用下可能产生"起皱"和筒壁传力区上危险断面可能被"拉裂"是拉深工艺能否顺利完成的关键。

三、拉深变形的力学分析

1. 凸缘变形区的应力分析

拉深中某时刻凸缘变形区的应力分布假设用半径为 R 的板料毛坯拉深半径为 r 的圆筒形零件，采用有压边圈拉深时，变形区材料径向受拉应力 σ_1 的作用，切向受压应力 σ_3 的作用，厚度方向受压边圈所加的不大的压应力 σ_2 的作用。若 σ_2 忽略不计，则只需求 σ_1 和 σ_3 的值，即可知变形区的应力分布。

要求出 σ_1 和 σ_3 两个未知数的值，必须列出两个方程，这可根据变形时金属单元体应满足的

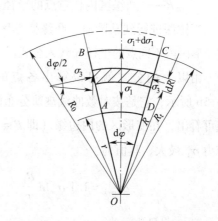

图6—4　第一道拉深某瞬间毛坯凸缘部分单元体的受力状态（带压边而不考虑摩擦的影响）

平衡条件和塑性条件（屈服准则）得到。为此从变形区任意半径处截取宽度为 dR、夹角为 dφ 的微元体，分析其受力情况，如图 6—4 所示。

根据微元体的受力平衡原理可得：

$$(\sigma_1 + d\sigma_1)\ (R + dR)\ d\varphi - \sigma_1 R d\varphi +$$

$$2\,|\sigma_3|\,dR\sin\ (d\varphi/2)\ t = 0$$

因为 $|\sigma_3| = -\sigma_3$，取 $\sin\ (d\varphi/2) \approx d\varphi/2$，并略去高阶无穷小，得：

$$R d\sigma_1 + (\sigma_1 - \sigma_3)\ dR = 0$$

塑性变形时需满足的塑性方程为：

$$\sigma_1 - \sigma_3 = \beta\,\overline{\sigma_m}$$

式中，β 值与应力状态有关，其变化范围为 1 ~ 1.155，在进行力学分析时，为了简便均取平均值为考虑硬化时的平均塑性流动应力。

由上述两式，并考虑边界条件（当 $R = R_t$ 时，$\sigma_1 = 0$），经数学推导就可以求出径向拉应力，和切向压应力 σ_3 的大小为：

$$\sigma_1 = 1.1\,\overline{\sigma_m}\ln\frac{R_t}{R}$$

$$\sigma_3 = -1.1\,\overline{\sigma_m}\left(1 - \ln\frac{R_t}{R}\right)$$

式中　$\overline{\sigma_m}$——变形区材料的平均抗力，MPa；

R_t——拉深中某时刻的凸缘半径，mm；

R——凸缘区内任意点的半径，mm。

当拉深进行到某瞬时，凸缘变形区的外径为时，把变形区内不同点的半径 R 代入公式。

由以上的公式就可以算出各点的应力，如图 6—5b 所示，它是按对数曲线规律分布的，从分布曲线可看出，在变形区的内边缘（即 $R = r$ 处）径向拉应力 σ_1 最大，其值为：

$$\sigma_{1max} = 1.1\,\overline{\sigma_m}\ln\frac{R_t}{r}$$

而 $|\sigma_3|$ 最小，为：

$$|\sigma_3| = 1.1\,\overline{\sigma_m}\left(1 - \ln\frac{R_t}{r}\right)$$

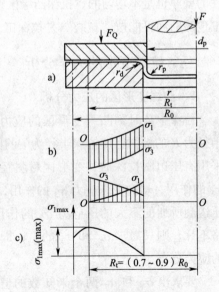

图 6—5　圆筒件拉深时的应力分布

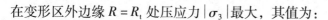
在变形区外边缘 $R = R_t$ 处压应力 $|\sigma_3|$ 最大，其值为：

$$|\sigma_3|_{max} = 1.1\overline{\sigma}_m$$

而拉应力 σ_1 最小为零。从凸缘外边向内边 σ_1 由低到高变化，$|\sigma_3|$ 则由高到低变化，在凸缘中间必有一交点存在，如图6—5b所示，在此点处有 $|\sigma_1| = |\sigma_3|$，所以：

$$1.1\overline{\sigma}_m\ln\frac{R_t}{R} = 1.1\overline{\sigma}_m\left(1 - \ln\frac{R_t}{R}\right)$$

化简得：

$$\ln\frac{R_t}{R} = \frac{1}{2}$$

即

$$R = 0.61R_t$$

即交点在 $R = 0.61R_t$ 处。用 R 所作出的圆将凸缘变形区分成两部分，由此圆向凹模洞口方向的部分拉应力占优势（$|\sigma_1| > |\sigma_3|$），拉应变 ε_1 为绝对值最大的主变形，厚度方向的变形 ε_2 是压缩应变。由此圆向外到毛坯边缘的部分，压应力占优势（$|\sigma_3| > |\sigma_1|$），压应变 ε_3 为绝对值最大的主应变，厚度方向上的变形 ε_2 是正值（增厚）。交点处就是变形区在厚度方向发生增厚和减薄变形的分界点。

2. 拉深过程中 σ_{1max} 和 $|\sigma_3|_{max}$ 的变化规律

σ_{1max} 和 $|\sigma_3|_{max}$ 是当毛坯凸缘半径变化到 R_t 时，在凹模洞口的最大拉应力和凸缘最外边的最大压应力。不同拉深时刻，它们的值也是不同的。了解 σ_{1max} 和 $|\sigma_3|_{max}$ 的变化，对防止拉深时的起皱和破裂很有必要。

（1）σ_{1max} 的变化规律

以上的分析可知 σ_{1max} 与变形区材料的平均抗力 $\overline{\sigma}_m$ 及表示变形区大小的 R_2/r 值有关。σ_{1max} 在拉深过程中是增大还是减小，就取决于 $\overline{\sigma}_m$ 及 R_t/r 的变化情况。把不同的 R_2 所对应的值连成曲线，即为整个拉深过程中凹模入口处径向拉应力 σ_{1max} 的变化情况，如图6—5c所示。

从图中可看出，开始拉深（即 $R_t = R_0$）时，$\sigma_{1max} = 1.1\overline{\sigma}_m\ln R_0/r$。随着拉深的进行，因加工硬化使 $\overline{\sigma}_m$ 逐渐增大，而 R_t/r 逐渐减小，但此时的增大占主导地位，所以 $\overline{\sigma_{1max}}$ 逐渐增加，大约在拉深进行到 $R_t = (0.7 \sim 0.9) R_0$ 时，σ_{1max} 也出现最大值 σ_{1max}（max）。以后随着拉深的进行，由于 R_t/r 的减小占主导地位，σ_{1max} 也逐渐减少，直到拉深结束（$R_t = r$）时，σ_{1max} 减少为零。

（2）$|\sigma_3|_{max}$ 的变化规律

由式上述推导，$|\sigma_3|_{max}$ 仅取决于 $\overline{\sigma}_m$，即只与材料有关。随着拉深的进行，变形程度增加会使毛坯有起皱的危险。

3. 筒壁传力区的受力分析

σ_{1max} 是拉深时变形区内边缘受的径向拉应力，是只考虑拉深时转移"剩余材料"所需的变形力。此力是凸模拉深力 F 通过筒壁传到凹模口处而产生的。假如筒壁传过来的力刚好等于它，是不能实现拉深变形的，因为拉深时除了变形区所需的变形力 σ_{1max} 外，还需要克服其他一些附加阻力，如图6—6所示。包括材料在压边圈和凹模上平面间的间隙里流动时产生的摩擦应力 σ_Q，引起的摩擦阻力应力 σ_M，毛坯流过凹模圆角表面遇到的摩擦阻力，毛坯经过凹模圆角时产生弯曲变形，以及离开凹模圆角进入凸凹模间隙

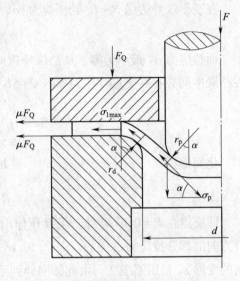

后又被拉直而产生的反向弯曲都需要力的作用，　图6—6　拉深毛坯内各部分的受力分析

拉深初期毛坯在凸模圆角处也有弯曲应力。因此，从筒壁传力区传过来的力至少应等于上述各力之和。上述各附加阻力可根据各种假设条件，并考虑拉深中材料硬化特性来求出。

（1）压边力 F_Q 引起的摩擦力，该摩擦应力为：

$$\sigma_M = \frac{2\mu F_Q}{\pi dt}$$

式中　μ——材料与模具间的摩擦系数；

$\quad$ F——压边力，N；

$\quad$ d——凹模内径，mm；

$\quad$ t——材料厚度，mm。

（2）材料流过凹模圆角半径产生弯曲变形的阻力可根据弯曲时内力和外力所做功相等的条件按下式计算：

$$\sigma_W = \frac{1}{4}\sigma_b \frac{t}{r_d + t/2}$$

式中　r_d——凹模圆角半径/mm；

$\quad$ σ_b——材料的强度极限/MPa。

（3）材料流过凹模圆角后又被拉直成筒壁的反向弯曲力 σ_W 仍按上式进行计算：

$$\sigma_W = \sigma_W = \frac{1}{4}\sigma_b \frac{t}{r_d + t/2}$$

拉深初期凸模圆角处的弯曲应力也按上式计算，即

$$\sigma_W = \frac{1}{4}\sigma_b\frac{t}{r_p + t/2}$$

式中　r_p——凸模圆角半径/mm 。

（4）材料流过凹模圆角时的摩擦阻力，可近似按受拉皮带沿滑轮的滑动摩擦理论来计算，即用摩擦阻力系数 $e^{\mu\alpha}$ 来进行修正。式中，e 为自然对数的底；μ 为摩擦系数；α 为包角（材料与凹模圆角处相接触的角度）。

这样，通过凸模圆角处危险断面传递的径向拉应力即为：

$$\sigma_p = (\sigma_{1max} + \sigma_M + 2\sigma_W + \sigma_W^\pi)\ e^{\mu\alpha}$$

$$\sigma_p = \left(1.1\ \overline{\sigma_m}\ln\frac{R_t}{r} + \frac{2\mu F_Q}{\pi dt} + \sigma_b\frac{t}{2r_d + t} + \sigma_b\frac{t}{2r_d + 2t}\right)e^{\mu\alpha}$$

上式把影响拉深力的因素，如拉深变形程度，材料性能，零件尺寸，凸、凹模圆角半径，压边力，润滑条件等都反映了出来，有利于研究改善拉深工艺。

拉深力可由下式求出：

$$F = \pi dt\sigma_p\sin\alpha$$

式中，α 为 σ_p 与水平线的交角，如图 6—6 所示。

可见 σ_p 在拉深中是随 σ_{1max} 和包角 α 的变化而变化的。根据前面的分析，拉深中材料凸缘的外缘半径 $R_t = (0.7 \sim 0.9)\ R_0$ 时，σ_{1max} 达最大值。此时包角 α 接近于 $\pi/2$，而凸模行程为 $h = R_p + R_d + t$。这时摩擦阻力系数为 $e^{\mu\pi/2}$，展开后略去高阶项，则近似为：

$$e^{\mu\frac{\pi}{2}} = 1 + \frac{\pi}{2}\mu \approx 1 + 1.6\mu$$

故 σ_p 的最大值为：

$$\sigma_{pmax} = [\sigma_{1max}\ (max)\ + \sigma_M + 2\sigma_w + \sigma_w]\ (1 + 1.6\mu)$$

拉深过程中的最大拉深力则为：

$$F_{pmax} = \pi dt\sigma_{pmax}$$

拉深中如果 σ_{pmax} 值超过了危险断面的强度 σ_b，则产生断裂。

四、拉深时的主要工艺问题

1. 起皱

在拉深过程中，坯料凸缘区在切向压力下，可能会出现塑性失稳而拱起的现象，称为起皱。起皱是一种受压失稳现象。

（1）起皱产生的原因

凸缘部分是拉深过程中的主要变形区，而该变形区受最大切向压应力作用，其主要变形是切向压缩变形。当切向压应力较大而坯料的相对厚度 t/D（t 为料厚，D 为坯料直径尺寸）又较小时，凸缘部分的料厚度与切向压应力之间失去了应有的比例关系，从而在凸缘的整个周围产生波浪形的连续弯曲，如图 6—7a 所示，这就是拉深时的起皱现象。通常起皱首先从凸缘外缘发生，因为这里的切向压应力绝对值最大。出现轻微起皱时，凸缘区板料仍有可能全部拉入凹模内，但起皱部位的波峰在凸模与凹模之间受到强烈挤压，从而在拉深件侧壁靠上部位将出现条状的挤压痕迹和明显的波纹，影响工件的外观质量与尺寸精度，如图 6—7b 所示。起皱严重时，拉深便无法顺利进行，这时起皱部位相当于板厚增加了许多，因而不能在凸模与凹模之间顺利通过，并使径向拉应力急剧增大，继续拉深时将会在危险断面处拉破，如图 6—7c 所示。

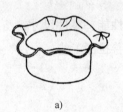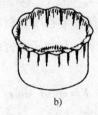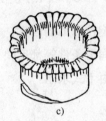

a)　　　　　　　　　b)　　　　　　　　c)

图 6—7　拉深件的起皱

a）起皱现象　b）轻微起趋影响拉深件质量　c）严重起皱导致破裂

（2）影响起皱的主要因素

1）坯料的相对厚度 t/D。坯料的相对厚度越小，拉深变形区抵抗失稳的能力越差，因而就越容易起皱。相反，坯料相对厚度越大，越不容易起皱。

2）拉深系数 m。一方面，根据拉深系数的定义 $m = d/D$ 可知，拉深系数 m 越小，拉深变形程度越大，拉深变形区内金属的硬化程度也越高，因而切向压应力相应增大。另一方面，拉深系数越小，凸缘变形区的宽度相对越大，其抵抗失稳的能力就越小，因而越容易起皱。有时，虽然坯料的相对厚度较小，但当拉深系数较大时，拉深时也不会起皱。例如，拉深高度很小的浅拉深件时，即属于这一种情况。这说明，在上述两个主要影响因素中，拉深系数的影响显得更为重要。

3）拉深模工作部分的几何形状与参数。凸模和凹模圆角及凸、凹模之间的间隙过大时，坯料容易起皱。用锥形凹模拉深的坯料与用普通平端面凹模拉深的坯料相比，前者不容易起皱，如图 6—8 所示。其原因是用锥形凹模拉深时，坯料形成的曲面过渡形状，如图 6—8b 所示，比平面形状具有更大的抗压失稳能力。而且，凹模圆角处对坯料造成的摩擦阻力和弯曲变形的阻力都减到了最低限度，凹模锥面对坯料变形区的作用力也有助于使它产生切向压缩变形，因此，其拉深力比平端面凸模要小得多，拉深系数可以大为减小。

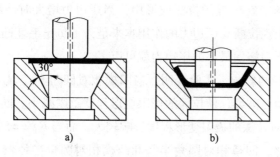

图6—8　锥形凹模的拉深

（3）控制起皱的措施

为了防止起皱，最常用的方法是在拉深模具上设置压料装置，使坯料凸缘区夹在凹模平面与压料圈之间通过，如图6—9所示。当然并不是任何情况下都会发生起皱现象，当变形程度较小、坯料相对厚度较大时，一般不会起皱，这时就可不必采用压料装置。判断是否需要采用压料装置可查表确定。

2. 拉裂

在拉深过程中，由于凸缘变形区应力应变很不均匀，靠近外边缘的坯料压应力大于拉应力，其压应变为最大主应变，坯料有所增厚；而靠近凹模孔口的坯料拉应力大于压应力，其拉应变为最大主应变，坯料有所变薄。因而，当凸缘区转化为筒壁后，拉深件的壁厚就不均匀，口部壁厚增大，底部壁厚减小，壁部与底部圆角相切处变薄最严重。变薄最严重的部位成为拉深时的危险断面，当筒壁的最大拉应力超过了该危险断面材料的抗拉强度时，便会产生拉裂，如图6—10所示。另外，当凸缘区起皱时，坯料难以或不能通过凸、凹模间隙，使得筒壁拉应力急剧增大，也会导致拉裂。

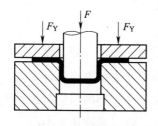　　　　　　　　

图6—9　带压料圈的模具结构　　　　图6—10　拉深件的拉裂破坏

造成圆筒件拉裂的主要因素是拉深变形程度、毛坯与模具的摩擦阻力和筒壁的承载能力。而影响摩擦阻力的因素有：压边力、润滑和凹模圆角半径等。影响筒壁承载能力的因素有：模具间隙、凸模圆角半径和圆角部分的润滑等。此外拉深速度也有一定的影响。

（1）压边力的影响。在一般的拉深成形中，当压边力增大时凸缘处的摩擦阻力也增加，压边力过大可能出现拉断。压边力的作用本来是为了防止毛坯凸缘起皱，所以只要保证凸缘不起皱的前提下，施加最小的压边力就可以了。

（2）相对圆角半径的影响。实验表明，当凹模相对圆角半径 R_d/t 小于 2 的时候，可能导致坯料在凹模圆角处破裂，使拉深的极限变形程度急剧减小。同样，当凸模相对圆角半径 R_d/t 小于 5 时，对拉深的极限变形程度影响较大。而当 $R_d/t = 5 \sim 20$ 时，对极限变形程度的影响不大。总之，凹模相对圆角半径和凸模相对圆角半径较大时，拉深时不易拉断。

（3）润滑的影响。在拉深过程中，润滑的作用很大。在圆筒形件拉深时，凹模平板上和凸模上的润滑效果是相反的。凹模平板润滑可以使毛坯凸缘处材料的流动阻力降低。但是，若对凸模圆角部分进行润滑，就会使筒壁和凸模间的摩擦力传递变形力的能力降低，造成凸模圆角处的材料滑动而变薄，容易导致破裂。

（4）凸模和凹模间隙的影响。从减小破裂倾向而言，采用比毛坯厚度小 10% 的模具间隙是比较合理的。这是因为：间隙小，使包在凸模头部的材料提前成形。同时，摩擦约束力增大，减弱了破裂的趋势；在变薄部分，凸模和材料间有较大的摩擦力，可增大材料向拉深方向流动的趋势。

但是如果变薄率超过 10%，则由于材料厚度减薄过多，变形阻力加大，反而使拉深件更容易破裂。

（5）表面粗糙度的影响。表面粗糙度的影响主要指模具（凹模和压边圈端面）和毛坯表面。模具表面粗糙度大，拉深变形阻力大；反之，模具表面的粗糙度低，并予以适当的润滑，可以使拉深变形阻力大大下降。而毛坯表面粗糙度及是否进行适当的润滑，对防止拉深件产生破裂的作用与模具表面的粗糙度影响相似。

3. 硬化

拉深是一个塑性变形过程，材料变形后必然发生加工硬化，使其硬度和强度增加，塑性下降。但由于拉深时变形不均匀，从底部到筒口部塑性变形由小逐渐加大，因而拉深后变形材料的性能也是不均匀的，拉深件硬度的分布由工件底部向口部是逐渐增加的。这恰好与工艺要求相反，从工艺角度看工件底部硬化要大，而口部硬化要小。

加工硬化的好处是使工件的强度和刚度高于毛坯材料，但塑性降低又使材料进一步拉深时变形困难。在工艺设计时，特别是多次拉深时，应正确选择各次的变形量，并考虑半成品件是否需要退火以恢复其塑性。对一些硬化能力强的金属（不锈钢、耐热钢等）更应注意。

综上所述，在拉深中经常遇到的问题是破裂和起皱。但一般情况下起皱不是主要难题，因为只要采用压边圈等措施后即可解决。主要的问题是掌握了拉深工艺的这些特点后，在制定工艺、设计模具时就要考虑如何在保证最大的变形程度下避免毛坯破裂，使拉深能顺利进行。同时还要使厚度变化和冷作硬化程度在工件质量标准的允许范围之内。

第 2 节　筒形件拉深

学习目标

了解拉深件毛坯形状和尺寸确定的原则。了解拉深件的形状、尺寸及精度。了解拉深件的材料性能。掌握简单旋转体和复杂旋转体的坯料尺寸计算步骤，以及计算方法。

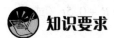

知识要求

一、拉深件毛坯尺寸的计算

1. 坯料形状和尺寸确定的原则

（1）形状相似性原则

拉深件的坯料形状一般与拉深件的截面轮廓形状近似相同，即当拉深件的截面轮廓是圆形、方形或矩形时，相应坯料的形状应分别为圆形、近似方形或近似矩形。另外，坯料周边应光滑过渡，以使拉深后得到等高侧壁（如果零件要求等高时）或等宽凸缘。

（2）表面积相等原则

对于不变薄拉深，虽然在拉深过程中板料的厚度有增厚也有变薄，但实践证明，拉深件的平均厚度与坯料厚度相差不大。由于塑性变形前后体积不变，因此，可以按坯料面积等于拉深件表面积的原则确定坯料尺寸。

应该指出，用理论计算方法确定坯料尺寸不是绝对准确的，而是近似的，尤其是变形复杂的复杂拉深件。实际生产中，对于形状复杂的拉深件，通常是先做好拉深模，并以理论计算方法初步确定的坯料进行反复试模修正，直至得到的工件符合要求时，再将符合实际的坯料形状和尺寸作为制造落料模的依据。

由于金属板料具有板平面方向性和受模具几何形状等因素的影响，制成的拉深件口部一般不整齐，尤其是深拉深件。因此在多数情况下还需采取加大工序件高度或凸缘宽度的办法，拉深后再经过切边工序以保证零件质量。切边余量可参考表。但当零件的相对高度 H/d 很小并且高度尺寸要求不高时，也可以不用切边工序。

2. 拉深件的形状、尺寸及精度

（1）拉深件的形状与尺寸

1）拉深件应尽量简单、对称，并能一次拉深成形，除非特殊需要，尽量避免异常复杂及非对称形状的拉深。

2）拉深件的凸缘宽度应尽可能一致。

3）拉深件壁厚公差或变薄量要求一般不应超出拉深工艺壁厚变化规律。根据统计，不变薄拉深工艺的筒壁最大增厚量约为 $(0.2 \sim 0.3)\,t$，最大变薄量约为 $(0.1 \sim 0.18)\,t$（ t 为板料厚度）。

4）当零件一次拉深的变形程度过大时，为避免拉裂，需采用多次拉深，这时在保证必要的表面质量前提下，应允许内、外表面存在拉深过程中可能产生的痕迹。

5）在保证装配要求的前提下，应允许拉深件侧壁有一定的斜度。

6）拉深件的底部或凸缘上有孔时，孔边到侧壁的距离应满足 $a \geqslant R + 0.5t$（或 $r + 0.5t$），如图 6—11a 所示。

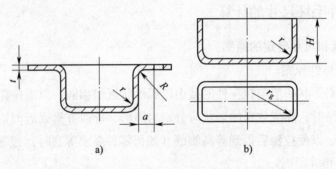

图 6—11 拉深件的孔边距及圆角半径

7）拉深件的圆角半径，应尽量大些，以利于拉深成形和减少拉深次数。拉深件的底与壁、凸缘与壁、矩形件的四角等处的圆角半径应满足： $r \geqslant t$， $R \geqslant 2t$， $r_g \geqslant 3t$，如图 6—11 所示。否则，应增加整形工序。一次整形的，圆角半径可取 $r \geqslant (0.1 \sim 0.3)\,t$， $R \geqslant (0.1 \sim 0.3)\,t$。

8）拉深件的径向尺寸应只标注外形尺寸或内形尺寸，而不能同时标注内、外形尺寸。带台阶的拉深件，其高度方向的尺寸标注一般应以拉深件底部为基准，如图 6—12a 所示。若以上部为基准如图 6—12b 所示，高度尺寸不易保证。拉深件的底部圆角不允许标注外半径，对于有配合要求的口部需标注配合部位的深度。

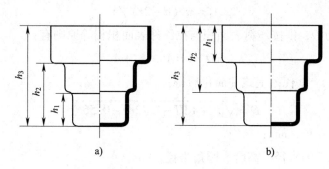

图6—12 带台阶拉深件的尺寸标注

（2）拉深件的精度

一般情况下，拉深件的尺寸精度应在 IT13 级以下，不宜高于 IT11 级。对于精度要求高的拉深件，应在拉深后增加整形工序，以提高其精度。由于材料各向异性的影响，拉深件的口部或凸缘外缘一般是不整齐的，出现"突耳"现象，需要增加切边工序。

3. 拉深件的材料

用于拉深件的材料，要求具有较好的塑性，屈强比 σ_s/σ_b 小、板厚方向性系数 r 大，板平面方向性系数 Δr 小。

屈强比 σ_s/σ_b 值越小，一次拉深允许的极限变形程度越大，拉深的性能越好。例如，低碳钢的屈强比 $\sigma_s/\sigma_b \approx 0.57$，其一次拉深的最小拉深系数为 $m = 0.48 \sim 0.50$；65Mn 钢的 $\sigma_s/\sigma_b \approx 0.63$，其一次拉深的最小拉深系数为 $m = 0.68 \sim 0.70$。所以有关材料标准规定，作为拉深用的钢板，其屈强比不大于 0.66。

板厚方向性系数 r 和板平面方向性系数 Δr 反映了材料的各向异性性能。当 r 较大或 Δr 较小时，材料宽度的变形比厚度方向的变形容易，板平面方向性能差异较小，拉深过程中材料不易变薄或拉裂，因而有利于拉深成形。

4. 简单旋转体拉深件坯料尺寸的确定

旋转体拉深件坯料的形状是圆形，所以坯料尺寸的计算主要是确定坯料直径。对于简单旋转体拉深件，可首先将拉深件划分为若干个简单而又便于计算的几何体，并分别求出各简单几何体的表面积，再把各简单几何体的表面积相加即为拉深件的总表面积，然后根据表面积相等原则，即可求出坯料直径。

例如，图6—13所示的圆筒形拉深件，可分解为无底圆筒1、1/4 凹圆环 2 和圆形板 3 三部分，每一部分的表面积分别为：

$$A_1 = \pi d\ (H - r)$$
$$A_2 = \pi\ [2\pi r\ (d - 2r)\ + 8r^2]\ /4$$

$$A_3 = \pi \ (d-2r)^2/4$$

设坯料直径为 D，则按坯料表面积与拉深件表面积相等原则有：

$$\pi D^2/4 = A_1 + A_2 + A_3$$

分别将 A_1、A_2、A_3 代入上式并简化后得：

$$D = \sqrt{d^2 + 4dH - 1.72dr - 0.56r^2}$$

式中　D——坯料直径，mm；

d、H、r——拉深件的直径、高度、圆角半径，mm。

计算时，拉深件尺寸均按厚度中线尺寸计算，但当板料厚度小于 1 mm 时，也可以按零件图标注的外形或内形尺寸计算。

5. 复杂旋转体拉深件坯料尺寸的确定

复杂旋转体拉深件是指母线较复杂的旋转体零件，其母线可能由一段曲线组成，也可能由若干直线段与圆弧段相接组成。复杂旋转体拉深件的表面积可根据久里金法则求出，即任何形状的母线绕轴旋转一周所得到的旋转体表面积，等于该母线的长度与其形心绕该轴线旋转所得周长的乘积。如图 6—14 所示，旋转体表面积为：

$$A = 2\pi R_x L$$

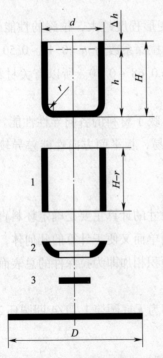

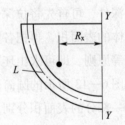

图 6—13　圆筒形拉深件坯料尺寸计算图　　　　图 6—14　旋转体表面积计算图

1—筒壁　2—凸模圆角　3—筒底

根据拉深前后表面积相等的原则，坯料直径可按下式求出：

$$\pi D^2/4 = 2\pi R_x L$$

$$D = 8\sqrt{8 R_x L}$$

式中　A——旋转体表面积，mm^2；

　　　R_x——旋转体母线形心到旋转轴线的距离（称旋转半径），mm；

　　　L——旋转体母线长度，mm；

　　　D——坯料直径，mm。

由式 $D = \sqrt{8 R_x L}$ 知，只要知道旋转体母线长度及其形心的旋转半径，就可以求出坯料的直径。当母线较复杂时，可先将其分成简单的直线和圆弧，分别求出各直线和圆弧的长度 L_1、L_2、$\cdots$、L_n 和其形心到旋转轴的距离 R_{x1}、R_{x2}、$\cdots$、R_{xn}（直线的形心在其中点，圆弧的长度及形心位置可查表计算），再根据下式进行计算：

$$D = \sqrt{8 \sum_{i=1}^{n} R_{xi} L_i}$$

【例6—1】　　如图6—15所示的拉深件，板料厚度为1 mm，求坯料直径。

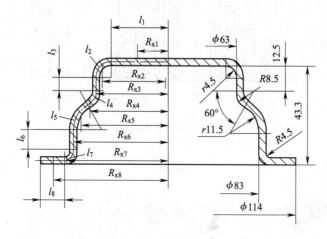

图6—15　用解析法计算坯料直径

解：经计算，各直线段和圆弧长度为：

$l_1 = 27$ mm，$l_2 = 7.85$ mm，$l_3 = 8$ mm，$l_4 = 8.376$ mm，$l_5 = 12.564$ mm，$l_6 = 8$ mm，$l_7 = 7.85$ mm，$l_8 = 10$ mm。

各直线和圆弧形心的旋转半径为：

$R_{x1} = 13.5$ mm，$R_{x2} = 30.18$ mm，$R_{x3} = 32$ mm，$R_{x4} = 33.384$ mm，$R_{x5} = 39.924$ mm，$R_{x6} = 42$ mm，$R_{x7} = 43.82$ mm，$R_{x8} = 52$ mm。

故坯料直径为：

$$D = \sqrt{8 \times (27 \times 13.5 + 7.85 \times 30.18 + 8 \times 32 + 8.38 \times 33.38)}$$
$$+ \sqrt{12.56 \times 39.92 + 8 \times 42 + 7.85 \times 43.82 + 10 \times 52}$$
$$= 150.6 \ (\text{mm})$$

二、拉深系数

1. 拉深系数的定义

圆筒形件的拉深变形程度一般用拉深系数表示。在设计冲压工艺过程与确定拉深工序的数目时，通常也是用拉深系数作为计算的依据。从广义上说，圆筒形件的拉深系数 m 是以每次拉深后的直径与拉深前的坯料（工序件）直径之比表示（见图6—16），即

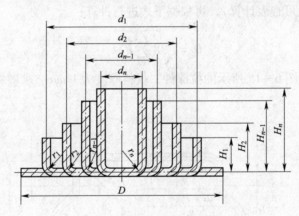

图6—16　圆筒形件的多次拉深

第一次拉深系数　　　　　　　　　　　$m_1 = \dfrac{d_1}{D}$

第二次拉深系数　　　　　　　　　　　$m_2 = \dfrac{d_2}{d_1}$

$\vdots$

第 n 次拉深系数　　　　　　　　　　$m_n = \dfrac{d_n}{d_{n-1}}$

总拉深系数 $m_总$ 表示从坯料直径 D 拉深至 d_n 的总变形程度，即

$$m_总 = \frac{d_n}{D} = \frac{d_1}{D}\frac{d_2}{d_1}\frac{d_3}{d_2}\cdots\frac{d_{n-1}}{d_{n-2}}\frac{d_n}{d_{n-1}} = m_1 m_2 m_3 \cdots m_{n-1} m_n$$

拉深变形程度对凸缘区的径向拉应力和切向压应力以及对筒壁传力区拉应力影响极大，为了防止在拉深过程中产生起皱和拉裂的缺陷，就应减小拉深变形程度（即增大拉深

系数），从而减小切向压应力和径向拉应力，以减小起皱和破裂的可能性。

图6—17所示为用同一材料、同一厚度的坯料，在凸、凹模尺寸相同的模具上用逐步加大坯料直径（即逐步减小拉深系数）的办法进行试验的情况。其中图6—17a表示在无压料装置情况下，当坯料尺寸较小时（即拉深系数较大时），拉深能够顺利进行；当坯料直径加大，使拉深系数减小到一定数值（如 $m = 0.75$）时，会出现起皱。如果增加压料装置，如图6—17b所示，则能防止起皱，此时进一步加大坯料直径、减少拉深系数，拉深还可以顺利进行。但当坯料直径加大到一定数值，拉深系数减少到一定数值（如 $m = 0.50$）后，筒壁出现拉裂现象，拉深过程被迫中断。

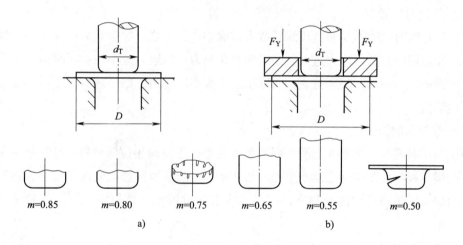

图6—17　拉深试验

a）无压料装置　b）有压料装置

因此，为了保证拉深工艺的顺利进行，就必须使拉深系数大于一定数值，这个一定的数值即为在一定条件下的极限拉深系数，用符号"$[m]$"表示。小于这个数值，就会使拉深件起皱、拉裂或严重变薄而超差。另外，在多次拉深过程中，由于材料的加工硬化，使得变形抗力不断增大，所以以后各次极限拉深系数必须逐次递增，即 $[m_1] < [m_2] < [m_3] < \cdots < [m_n]$。

2. 影响极限拉深系数的因素

能够影响极限拉深系数的因素较多，主要有：

（1）材料的组织与力学性能

一般来说，材料组织均匀、晶粒大小适当、屈强比 σ_s/σ_b 小、塑性好、板平面方向性系数 Δr 小、板厚方向系数 r 大、硬化指数 n 大的板料，变形抗力小，筒壁传力区不容易产生局部严重变薄和拉裂，因而拉深性能好，极限拉深系数较小。

（2）板料的相对厚度 t/D

这是一个比较重要的影响因素，当板料的相对厚度大时，拉深时材料抗失稳能力较强，不易起皱，可以不采用压料或减少压料力，从而减少了摩擦损耗，有利于拉深，故极限拉深系数较小，反之，拉深系数应取大些，以满足生产要求。

（3）拉深次数的影响

需要多次拉深成形的零件，因材料在拉深变形过程出现加工硬化现象，故首次拉深系数最小，以后逐次增大，但是，前道拉深后经过热处理退火的，后道的拉深系数同样可以取较小值。

（4）压边力的影响

使用压边圈时拉深不易皱，拉深系数可以取小些；反之，拉深系数应取大些。需要注意的是，压边圈产生的压边力过大，会增加拉深阻力；压边力过小在拉深时会起皱，这样使拉入凹模的阻力剧增，甚至拉裂。所以压边力大小应适当，如果坯料的相对厚度大，可不用压边装置。

（5）摩擦与润滑条件

凹模与压料圈的工作表面光滑、润滑条件较好，可以减小拉深系数。但为避免在拉深过程中凸模与板料或工序件之间产生相对滑移造成危险断面的过度变薄或拉裂，在不影响拉深件内表面质量和脱模的前提下，凸模工作表面可以比凹模粗糙一些，并避免涂润滑剂。

（6）模具的几何参数

模具几何参数中，影响极限拉深系数的主要是凸、凹模圆角半径及间隙。凸模圆角半径 r_T 太小，板料绕凸模弯曲的拉应力增加，易造成局部变薄严重，降低危险断面的强度，因而会降低极限变形程度；凹模圆角半径 r_A 太小，板料在拉深过程中通过凹模圆角半径时弯曲阻力增加，增加了筒壁传力区的拉应力，也会降低极限变形程度；凸、凹模间隙太小，板料会受到太大的挤压作用和摩擦阻力，增大了拉深力，使极限变形程度减小。因此，为了减小极限拉深系数，凸、凹模圆角半径及间隙应适当取较大值。但是，凸、凹模圆角半径和间隙也不宜取得过大，过大的圆角半径会减小板料与凸模和凹模端面的接触面积及压料圈的压料面积，板料悬空面积增大，容易产生失稳起皱；过大的凸、凹模间隙会影响拉深件的精度，使拉深件的锥度和回弹较大。

除此以外，影响极限拉深系数的因素还有拉深方法、拉深速度、拉深件形状等。由于影响因素很多，实际生产中，极限拉深系数的数值一般是在一定的拉深条件下用试验方法得出的，可查表确定。

需要指出的是，在实际生产中，并不是所有情况下都采用极限拉深系数。为了提高工

艺稳定性，提高零件质量，必须采用稍大于极限值的拉深系数。

3. 极限拉深系数的确定

适用于低碳钢圆筒形件的极限拉深系数见表6—1。

表6—1　　　　　　　　　圆筒形件的极限拉深系数（带压边圈）

拉深系数	坯料相对厚度（%）					
	2.0 ~ 1.5	1.5 ~ 1.0	1.0 ~ 0.6	0.6 ~ 0.3	0.3 ~ 0.15	0.15 ~ 0.08
m_1	0.48 ~ 0.50	0.50 ~ 0.53	0.53 ~ 0.55	0.55 ~ 0.58	0.58 ~ 0.60	0.60 ~ 0.63
m_2	0.73 ~ 0.75	0.75 ~ 0.76	0.76 ~ 0.78	0.78 ~ 0.79	0.79 ~ 0.80	0.80 ~ 0.82
m_3	0.76 ~ 0.78	0.78 ~ 0.79	0.79 ~ 0.80	0.80 ~ 0.81	0.81 ~ 0.82	0.82 ~ 0.84
m_4	0.78 ~ 0.80	0.80 ~ 0.81	0.81 ~ 0.82	0.82 ~ 0.83	0.83 ~ 0.85	0.85 ~ 0.86
m_5	0.80 ~ 0.82	0.82 ~ 0.84	0.84 ~ 0.86	0.85 ~ 0.86	0.86 ~ 0.87	0.87 ~ 0.88

对于表中的 $m_1 \sim m_5$ 分别为低碳钢圆筒形件的第一道至第五道拉深工序的极限拉深系数。其他材料的极限拉深系数也可通过实验的方法测定。表中所列的数值仅为使用压边圈的圆筒形件拉深。对于其他形式的模具，应对表中的极限拉深系数进行修订。

材料的极限拉深系数确定后，就可以根据圆筒形零件的尺寸和毛坯的尺寸，从第一道拉深工序开始推算以后拉深的工序数及其各工序件的尺寸。但是，如果这些推算都按极限拉深系数来计算的话，毛坯在凸模圆角处产生过分变薄，在以后的拉深工序中，这部分变薄的缺陷会转移至成品零件的筒壁上去，对拉深零件的质量产生不良影响。因此，对于表面质量要求较高的零件，在计算工序数和各工序尺寸时，一般不取极限拉深系数，而取大于极限拉深系数进行计算，以利于提高零件质量，提高工艺的稳定性。

三、拉深次数的确定

当拉深件的拉深系数 $m = d/D$ 大于第一次极限拉深系数 $[m_1]$，即 $m > [m_1]$ 时，则该拉深件只需一次拉深就可拉出，否则就要进行多次拉深。

需要多次拉深时，其拉深次数可按以下方法确定：

1. 推算法

先根据 t/D 和是否压料条件可查表确定，并查出 $[m_1]$、$[m_2]$、$[m_3]$、…，然后从第一道工序开始依次算出各次拉深工序件直径，即 $d_1 = [m_1] D$、$d_2 = [m_2] d_1$、…、$d_n = [m_n] d_{n-1}$，直到 $d_n \leqslant d$。即当计算所得直径 d_n 稍小于或等于拉深件所要求的直径 d 时，计算的次数即为拉深的次数。

2. 查表法

根据零件的高度 h 和直径 d 的比值（即零件的相对高度），按照表6—2查取。

表6—2 　　　　　拉深件相对高度 h/d 与拉深次数的关系（无凸缘圆筒形件）

拉深次数	坯料的相对厚度（t/D）（%）					
	2~1.5	1.5~1.0	1.0~0.6	0.6~0.3	0.3~0.15	0.15~0.08
1	0.94~0.77	0.84~0.65	0.71~0.57	0.62~0.5	0.52~0.45	0.46~0.38
2	1.88~1.54	1.60~1.32	1.36~1.1	1.13~0.94	0.96~0.83	0.9~0.7
3	3.5~2.7	2.58~2.2	2.3~1.8	1.9~1.5	1.6~1.3	1.3~1.1
4	5.6~4.3	4.3~3.5	3.6~2.9	2.9~2.4	2.4~2.0	2.0~1.5
5	8.9~6.6	6.6~5.1	5.2~4.1	4.1~3.3	3.3~2.7	2.7~2.0

3. 无凸缘圆筒形件的拉深次数与工序尺寸的计算

当圆筒形件需多次拉深时，就必须计算各次拉深的工序件尺寸，以作为设计模具及选择压力机的依据。

（1）各次工序件的直径

当拉深次数确定之后，先从表中查出各次拉深的极限拉深系数，并加以调整后确定各次拉深实际采用的拉深系数。调整的原则是：

1）保证 $m_1 m_2 \cdots m_n = d/D$。

2）使 $m_1 \leqslant [m_1]$，$m_2 \leqslant [m_2]$，…，$m_n \leqslant [m_n]$，且 $m_1 < m_2 < \cdots < m_n$。

然后根据调整后的各次拉深系数计算各次工序件直径：

$$d_1 = m_1 D$$
$$d_2 = m_2 d_1$$
$$\vdots$$
$$d_n = m_n d_{n-1} = d$$

（2）各次工序件的圆角半径

工序件的圆角半径 r 等于相应拉深凸模的圆角半径 r_T，即 $r = r_T$。但当料厚 $t \geqslant 1$ 时，应按中线尺寸计算，这时 $r = r_T + t/2$。

（3）各次工序件的高度

在各工序件的直径与圆角半径确定之后，可根据圆筒形件坯料尺寸计算公式推导出各次工序件高度的计算公式为：

$$H_1 = 0.25\left(\frac{D^2}{d_1} - d_1\right) + 0.43\frac{r_1}{d_1}(d_1 + 0.32r_1)$$

$$H_2 = 0.25 \left(\frac{D^2}{d_2} - d_2 \right) + 0.43 \frac{r_2}{d_2} \left(d_2 + 0.32 r_2 \right)$$

$$\vdots$$

$$H_n = 0.25 \left(\frac{D^2}{d_n} - d_n \right) + 0.43 \frac{r_n}{d_n} \left(d_n + 0.32 r_n \right)$$

式中　H_1、H_2、$\cdots$、H_n——各次工序件的高度；

$\quad d_1$、d_2、$\cdots$、d_n——各次工序件的直径；

$\quad r_1$、r_2、$\cdots$、r_n——各次工序件的底部圆角半径；

$\quad D$——坯料直径。

【例 6—2】　计算图 6—18 所示圆筒形件的坯料尺寸、拉深系数及各次拉深工序件尺寸。材料为 10 钢，板料厚度 $t = 2$ mm。

解：因板料厚度 $t > 1$ mm，故按板厚中线尺寸计算。

①计算坯料直径：根据拉深件尺寸，其相对高度为 $h/d = (76 - 1) / (30 - 2) \approx 2.7$，查表得切边余量 $\Delta h = 6$ mm。从表中查得坯料直径计算公式为：

$$D = \sqrt{d^2 + 4dH - 1.72dr - 0.56r^2}$$

依图 6—18 所示，$d = 30 - 2 = 28$ mm，$r = 3 + 1 = 4$ mm，$H = 76 - 1 + 6 = 81$ mm，代入上式得

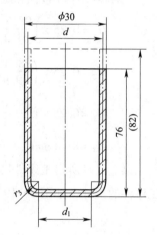

图 6—18　无凸缘圆筒形件

$$D = \sqrt{28^2 + 4 \times 28 \times 81 - 1.72 \times 28 \times 4 - 0.56 \times 4^2} = 98.3 \text{ （mm）}$$

②确定拉深次数：根据坯料的相对厚度 $t/D = 2/98.3 \times 100\% = 2\%$，可采用也可不采用压料圈，但为了保险起见，拉深时采用压料圈。

根据 $t/D = 2\%$，得各次拉深的极限拉深系数为 $[m_1] = 0.50$，$[m_2] = 0.75$，$[m_3] = 0.78$，$[m_4] = 0.80$，$\cdots$。故

$$d_1 = [m_1] D = 0.50 \times 98.3 = 49.2 \text{ （mm）}$$
$$d_2 = [m_2] d_1 = 0.75 \times 49.2 = 36.9 \text{ （mm）}$$
$$d_3 = [m_3] d_2 = 0.78 \times 36.9 = 28.8 \text{ （mm）}$$
$$d_4 = [m_4] d_3 = 0.80 \times 28.8 = 23 \text{ （mm）}$$

因 $d_4 = 23$ mm < 28 mm，所以需采用 4 次拉深成形。

③计算各次拉深工序件尺寸：为了使第四次拉深的直径与零件要求一致，需对极限拉深系数进行调整。调整后取各次拉深的实际拉深系数为 $m_1 = 0.52$，$m_2 = 0.78$，$m_3 = 0.83$，

$m_4 = 0.846$。

各次工序件直径为：

$$d_1 = m_1 D = 0.52 \times 98.3 = 51.1 \ (\text{mm})$$

$$d_2 = m_2 d_1 = 0.78 \times 51.1 = 39.9 \ (\text{mm})$$

$$d_3 = m_3 d_2 = 0.83 \times 39.9 = 33.1 \ (\text{mm})$$

$$d_4 = m_4 d_3 = 0.846 \times 33.1 = 28 \ (\text{mm})$$

各次工序件底部圆角半径取以下数值：

$$r_1 = 8 \ \text{mm}, \ r_2 = 5 \ \text{mm}, \ r_3 = r_4 = 4 \ \text{mm}$$

把各次工序件直径和底部圆角半径代入公式，得各次工序件高度为：

$$H_1 = 0.25 \times \left(\frac{98.3^2}{51.1} - 51.1 \right) + 0.43 \times \frac{8}{51.1} \times (51.1 + 0.32 \times 8) = 38.1 \ (\text{mm})$$

$$H_2 = 0.25 \times \left(\frac{98.3^2}{39.9} - 39.9 \right) + 0.43 \times \frac{5}{39.9} \times (39.9 + 0.32 \times 5) = 52.8 \ (\text{mm})$$

$$H_3 = 0.25 \times \left(\frac{98.3^2}{33.1} - 33.1 \right) + 0.43 \times \frac{4}{33.1} \times (33.1 + 0.32 \times 4) = 66.3 \ (\text{mm})$$

$$H_4 = 81 \ (\text{mm})$$

以上计算所得工序件尺寸都是中线尺寸，换算成与零件图相同的标注形式后，所得各工序件的尺寸，如图 6—19 所示。

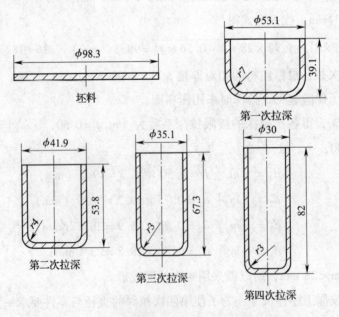

图 6—19　圆筒形件的各次拉深工序件尺寸

4. 带凸缘圆筒形件的拉深方法与工序尺寸的计算

图 6—20 所示为带凸缘圆筒形件及其坯料。通常，当 $d_t/d = 1.1 \sim 1.4$ 时，称为窄凸缘圆筒形件；当 $d_t/d > 1.4$ 时，称为宽凸缘圆筒形件。

带凸缘圆筒形件的拉深看上去很简单，好像是拉深无凸缘圆筒形件的中间状态。但当其各部分尺寸关系不同时，拉深中要解决的问题是不同的，拉深方法也不相同。当拉深件凸缘为非圆形时，在拉深过程中仍需拉出圆形的凸缘，最后再用切边或其他冲压加工方法完成工件所需的形状。

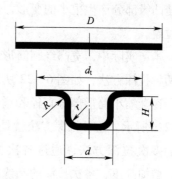

图 6—20　带凸缘圆筒形件及其坯料

（1）拉深方法

1）窄凸缘圆筒形件的拉深。窄凸缘圆筒形件是凸缘宽度很小的拉深件，这类零件需多次拉深时，由于凸缘很窄，可先按无凸缘圆筒形件进行拉深，再在最后一次工序用整形的方法压成所要求的窄凸缘形状。为了使凸缘容易成形，在拉深的最后两道工序可采用锥形凹模和锥形压料圈进行拉深，留出锥形凸缘，这样整形时可减小凸缘区切向的拉深变形，对防止外缘开裂有利。例如图 6—21 所示的窄凸缘圆筒形件，共需三次拉深成形，第一次拉成无凸缘圆筒形工序件，在后两次拉深时留出锥形凸缘，最后整形达到要求。

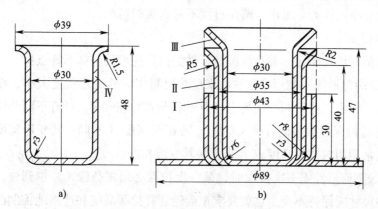

图 6—21　窄凸缘圆筒形件的拉深

a）窄凸缘拉深件　b）窄凸缘件拉深过程

Ⅰ—第一次拉深　Ⅱ—第二次拉深　Ⅲ—第三次拉深　Ⅳ—成品

2）宽凸缘圆筒形件的拉深。宽凸缘圆筒形件需多次拉深时，拉深的原则是：第一次拉深就必须使凸缘尺寸等于拉深件的凸缘尺寸（加切边余量），以后各次拉深时凸缘尺寸保持不变，仅仅依靠筒形部分的材料转移来达到拉深件尺寸。因为在以后的拉深工序中，即使凸缘部分产生很小的变形，也会使筒壁传力区产生很大的拉应力，从而使底部危险断面拉裂。

生产实际中，宽凸缘圆筒形件需多次拉深时有两种拉深方法，如图 6—22 所示。通过多次拉深，逐渐缩小筒形部分直径和增加其高度，如图 6—22a 所示。这种拉深方法就是直接采用圆筒形件的多次拉深方法，通过各次拉深逐次缩小直径，增加高度，各次拉深的凸缘圆角半径和底部圆角半径不变或逐次减小。用这种方法拉成的零件表面质量不高，其直壁和凸缘上保留着圆角弯曲和局部变薄的痕迹，需要在最后增加整形工序，适用于材料较薄、高度大于直径的中小型带凸缘圆筒形件或采用高度不变法，如图 6—22b 所示。即首次拉深尽可能取较大的凸缘圆角半径和底部圆角半径，高度基本拉到零件要求的尺

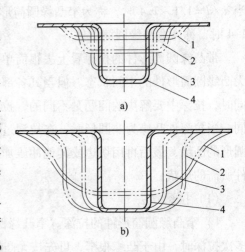

图 6—22　宽凸缘圆筒形件的拉深方法
1、2、3、4—拉深次序

寸，以后各次拉深时仅减小圆角半径和筒形部分直径，而高度基本不变。这种方法由于拉深过程中变形区材料所受到的折弯较轻，所以拉成的零件表面较光滑，没有折痕。但它只适用于坯料相对厚度较大、采用大圆角过渡不易起皱的情况。

（2）拉深特点

与无凸缘圆筒形件相比，带凸缘圆筒形件的拉深变形具有如下特点：

1）带凸缘圆筒形件不能用拉深系数来反映材料实际的变形程度大小，而必须将拉深高度考虑进去。因为，对于同一坯料直径 D 和筒形部分直径 d，可有不同凸缘直径 d_t 和高度 H 对应，尽管拉深系数相同（$m = d/D$），若拉深高度 H 不同，其变形程度也不同。生产实际中，通常用相对拉深高度 H/d 来反映其变形程度。

2）宽凸缘圆筒形件需多次拉深时，第一次拉深必须将凸缘尺寸拉到位，以后各次拉深中，凸缘的尺寸应保持不变。这就要求正确地计算拉深高度和严格地控制凸模进入凹模的深度。考虑到在普通压力机上严格控制凸模进入凹模的深度比较困难，生产实践中通常有意把第一次拉入凹模的材料比最后一次拉入凹模所需的材料增加 3%～5%（按面积计算），这些多拉入的材料在以后各次拉深中，再逐次挤入凸缘部分，使凸缘变厚。工序间这些材料的重新分配，保证了所要求的凸缘直径，并使已成形的凸缘不再参与变形，从而避免筒壁拉裂的危险。这一方法对于料厚小于 0.5 mm 的拉深件效果更为显著。

（3）带凸缘圆筒形件的拉深变形程度

带凸缘筒件的拉深系数为：

$$m_t = d/D$$

式中　　m_t——带凸缘圆筒形件拉深系数；

　　　　d——拉深件筒形部分的直径，mm；

　　　　D——坯料直径，mm。

当拉深件底部圆角半径 r 与凸缘处圆角半径 R 相等，即 $r = R$ 时，坯料直径为

$$D = \sqrt{d_t^2 + 4dH - 3.44dR}$$

所以　　　　　　$m_t = d/D = \dfrac{1}{\sqrt{\left(\dfrac{d_t}{d}\right)^2 + 4\dfrac{H}{d} - 3.44\dfrac{R}{d}}}$

由上式可以看出，带凸缘圆筒形件的拉深系数取决于下列三组有关尺寸的相对比值：凸缘的相对直径 d_t/d；零件的相对高度 H/d；相对圆角半径 R/d。其中以 d_t/d 影响最大，H/d 次之，R/d 影响较小。

带凸缘圆筒形件首次拉深的极限拉深系数确定时，当 $d_t/d \leqslant 1.1$ 时，极限拉深系数与无凸缘圆筒形件基本相同，d_t/d 大时，其极限拉深系数比无凸缘圆筒形的小。而且当坯料直径 D 一定时，凸缘相对直径 d_t/d 越大，极限拉深系数越小，这是因为在坯料直径 D 和圆筒形直径 d 一定的情况下，带凸缘圆筒形件的凸缘相对直径 d_t/d 大，意味着只要将坯料直径稍加收缩即可达到零件凸缘外径，筒壁传力区的拉应力远没有达到许可值，因而可以减小其拉深系数。但这并不表明带凸缘圆筒形件的变形程度大。

由上述分析可知，在影响 m_t 的因素中，因 R/d 影响较小，因此当 m_t 一定时，d_t/d 与 H/d 的关系也就基本确定了。这样，就可用拉深件的相对高度来表示带凸缘圆筒形件的变形程度。

当带凸缘圆筒形件的总拉深系数 $m_t = d/D$ 大于极限拉深系数，且零件的相对高度 H/d 小于极限值时，则可以一次拉深成形，否则需要两次或多次拉深。

带凸缘圆筒形件以后各次拉深系数为：

$$m_i = d_i / d_{i-1} \qquad (i = 2、3、\cdots、n)$$

其值与凸缘宽度及外形尺寸无关，可取与无凸缘圆筒形件的相应拉深系数相等或略小的数值。

（4）带凸缘圆筒形件的各次拉深高度

根据带凸缘圆筒形件坯料直径计算公式，可推导出各次拉深高度的计算公式如下：

$$H_i = \frac{0.25}{d_i}\ (D^2 - d_t^2)\ + 0.43\ (r_i + R_i)\ + \frac{0.14}{d_i}\ (r_i^2 - R_i^2)$$

$$(i = 1、2、3、\cdots、n)$$

式中　H_1、H_2、$\cdots$、H_n——各次拉深工序件的高度，mm；

　　　d_1、d_2、$\cdots$、d_n——各次拉深工序件的直径，mm；

　　　　　　　　D——坯料直径，mm；

　　　r_1、r_2、$\cdots$、r_n——各次拉深工序件的底部圆角半径，mm；

　　　R_1、R_2、$\cdots$、R_n——各次拉深工序件的凸缘圆角半径，mm。

（5）带凸缘圆筒形件的拉深工序尺寸计算程序

带凸缘圆筒形件拉深与无凸缘圆筒形件拉深的最大区别在于首次拉深，现结合实例说明其工序尺寸计算程序。

【例6—3】　试对图6—23所示带凸缘圆筒形件的拉深工序进行计算。零件材料为08钢，厚度 $t = 1$ mm。

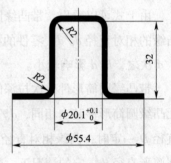

图6—23　带凸缘圆筒形件

解：板料厚度 $t = 1$ mm，故按中线尺寸计算。

①计算坯料直径 D

根据零件尺寸查表得切边余量 $\Delta R = 2.2$ mm，故实际凸缘直径 $d_t = (55.4 + 2 \times 2.2) = 59.8$ mm。由表查得带凸缘圆筒形件的坯料直径计算公式为

$$D = \sqrt{d_1^2 + 6.28rd_1 + 8r^2 + 4d_2h + 6.28Rd_2 + 4.56R^2 + d_4^2 - d_3^2}$$

式中，d_1 为筒底直径，d_2 为筒壁中性层直径，d_3 为凸缘圆角中性层直径，d_4 为毛坯直径。

依图6—23，$d_1 = 16.1$ mm，$R = r = 2.5$ mm，$d_2 = 21.1$ mm，$h = 27$ mm，$d_3 = 26.1$ mm，$d_4 = 59.8$ mm，代入上式得

$$D = \sqrt{3\ 200 + 2\ 895} \approx 78 \quad (\text{mm})$$

（其中 $3\ 200 \times \pi/4$ 为该拉深件除去凸缘平面部分的表面积）

②判断可否一次拉深成形根据

$$t/D = 1/78 = 1.28\%$$

$$d_t/d = 59.8/21.1 = 2.83$$

$$H/d = 32/21.1 = 1.52$$

$$m_t = d/D = 21.1/78 = 0.27$$

$[m_1] = 0.35$，$[H_1/d_1] = 0.21$，说明该零件不能一次拉深成形，需要多次拉深。

③确定首次拉深工序件尺寸

初定 $d_t/d_1 = 1.3$，$[m_1] = 0.51$，取 $m_1 = 0.52$，则

$$d_1 = m_1 \times D = 0.52 \times 78 = 40.5 \text{（mm）}$$

取 $r_1 = R_1 = 5.5 \text{ mm}$

为了使以后各次拉深时凸缘不再变形，取首次拉入凹模的材料面积比最后一次拉入凹模的材料面积（即零件中除去凸缘平面以外的表面积 $3\ 200 \times \pi/4$）增加5%，故坯料直径修正为

$$D = \sqrt{3\ 200 \times 105\% + 2\ 895} \approx 79 \text{（mm）}$$

可得首次拉深高度为

$$H_1 = \frac{0.25}{d_1}\ (D^2 - d_t^2)\ + 0.43\ (r_1 + R_1)\ + \frac{0.14}{d_1}\ (r_1^2 - R_1^2)$$

$$= \frac{0.25}{40.5} \times\ (79^2 - 59.8^2)\ + 0.43 \times\ (5.5 + 5.5)\ = 21.2 \text{（mm）}$$

验算所取 m_1 是否合理：根据 $t/D = 1.28\%$，$d_t/d_1 = 59.8/40.5 = 1.48$，可知 $[H_1/d_1] = 0.58$。因 $H_1/d_1 = 21.2/40.5 = 0.52 < [H_1/d_1] = 0.58$，故所取 m_1 是合理的。

④计算以后各次拉深的工序件尺寸

$[m_2] = 0.75$，$[m_3] = 0.78$，$[m_4] = 0.80$，则

$$d_2 = [m_2] \times d_1 = 0.75 \times 40.5 = 30.4 \text{（mm）}$$

$$d_3 = [m_3] \times d_2 = 0.78 \times 30.4 = 23.7 \text{（mm）}$$

$$d_4 = [m_4] \times d_3 = 0.80 \times 23.7 = 19.0 \text{（mm）}$$

因 $d_4 = 19.0 < 21.1$，故共需4次拉深。

调整以后各次拉深系数，取 $m_2 = 0.77$，$m_3 = 0.80$，$m_4 = 0.844$。故以后各次拉深工序件的直径为

$$d_2 = m_2 \times d_1 = 0.77 \times 40.5 = 31.2 \text{（mm）}$$

$$d_3 = m_3 \times d_2 = 0.80 \times 31.2 = 25.0 \text{（mm）}$$

$$d_4 = m_4 \times d_3 = 0.844 \times 25.0 = 21.1 \text{（mm）}$$

以后各次拉深工序件的圆角半径取

$$r_2 = R_2 = 4.5 \text{ mm}，\ r_3 = R_3 = 3.5 \text{ mm}，\ r_4 = R_4 = 2.5 \text{ mm}$$

设第二次拉深时多拉入3%的材料（其余2%的材料返回到凸缘上），第三次拉深时多拉入1.5%的材料（其余1.5%的材料返回到凸缘上），则第二次和第三次拉深的假想坯料直径分别为

$$D' = \sqrt{3\ 200 \times 103\% + 2\ 895} = 78.7 \text{（mm）}$$

$$D'' = \sqrt{3\ 200 \times 101.5\% + 2\ 895} = 78.4 \text{（mm）}$$

以后各次拉深工序件的高度为

$$H_1 = \frac{0.25}{d_2} (D'^2 - d_t^2) + 0.43 (r_2 + R_2) + \frac{0.14}{d_2} (r_2^2 - R_2^2) H_2$$

$$= \frac{0.25}{31.2} \times (78.7^2 - 59.8^2) + 0.43 \times (4.5 + 4.5) = 24.8 \text{ (mm)}$$

$$H_1 = \frac{0.25}{d_3} (D'^2 - d_t^2) + 0.43 (r_3 + R_3) + \frac{0.14}{d_3} (r_3^2 - R_3^2)$$

$$= \frac{0.25}{25} \times (78.4^2 - 59.8^2) + 0.43 \times (3.5 + 3.5) = 28.7 \text{ (mm)}$$

最后一次拉深后达到零件的高度 $H_4 = 32$ mm，上工序多拉入的 1.5% 的材料全部返回到凸缘，拉深工序至此结束，如图 6—24 所示。

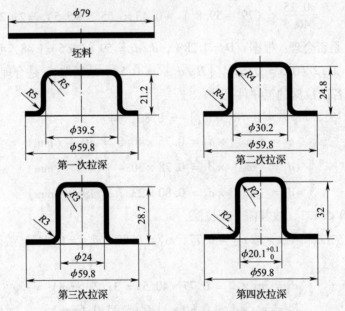

图 6—24　带凸缘圆筒形件的各次拉深工序尺寸

第 3 节　压边力与拉深力的计算

 学习目标

　　了解弹性压料装置和刚性压料装置的区别。了解压料力的确定方式。了解拉深力的确定方法。了解拉深压力机公称压力的选择原则。了解拉深功计算方法。

知识要求

一、压边形式与压边力

1. 压料装置（压边形式）

拉深变形时，压边装置的作用是防止拉深件起皱及防止拉深件过早破裂。

目前生产中常用的压料装置有弹性压料装置和刚性压料装置两种。

（1）弹性压料装置

在单动压力机上进行拉深加工时，一般都是采用弹性压料装置来产生压料力。根据产生压料力的弹性元件不同，弹性压料装置可分为弹簧式、橡胶式和气垫式三种，如图6—25 所示。

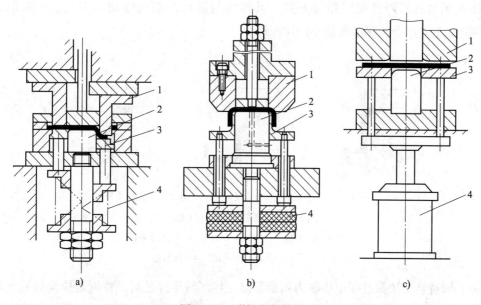

图6—25　弹性压料装置

a）弹簧式压料装置　b）橡胶式压料装置　c）气垫式压料装置

1—凹模　2—凸模　3—压料圈　4—弹性元件（弹顶器或气垫）

上述三种压料装置的压料力变化曲线，如图6—26 所示。弹簧和橡胶压料装置的压料力是随着工作行程（拉深深度）的增加而增大的，尤其是橡胶式压料装置更突出。这样的压料力变化特性会使拉深过程中的拉深力不断增大，从而增大拉裂的危险性。因此，弹簧和橡胶压料装置通常只用于浅拉深。但是，这两种压料装置结构简单，在中小型压力机上使用较为方便。只要正确地选用弹簧的规格和橡胶的牌号及尺寸，并采取适当的限位措施，就能减少它的不利方面。弹簧应选总压缩量大、压力随压缩量增加而缓慢增大的规格。橡胶应选用软橡胶，并保证相对压缩量不过大，建议橡胶总厚度不小于拉深工作行程的5倍。

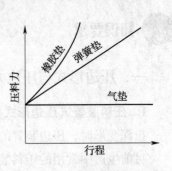

气垫式压料装置压料效果好，压料力基本上不随工作行程而变化（压料力的变化可控制在 $10\% \sim 15\%$ 内），但气垫装置结构复杂。

图6—26　各种弹性压料装置的压料力曲线

压料圈是压料装置的关键零件，常见的结构形式有平面形、平锥形、锥形和弧形，如图6—27所示。一般的拉深模采用平面形压料圈，如图6—27a所示；当坯料相对厚度较小，拉深件带凸缘筒形凸缘直径小且圆角半径较大时，则采用带弧形的压料圈，如图6—27c所示；锥形压料圈，如图6—27b所示结构能降低极限拉深系数，其锥角与锥形凹模的锥角相对应，一般取 $\beta = 30° \sim 40°$，主要用于拉深系数较小的拉深件。

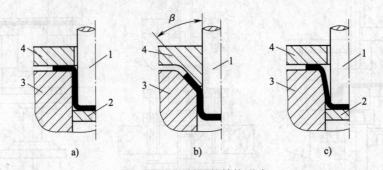

图6—27　压料圈的结构形式

a）平面形压料圈　b）锥形压料圈　c）弧形压料圈

1—凸模　2—顶板　3—凹模　4—压料圈

为了保持整个拉深过程中压料力均衡和防止将坯料压得过紧，特别是拉深板料较薄且凸缘较宽的拉深件时，可采用带限位装置的压料圈，如图6—28所示。限位柱可使压料圈和凹模之间始终保持一定的距离 s。对于带凸缘零件的拉深，$s = t + (0.05 \sim 0.1)$ mm；铝合金零件的拉深，$s = 1.1t$；钢板零件的拉深，$s = 1.2t$（t 为板料厚度）。

（2）刚性压料装置

刚性压料装置适用于双动压力机、液压机上拉深，也可以用于单动压力机上进行拉深。图6—29所示为双动压力机用拉深模，件4即为刚性压料圈（又兼作落料凸模），压料圈固定在外滑块之上。在每次冲压行程开始时，外滑块带动压料圈下降压在坯料的凸缘上，并在此停止不动，随后内滑块带动凸模下降，并进行拉深变形。

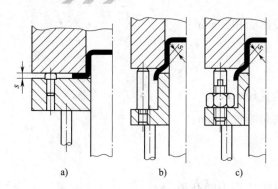

图 6—28　有限位装置的压料圈

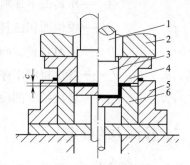

图 6—29　双动压力机用拉深模
的刚性压料装置

1—凸模固定杆　2—外滑块
3—拉深凸模　4—压料圈兼落料凸模
5—落料凹模　6—拉深凹模

刚性压料装置的压料作用是通过调整压料圈与凹模平面之间的间隙 c 获得的，而该间隙则靠调节压力机外滑块得到。考虑到拉深过程中坯料凸缘区有增厚现象，所以这一间隙应略大于板料厚度。

刚性压料圈的结构形式与弹性压料圈基本相同。刚性压料装置的特点是压料力不随拉深的工作行程而变化，压料效果较好，模具结构简单。

拉深时的起皱和防止起皱的问题比较复杂，防皱的压料与防破裂又有矛盾，目前常用的压料装置产生的压料力还不能符合理想的压料力变化曲线。因此，探索较理想的压料装置是拉深工作的一个重要课题。

2. 压料力的确定

压边力应该是在保证凸缘部分不致起皱的最小压力，压边力过大，可能导致冲件过早拉裂，太小则起不到防皱的作用。应该指出，压料力的大小应允许在一定范围内调节。一般来说，随着拉深系数的减小，压料力许可调节范围减小，这对拉深工作是不利的，因为这时当压料力稍大些时就会产生破裂，压料力稍小些时会产生起皱，也即拉深的工艺稳定性不好。相反，拉深系数较大时，压料力可调节范围增大，工艺稳定性较好。在模具设计时，压料力可按下列经验公式计算：

任何形状的拉深件　　　　　$F_Y = Ap$

圆筒形件首次拉深　　　　　$F_Y = \pi \left[D^2 - (d_1 + 2r_{d1})^2 \right] p/4$

圆筒形件以后各次拉深　　　$F_Y = \pi (d_{i-1}^2 - d_i^2) p/4$　　　$(i = 2、3、\cdots)$

式中　　　　　　　F_Y——压料力，N；

A——压料圈下坯料的投影面积，mm^2；

p——单位面积压料力，MPa；

D——坯料直径，mm；

d_1、d_2、$\cdots$、d_n——各次拉深工序件的直径，mm；

r_{d1}、r_{d2}、$\cdots$、r_{dn}——各次拉深凹模的圆角半径，mm。

二、拉深力的确定

图6—30所示为试验测得一般情况下的拉深力随凸模行程变化的曲线。

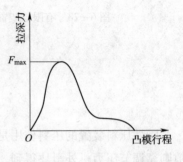

图6—30　拉深力变化曲线

由于影响拉深力的因素比较复杂，按实际受力和变形情况来准确计算拉深力是比较困难的，所以，实际生产中通常是以危险断面的拉应力不超过其材料抗拉强度为依据，采用经验公式进行计算。对于圆筒形件：

首次拉深　　　　　$F = K_1 \pi d_1 t \sigma_b$

以后各次拉深　　$F = K_2 \pi d_i t \sigma_b$　　　　$(i = 2、3、\cdots、n)$

式中　　　　　　F——拉深力，N；

d_1、d_2、$\cdots$、d_n——各次拉深工序件直径，mm；

t——板料厚度，mm；

σ_b——拉深件材料的抗拉强度，MPa；

K_1、K_2——修正系数，与拉深系数有关。

三、拉深时压力机吨位的选择

1. 拉深压力机标称压力的确定

对于单动压力机，其标称压力 F_g 应大于拉深力 F 与压料力 F_Y 之和，即

$$F_g > F + F_Y$$

对于双动压力机，应使内滑块标称压力 $F_{g内}$ 和外滑块标称压力 $F_{g外}$ 分别大于拉深力 F 和压料力 F_Y，即

$$F_{g内} > F \qquad F_{g外} > F_Y$$

确定机械式拉深压力机标称压力时必须注意，当拉深工作行程较大，尤其是落料拉深复合时，应使拉深力曲线位于压力机滑块的许用负荷曲线之下，而不能简单地按压力机标称压力大于拉深力或拉深力与压料之和的原则去确定规格。在实际生产中，也可以按下式来确定压力机的标称压力：

浅拉深 $F_g \geqslant (1.6 \sim 1.8) F_\Sigma$

深拉深 $F_g \geqslant (1.8 \sim 2.0) F_\Sigma$

式中 F_Σ——冲压工艺总力，与模具结构有关，包括拉深力、压料力、冲裁力等。

2. 拉深功的计算

当拉深高度较大时，由于凸模工作行程较大，可能出现压力机的压力够而功率不够的现象。这时应计算拉深功，并校核压力机的电动机功率。

拉深功按下式计算：

$$W = CF_{max}h/1\,000$$

式中 W——拉深功，J；

F_{max}——最大拉深力（包含压料力），N；

h——凸模工作行程，mm；

C——系数，与拉深力曲线有关，C 值可取 $0.6 \sim 0.8$。

压力机的电动机功率可按下式计算：

$$P_w = KWn/(60 \times 1\,000 \times \eta_1 \eta_2)$$

式中 P_w——电动机功率，kW；

K——不均衡系数，$K = 1.2 \sim 1.4$；

η_1——压力机效率，$\eta_1 = 0.6 \sim 0.8$；

η_2——电动机效率，$\eta_2 = 0.9 \sim 0.95$；

n——压力机每分钟行程次数。

若所选压力机的电动机功率小于计算值，则应另选更大规格的压力机。

第4节　拉深模工作部分结构参数的确定

 **学习目标**

了解拉深模凸、凹的间隙计算方法。了解凸、凹模的结构。了解凸、凹模的圆角半径。了解凸、凹模的工作尺寸及公差要求。

 **知识要求**

一、拉深模的间隙

拉深模的凸、凹模间隙对拉深力、拉深件质量、模具寿命等都有较大的影响。间隙小时，拉深力大，模具磨损也大，但拉深件回弹小，精度高。间隙过小，会使拉深件壁部严重变薄甚至拉裂。间隙过大，拉深时坯料容易起皱，而且口部的变厚得不到消除，拉深件出现较大的锥度，精度较差。因此确定拉深凸、凹模间隙时，不仅要考虑材质和板厚应及公差，还要注意工件的尺寸精度和表面质量，尺寸精度高、表面粗糙度数值低时，模具的间隙应取得小一些，间隙值应与板料厚度相当。另外，对于拉深过程中坯料的增厚情况、拉深次数、拉深件的形状等都要充分地考虑。

1. 无压料装置的拉深模

其凸、凹模单边间隙可按下式确定：

$$Z = (1 \sim 1.1) \, t_{max}$$

式中　Z——凸、凹模单边间隙，mm；

t_{max}——材料厚度的最大极限尺寸，mm。

对于系数 $1 \sim 1.1$，小值用于末次拉深或精度要求高的零件拉深，大值用于首次和中间各次拉深或精度要求不高的零件拉深。

2. 有压料装置的拉深模

其凸、凹模单边间隙可按下式确定：

$$Z = t_{max} + kt$$

k 值可根据材料厚度和拉深次数参考表 6—3 确定。

3. 盒形件拉深模

其凸、凹模单边间隙可根据盒形件精度确定，当精度要求较高时，$Z = (0.9 \sim 1.05) \, t$；当精度要求不高时，$Z = (1.1 \sim 1.3) \, t$。最后一次拉深取较小值。

另外，由于盒形件拉深时坯料在角部变厚较多，因此，圆角部分的间隙应较直边部分的间隙大 $0.1t$。

表6—3　　　　　　　　　　间隙系数 k

拉深工序数		材料厚度 t/mm		
		0.5 ~ 2	2 ~ 4	4 ~ 6
1	第一次	0.2 (0)	0.1 (0)	0.1 (0)
2	第一次	0.3	0.25	0.2
	第二次	0.1 (0)	0.1 (0)	0.1 (0)
3	第一次	0.5	0.4	0.35
	第二次	0.3	0.25	0.2
	第三次	0.1 (0)	0.1 (0)	0.1 (0)

拉深工序数		材料厚度 t/mm		
		0.5 ~ 2	2 ~ 4	4 ~ 6
4	第一、二次	0.5	0.4	0.35
	第三次	0.3	0.25	0.2
	第四次	0.1 (0)	0.1 (0)	0.1 (0)
5	第一、二、三次	0.5	0.4	0.35
	第四次	0.3	0.25	0.2
	第五次	0.1 (0)	0.1 (0)	0.1 (0)

二、拉深凹模和凸模的圆角半径

1. 拉深模凸、凹模的结构

凸、凹模的结构设计得是否合理，不但直接影响拉深时的坯料变形，而且还影响拉深件的质量。凸、凹模常见的结构形式有以下几种：

（1）无压料时的凸、凹模

图6—31 所示为无压料一次拉深成形时所用的凸、凹模结构，其中圆弧形凹模，如图 6—31a 所示，结构简单，加工方便，是常用的拉深凹模结构形式；锥形凹模（见图 6—31b）、渐开线形凹模（见图6—31c）和等切面形凹模，（见图6—31d）对抗失稳起皱有利，但加工较复杂，主要用拉深系数较小的拉深件。图6—32 所示为无压料多次拉深所用的凸、凹模结构。上述凹模结构中 $a = 5 ~ 10$ mm，$b = 2 ~ 5$ mm，锥形凹模的锥角一般取 30°。

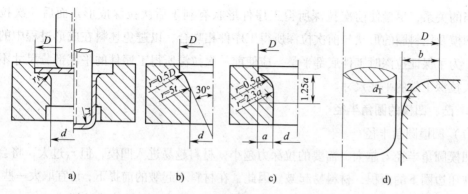

图6—31　无压料一次拉深的凸、凹模结构

a）圆弧形　b）锥形　c）渐开线形　d）等切面形

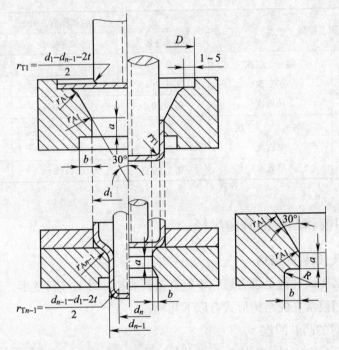

图6—32　无压料多次拉深的凸、凹模结构

（2）有压料时的凸、凹模

有压料时的凸、凹模结构，如图6—33所示，其中图6—33a用于直径小于100 mm的拉深件；图6—33b用于直径大于100 mm的拉深件，这种结构除了具有锥形凹模的特点外，还可减轻坯料的反复弯曲变形，以提高工件侧壁质量。

设计多次拉深的凸、凹模结构时必须十分注意前后两次拉深中凸、凹模的形状尺寸具有恰当的关系，尽量使前次拉深所得工序件形状有利于后次拉深成形，而后一次拉深的凸、凹模及压料圈的形状与前次拉深所得工序件相吻合，以避免坯料在成形过程中的反复弯曲。为了保证拉深时工件底部平整，应使前一次拉深所得工序件的平底部分尺寸不小于后一次拉深工件的平底尺寸。

2. 凸、凹模的圆角半径

（1）凹模圆角半径

凹模圆角半径 r_A 越大，需要的拉深力越小，材料越易进入凹模，但 r_A 过大，将会减少毛坯在压边圈下的面积，材料易起皱。因此，在材料不起皱的前提下，r_A 宜取大一些。

第一次（包括只有一次）拉深的凹模圆角半径可按以下经验公式计算：

$$r_{A1} = 0.8 \left[\sqrt{(D-d)\, t} \right]$$

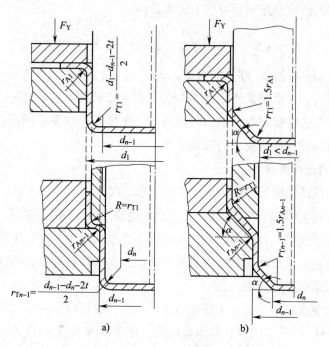

图6—33 有压料多次拉深的凸、凹模结构

式中 r_{A1}——凹模圆角半径，mm；

$\quad D$——坯料直径，mm；

$\quad d$——凹模内径（当工件料厚 $t \geq 1$ mm 时，也可取首次拉深时工件的中线尺寸），

$\qquad$ mm；

$\quad t$——材料厚度，mm。

以后各次拉深时，凹模圆角半径应逐渐减小，一般可按以下关系确定：

$$r_{Ai} = (0.6 \sim 0.9)\, r_{A(i-1)} \qquad (i = 2、3、\cdots、n)$$

盒形件拉深凹模圆角半径按下式计算：

$$r_A = (4 \sim 8)\, t$$

以上计算所得凹模圆角半径均应符合 $r_A \geq 2t$ 的拉深工艺性要求。对于带凸缘的筒形件，最后一次拉深的凹模圆角半径还应与零件的凸缘圆角半径相等。

（2）凸模圆角半径

凸模圆角半径 r_T 过小，会使坯料在此受到过大的弯曲变形，导致危险断面材料严重变薄甚至拉裂；r_T 过大，会使坯料悬空部分增大，容易产生"内起皱"现象。一般 $r_T < r_A$，单次拉深或多次拉深的第一次拉深可取：

$$r_{T1} = (0.7 \sim 1)\, r_{A1}$$

以后各次拉深的凸模圆角半径可按下式确定：

$$r_{\text{T}(i-1)} = \frac{d_{i-1} - d_i - 2t}{2} \qquad (i = 3、4、\cdots、n)$$

式中　d_{i-1}、d_i——各次拉深工序件的直径，mm。

最后一次拉深时，凸模圆角半径 $r_{\text{T}n}$ 应与拉深件底部圆角半径 r 相等。但当拉深件底部圆角半径小于拉深工艺性要求时，则凸模圆角半径应按工艺性要求确定（$r_{\text{T}} \geqslant t$），然后通过增加整形工序得到拉深件所要求的圆角半径。

3. 凸、凹模的结构形式

拉深凸模与凹模的结构形式取决于工件的形状、尺寸以及拉深方法、拉深次数等工艺要求，不同的结构形式对拉深的变形情况、变形程度的大小及产品的质量均有不同的影响。

当毛坯的相对厚度较大，不易起皱，不需用压边圈压边时，应采用锥形凹模这种模具在拉深的初期就使毛坯呈曲面形状，因而较平端面拉深凹模具有更大的抗失稳能力，故可以采用更小的拉深系数进行拉深。

当毛坯的相对厚度较小，必须采用压边圈进行多次拉深时，应该采用图 6—34 所示的模具结构。图 6—34a 中凸、凹模具有圆角结构，用于拉深直径 $d \leqslant 100$ mm 的拉深件。图 6—34b 中凸、凹模具有斜角结构，用于拉深直径 $d \geqslant 100$ mm 的拉深件。

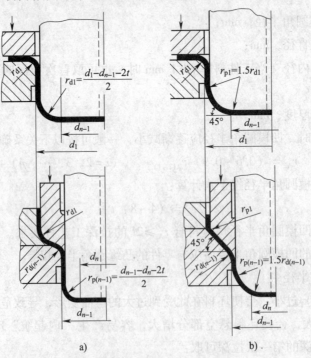

图 6—34　拉深模工作部分的结构

采用这种有斜角的凸模和凹模，除具有改善金属的流动，减少变形抗力，材料不易变薄等一般锥形凹模的特点外，还可减轻毛坯反复弯曲变形的程度，提高零件侧壁的质量，使毛坯在下次工序中容易定位。不论采用哪种结构，均需注意前后两道工序的冲模在形状和尺寸上的协调，使前道工序得到的半成品形状有利于后道工序的成形。比如，压边圈的形状和尺寸应与前道工序凸模的相应部分相同，拉深凹模的锥面角度 σ 也要与前道工序凸模的斜角一致，前道工序凸模的锥顶径 d_1 应比后续工序凸模的直径 d_2 小，以避免毛坯在 A 部可能产生不必要的反复弯曲，使工件筒壁的质量变差等，如图6—35所示。

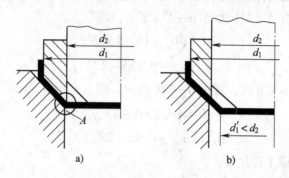

图6—35 斜角尺寸的确定

为了使最后一道拉深后零件的底部平整，如果是圆角结构的冲模，其最后一次拉深凸模圆角半径的圆心应与倒数第二道拉深凸模圆角半径的圆心位于同一条中心线上。如果是斜角的冲模结构，则倒数第二道工序（$n-1$ 道）凸模底部的斜线应与最后一道的凸模圆角半径相切，如图6—36所示。

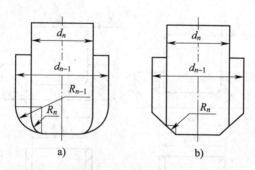

图6—36 最后拉深中毛坯底部尺寸的变化

凸模与凹模的锥角 α 对拉深有一定的影响。α 大对拉深变形有利，但 α 过大时相对厚度小的材料可能要引起皱纹，因而 α 的大小可根据材料的厚度确定。一般当料厚为 $0.5 \sim 1.0$ mm 时，α 取 $30° \sim 40°$；当料厚为 $1.0 \sim 2.0$ mm 时，α 取 $40° \sim 50°$。

为了便于取出工件，拉深凸模应钻通气孔。其尺寸可查表6—4。

表6—4	通气孔尺寸			mm
凸模直径	<50	>50~100	>100~200	>200
出气孔直径	5	6.5	8	9.5

4. 凸、凹模工作尺寸及公差

拉深件的尺寸和公差是由最后一次拉深模保证的，考虑拉深模的磨损和拉深件的弹性回复，最后一次拉深模的凸、凹模工作尺寸及公差按如下确定：

当拉深件标注外形尺寸时，如图6—37a所示，则

$$D_A = (D_{max} - 0.75\Delta)_0^{+\delta_A}$$

$$D_T = (D_{max} - 0.75\Delta - 2Z)_{-\delta_T}^0$$

当拉深件标注内形尺寸时，如图6—37b所示，则

$$d_T = (d_{min} + 0.4\Delta)_{-\delta_T}^0$$

$$d_A = (d_{min} + 0.4\Delta + 2Z)_0^{+\delta_A}$$

式中　D_A、d_A——凹模工作尺寸；

　　　D_T、d_T——凸模工作尺寸；

D_{max}、d_{min}——拉深件的最大外形尺寸和最小内形尺寸；

　　　　Z——凸、凹模单边间隙；

　　　　Δ——拉深件的公差；

δ_T、δ_A——凸、凹模的制造公差，可按 IT6～IT9 级确定。

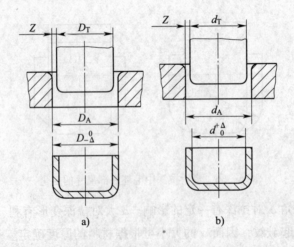

图6—37　拉深件尺寸与凸、凹模工作尺寸

a) 拉深件标注外形尺寸　b) 拉深件标注内形尺寸

对于首次和中间各次拉深模，因工序件尺寸无须严格要求，所以其凸、凹模工作尺寸取相应工序的工序件尺寸即可。若以凹模为基准，则：

$$D_A = D^{+\delta_A}_0$$

$$D_T = (D - 2Z)^{\ 0}_{-\delta_T}$$

式中，D 为各次拉深工序件的基本尺寸。

表6—5 所示为凸模和凹模的制造公差。

表6—5   凸模和凹模的制造公差

材料厚度	拉深件直径					
	≤20		20～100		>100	
	δ_T	δ_A	δ_T	δ_A	δ_T	δ_A
≤0.5	0.02	0.01	0.03	0.02	—	—
0.5～1.5	0.04	0.02	0.05	0.03	0.08	0.05
>1.5	0.06	0.04	0.08	0.05	0.10	0.06

第5节 拉深模的典型结构

 学习目标

了解首次拉深模，后续工序拉深模，以及其他典型结构的拉深模。

 知识要求

一、首次拉深模

1. 拉深模具的分类及典型结构

拉深模按其工序顺序可分为首次拉深模和后续各工序拉深模，它们之间的本质区别是压边圈的结构和定位方式上的差异。按拉伸模使用的冲压设备又可分为单动压力机用拉深模、双动压力机用拉深模及三动压力机用拉深模，它们的本质区别在于压边装置的不同

（弹性压边和刚性压边）。按工序的组合来分，又可分为单工序拉深模、复合模和级进式拉深模。此外还可按有无压边装置分为无压边装置拉深模和有压边装置拉深模等。下面介绍几种常见的拉深模典型结构。

2. 首次拉深模

（1）无压边装置的首次拉深模

如图 6—38 所示，此模具结构简单，常用于板料塑性好，相对厚度 $t/D \geqslant 0.03$（$1-m$），$m_1 > 0.6$ 时的拉深。工件以定位板 2 定位，拉深结束后的卸件工作由凹模底部的台阶完成，拉深凸模要深入到凹模下面，所以该模具只适合于浅拉深。

（2）具有弹性压边装置的首次拉深模

这是最广泛采用的首次拉深模结构形式，如图 6—39 所示，压边力由弹性元件的压缩产生。这种装置可装在上模部分（即为上压边），也可装在下模部分（即为下压边）。上压边的特征是由于上模空间位置受到限制，不可能使用很大的弹簧或橡皮，因此上压边装置的压边力小，这种装置主要用在压边力不大的场合。相反，下压边装置的压边力可以较大，所以拉深模具常采用下压边装置。

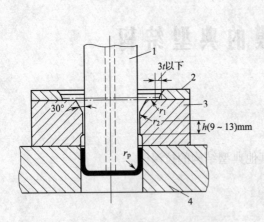

图 6—38　无压边装置的首次拉深模

1—凸模　2—定位板　3—凹模　4—下模座

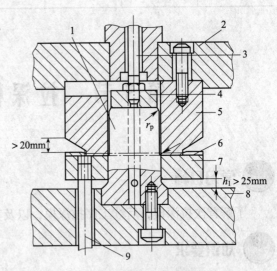

图 6—39　有压边装置的首次拉深模

1—凸模　2—上模座　3—打料杆　4—推件块

5—凹模　6—定位板　7—压边圈

8—下模座　9—卸料螺钉

（3）落料首次拉深复合模

如图 6—40 所示为在通用压力机上使用的落斜首次拉深复合模。它一般采用条料为坯

料，故需设置导料板与卸料板。拉深凸模 9 的顶面稍低于落料凹模 10，刃面约一个料厚，使落料完毕后才进行拉深。拉深时由压力机气垫通过顶杆 7 和压边圈 8 进行压边。拉深完毕后靠顶杆 7 顶件，卸料则由刚性卸料板 2 承担。

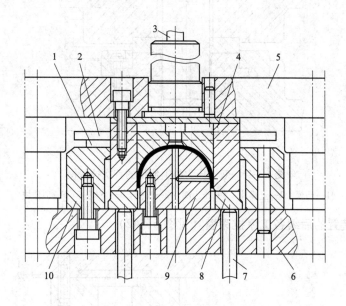

图 6—40　落料拉深复合模

1—导料板　2—卸料板　3—打料杆　4—凸凹模　5—上模座　6—下模座
7—顶杆　8—压边圈　9—拉深凸模　10—落料凹模

（4）双动压力机上使用的首次拉深模

如图 6—41 所示，因双动压力机有两个滑块，其凸模 1 与拉深滑块（内滑块）相连接，而上模座 2（上模座上装有压边圈 3）与压边滑块（外滑块）相连。拉深时压边滑块首先带动压边圈压住毛坯，然后拉深滑块带动拉深凸模下行进行拉深。此模具因装有刚性压边装置，所以模具结构显得很简单，制造周期也短，成本也低，但压力机设备投资较高。

二、后续工序拉深模

后续拉深用的毛坯是已经过首次拉深的半成品筒形件，而不再是平板毛坯。因此其定位装置、压边装置与首次拉深模是完全不同的。后续各工序拉深模的定位方法常用的有三种：第一种采用特定的定位板（见图 6—40）；第二种是凹模上加工出供半成品定位的凹窝；第三种为利用半成品内孔，用凸模外形或压边圈的外形来定位（见图 6—41）。此时所用压边装置已不再是平板结构，而应是圆筒形结构。

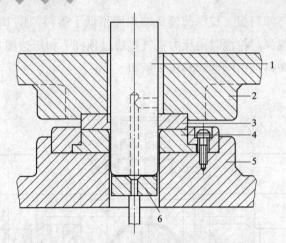

图6—41　双动压力机上使用的首次拉深模

1—凸模　2—上模座　3—压边圈　4—凹模　5—下模座　6—顶件块

1. 无压边装置的后续各工序拉深模（见图6—42）

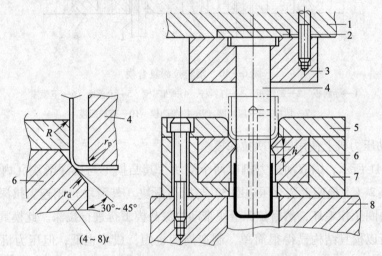

图6—42　无压边装置的后续工序拉深模

1—上模座　2—垫板　3—凸模固定板　4—凸模　5—定位板

6—凹模　7—凹模固定板　8—下模座

此结构要求侧壁料厚一致或要求尺寸精度高时采用该模具。

2. 有压边装置的后续各工序拉深模（见图6—43）

此结构是广泛采用的形式。压边圈兼作毛坯的定位圈。由于再次拉深工件一般较深，为了防止弹性压边力随行程的增加而不断增加，可以在压边圈上安装限位销来控制压边力的增长。

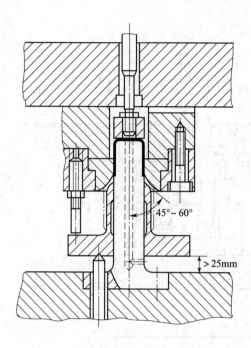

图6—43　有压边装置的后续各工序拉深模

三、其他拉深模的典型结构

1. 落料复合模

图6—44所示为落料拉深复合模，条料由两个导料销11进行导向，由挡料销12定距。由于排样图取消了纵搭边，落料后废料中间将自动断开，因此可不设卸料装置。工作时，首先由落料凹模1和凸凹模3完成落料，紧接着由拉深凸模2和凸凹模进行拉深。压料圈9既起压料作用又起顶件作用。由于有顶件作用，上模回程时，冲件可能留在拉深凹模内，所以设置了推件装置。为了保证先落料、后拉深，模具装配时，应使拉深凸模2比落料凹模1低1~1.5倍料厚的距离。

2. 双动压力机用首次拉深模

如图6—45所示，下模由凹模2、定位板3、凹模固定板8、顶件块9和下模座1组成，上模的压料圈5通过上模座4固定在压力机的外滑块上，凸模7通过凸模固定杆6固定在内滑块上。工作时，坯料由定位板定位，外滑块先行下降带动压料圈将坯料压紧，接着内滑块下降带动凸模完成对坯料的拉深。回程时，内滑块先带动凸模上升将工件卸下，接着外滑块带动压料圈上升，同时顶件块在弹顶器作用下将工件从凹模内顶出。

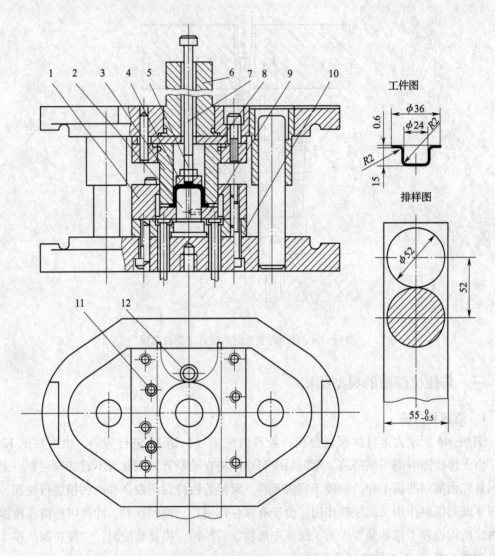

图 6—44　落料拉深复合模

1—落料凹模　2—拉深凸模　3—凸凹模　4—推件块　5—螺母　6—模柄
7—打杆　8—垫板　9—压料圈　10—固定板　11—导料销　12—挡料销

3. 双动压力机用落料拉深复合模

如图 6—46 所示为双动压力机用落料拉深复合模。该模具可同时完成落料、拉深及底部的浅成形，主要工作零件采用组合式结构，压料圈 3 固定在压料圈座 2 上，并兼作落料凸模，拉深凸模 4 固定在凸模座 1 上。这种组合式结构特别适用于大型模具，不仅可以节省模具钢，而且也便于坯料的制备与热处理。

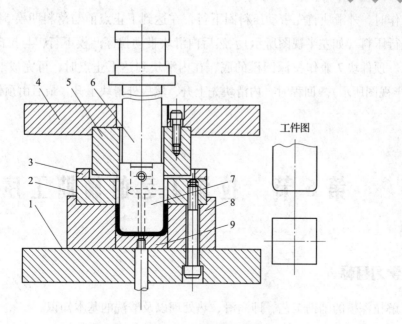

图6—45 双动压力机用首次拉深模

1—下模座 2—凹模 3—定位板 4—上模座 5—压料圈

6—凸模固定杆 7—凸模 8—凹模固定板 9—顶件块

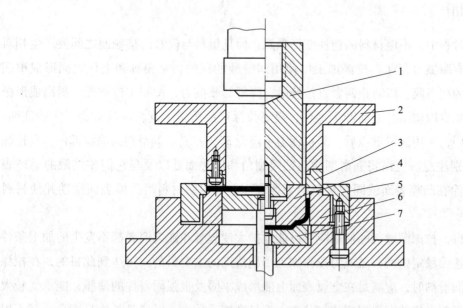

图6—46 双动压力机用落料拉深复合模

1—凸模座 2—压料圈座 3—压料圈（兼落料凸模）

4—拉深凸模 5—落料凹模 6—拉深凹模 7—顶件块

工作时，外滑块首先带动压料圈下行，在达到下止点前与落料凹模 5 共同完成落料，接着进行压料（如左半视图所示）。然后内滑块带动拉深凸模下行，与拉深凹模 6 一起完成拉深。顶件块 7 兼作拉深凹模的底，在内滑块到达下止点时，可完成对工件的浅成形（如右半视图所示）。回程时，内滑块先上升，然后外滑块上升，最后由顶件块 7 将工件顶出。

第 6 节　拉深工艺的辅助工序

 **学习目标**

了解拉深模的辅助工艺，即润滑、热处理以及酸洗的基本知识。

 **知识要求**

一、润滑

在拉深过程中，不但材料的塑性变形强烈，而且板料与模具的接触面之间要产生相对滑动，因而有摩擦力存在。拉深加工中使用润滑油的目的，是模具和毛坯之间形成牢固的、低摩擦的润滑膜，以防止两者直接接触，降低其摩擦力，抑制工件破裂，提高成形极限；同时，减少因烧结黏着而产生擦伤，提高拉深产品质量，延长模具寿命。实践证明：在拉深工序中，采用润滑剂以后，其拉深力可降低 30% 左右。润滑剂的涂刷部位，在拉深工序中应特别注意。应该将润滑剂涂在凹模圆角和压边面处以及与它们相接触的毛坯表面上，切忌涂在凸模表面或同它接触的毛坯表面上，以防材料沿凸模表面滑动并使材料变薄。

具体地讲，拉深润滑剂的使用应尽可能地扩大使起皱和破裂两者都不发生的加工条件范围，维持连续稳定生产，就成为拉深加工用润滑剂的主要目的。为达到此目的，在拉深工作中选用润滑剂时，应满足在金属表面上能形成牢固及很强附着性的薄膜，能承受较大的压力；润滑剂形成的润滑层应均匀分布，而且摩擦系数小；既要延长模具寿命，又不损坏模具及工件表面的机械及化学性能；容易从工件表面上去除掉；化学性能稳定，对人体没有毒害；原料资源有充分保证，价格低廉。

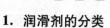

1. 润滑剂的分类

润滑剂大体分为液体、半固体和固体三大类。通常固体类称润滑剂，液体类称润滑油，半固体类称润滑脂，如表6—6所示。

表6—6　　　　　　　　　　　　　　　冲压润滑剂的种类和特点

状态	种类	类型	用途	特征	
				优点	缺点
液体	油性润滑剂（矿物油、合成油）	①矿物油＋油性剂	适用于非铁金属（铝、铜）拉深	①可调节黏度，应用范围广，几乎可用于所有拉深加工工件 ②可根据需要加入适当添加剂，可用于深拉深加工 ③可使之具有良好防锈性 ④廉价	①要求高黏度油时，则脱脂性、加工性差 ②由于温度变化引起黏度改变导致润滑性能改变；高速加工时，由于发热可使油品安定性变差 ③污染工作环境
		②矿物油＋油性剂＋极压剂	钢、不锈钢拉深，部分铜合金、铝合金拉深加工		
		③拉深兼防锈油	尤适于长时间储存的钢板拉深（如汽车车体）		
	水溶性油	①乳化液（占大部分） ②水溶性冲压油 ③化学溶液	不锈钢深拉深（浴缸、化学容器等），对外观要求不高的钢板的拉深（汽车燃油箱、散热器等）	①改变与水的稀释倍率，可以适应各种冲压加工工序，用途广泛 ②冷却性好，尤其适用于高速加工	①防锈性差 ②废液处理难 ③残留有固体填充物
固体	润滑剂（干性）	①蜡 ②金属皂类 ③二硫化铜 ④石墨 ⑤丙烯聚合物 ⑥化学合成皮膜（磷酸盐）	用于极难加工钢、不锈钢的拉深（汽车保险杠、底盘等）	①润滑性好，具有良好的表面保护效果 ②防锈性好（二硫化钼例外）	①脱脂困难 ②焊接性差 ③容易黏附到模具上 ④价格高
	塑料膜	①聚氯乙烯 ②聚乙烯	用于加工后要求产品中外表美观的钢板、不锈钢的冲压加工（汽车保险杠、装饰品、浴缸等）	①润滑性，表面保护效果极好 ②多数在生产前已涂好塑料膜，冲压时节省了涂膜工序	①涂蜡剥离困难 ②除去后废物难处理 ③除去前不能焊接 ④价格高

状态	种类	类型	用途	特征	
				优点	缺点
半固体	润滑脂	①烃基脂 ②皂基脂 ③无机润滑脂 ④有机润滑脂	与油性润滑剂大致相同，较少使用	见油性润滑剂	见油性润滑剂

液体润滑油，有油型和水型两种。在油型润滑油中又可细分为石油系烃油（矿物油）和合成油。但两者都是基础油，分别加入各种添加剂后方称为润滑油。水溶性润滑油主要指乳化液。它是通过加入表面活性剂，使水和油之类的互不相溶的两种液体相互混合而成。

冲压加工中所使用油型和水型油液，根据拉深深度的不同，由不同黏度的基础油和添加剂配制而成，其组成分别见表6—7和表6—8。

表6—7   油性冲压油

项目	基础油	添加剂			
		极压剂	油性剂	防锈剂	抗氧剂
浅拉深	低黏度矿物油	○	□	○	△
深拉深	中、高黏度矿物油	□	○	○	△

注：□—必须加；○—应该加；△—根据工序要求加。

表6—8   水溶性冲压油的组成

项目	基础油	添加剂				
		极压剂	油性剂	防锈剂	乳化剂	消泡剂
浅拉深	中、高黏度矿物油	○	□	○	□	△
深拉深	中、高黏度矿物油	□	□	○	□	△

注：□—必须加；○—应该加；△—根据工序要求加。

2. 润滑剂的组成

冲压加工中的润滑状态，多数情况下包含着边界润滑，在此种情况下，需要在其接触面上形成牢固黏附的润滑膜，为了满足这种要求，仅靠使用像矿物油或合成油那样的只靠其黏附在两个表面之间的润滑油，效果不大。必须能以物理或化学的方式与金属表面形成一层牢固的结合膜，能够形成这种膜的物质是油性剂和极压剂。

在拉深工艺中，采用的液体润滑剂通常由下述成分所组成：

（1）基剂

润滑油中所占的成分最多，用以使其他润滑成分均匀混合的液体，通常采用价格低廉的矿物油、植物油、动物油或水。常用矿物油见表6—9。

（2）油性剂

用以在金属表面形成吸附膜和保证边界的润滑方式。常用的有植物油、油酸、脂肪酸和硬脂肪酸等。常用油性剂见表6—10。

表6—9　　　　　　　　　　　　　　　　常用矿物油

名称	矿油类别	运动黏度/cSt
锭子油	L. V.（低黏度油）	≤15
机油	M. V.（中黏度油）	35～80
重机油	H. V.（高黏度油）	80～110
汽缸油	V. H. V.（很高黏度油）	>110

注：$1cSt = 10^{-6}\ m^2/s$。

表6—10　　　　　　　　　　　　　　　　常用油性剂

类别	名称
动物油	猪油、牛油、羊油、蜂蜡、鲸油、鱼油、鱼肝油
植物油	棕油、棉籽油、麻油、菜油、玉米花油、豆油、糖油
油酸	$CH_3（CH_2)_7CH = CH（CH_2)_7COOH$
脂肪酸	$C17H35—COOH$
化合物	乙醇、胺、甘油、油酸丁酯、二聚酸乙二醇单酯、二聚酸

（3）极压剂

用以在金属表面生成化学反应膜，多为氯、硫、磷的盐类。常用极压剂见表6—11。

表6—11　　　　　　　　　　　　　　　　常用极压剂

类别	名称	适用温度/℃
氯化物	氯化石蜡、氯化棉籽油、氯化苯	200～300
硫化物	硫化棉籽油、硫化矿物油、硫黄粉、硫化烯烃、二卡基、二硫化物、石油硫黄、磺化蓖麻油	300～400
磷化物	磷酸酯、亚磷酸酯、二烷基二硫化磷酸锌、磷化磷酸酯	400～500
碘化物	（适用于不锈钢和钛合金）	200～300

（4）隔离剂

用机械方法使两接触面分开，多用无机物粉末（见表6—12）。

表6—12 隔离剂

名称	化学式	适用温度/℃	备注
石墨	C	300～600	有水剂、油剂、粉剂
二硫化钼	MoS_2	<400	35℃以下比石墨好
二硫化钨	WS_2	<400	气化稳定性比 MoS_2 好
二硫化钽	TaS_2	<550	有低的电阻
三硫化钼	MoS_3	<400	
氧化硼	BO_2	<250	
氧化铅	PbO	<250	<250℃比 MoS_2 差
氟化硼	BF	<100	
氟化钙	CaF_2	700～1 000	<350℃失效
氮化硼	BN	700～1 000	不适用于真空环境
云母粉		<300	要求有一定粒度
硫黄粉	S	<200	亦可熔化于热油中
滑石粉		<500	
氧化锌	ZnO_2	>300	
三氧化二钇	Y_2O_3	<900	

（5）各种不同功能的添加剂

如用以改善基础油的黏性变化性质、防腐、防锈，去泡沫等特种功能用的化学物质。各种功能的添加剂见表6—13。

表6—13 各种功能的添加剂

类型	名称	用途
增塑剂	聚乙烯基正丁基醚、聚甲基丙烯酸酯、聚异丁烯	改善黏温特征 起增稠作用
防锈剂	石油磺酸钠、环烷酸锌 羊毛脂及其皂、钡皂	可与金属表面起强烈的吸附作用
抗氧化剂	二芳基二硫酸锌、硫磷化烯烃钙盐	（1）分解油中易受热氧化物质 （2）与金属形成反应膜 （3）纯化金属表面
清净剂	石油磺酸钙、烷基酚钡 烷基水杨酸钙、硫磷化聚异丁烯钡盐	清净剂易吸附于胶质氧化物上使之悬浮于油中，防止产生沉淀
抗泡剂	二甲基硅油	降低油的表面张力 防止形成稳定泡沫

3. 常用润滑剂

润滑剂的配方很多，在生产中，应根据拉深件的材料，工件的复杂程度，温度及工艺特点进行合理选用，表6—14、表6—15和表6—16所列为拉深工艺常用的润滑剂。

表6—14　　　　　　　　　　拉深低碳钢用的润滑剂

简称号	润滑剂成分	质量分数（%）	附注	简称号	润滑剂成分	质量分数（%）	附注
5号	锭子油 鱼肝油 石墨 油酸 硫黄 钾肥皂 水	43 8 15 8 5 6 15	用这种润滑剂可得到最好的效果，硫黄应以粉末状态加进去	10号	锭子油 硫化蓖麻油 鱼肝油 白粉 油酸 苛性钠 水	33 1.5 1.2 45 5.6 0.7 13	润滑剂很容易去除，用于重的压制工件
6号	锭子油 黄油 滑石粉 硫黄 酒精	40 40 11 8 1	硫黄应以粉末状态加进去	2号	锭子油 黄油 鱼肝油 白粉 油酸 水	12 25 12 20.5 5.5 25	这种润滑剂比以上的略差
9号	锭子油 黄油 石墨 硫黄 酒精 水	20 40 20 7 1 12	将硫黄溶于温度为160℃的锭子油内。其缺点是保存时间太久时会分层	8号	钾肥皂 水	20 80	将肥皂溶在温度为60~70℃的水里，是很容易溶解的润滑剂，用于半球及抛物线形工件的拉深中
					乳化液 白粉 焙烧苏打 水	37 45 1.3 16.7	可溶解的润滑剂，加3%的硫化蓖麻油后，可改善其效用

表 6—15 　　　　　　　　　　低碳钢变薄拉深用润滑剂

润滑方法	成分含量	附注
接触镀铜化合物 硫酸铜 食盐 硫酸 水工用胶 水	 4.5~5 kg 5 kg 7~8 kg 200 g 80~100 L	将胶先溶解在热水中，然后再将其余成分溶进去。将镀过的毛坯保存在热的肥皂溶液内，进行拉深时才由该溶液内将毛坯取出
先在磷酸盐内予以磷化，然后在肥皂乳烛液内予以皂化	磷化配方 马日夫盐—— 30~33 g/L 氧化铜—— 0.3~0.5 g/L	磷化液温度：96~98℃，保持 15~20 min

表 6—16 　　　　　　　　　　拉深有色金属及不锈钢的润滑剂

金属材料	润滑方式
铝	植物油（豆油）、工业凡士林
硬铝	植物油乳烛液
纯铜、黄铜及青铜	菜油或肥皂与油的乳烛液（将油与浓肥皂水溶液混合）
镍及其合金	肥皂与油的乳烛液
2Cr13 不锈钢 1Cr18Ni8Ti 不锈钢 耐热钢	用氯化乙烯漆（GO1-4）喷涂板料表面，拉深时另涂机油

拉深时润滑剂一般涂抹在凹模圆角部位和压边面的部位，以及与此处相接触的毛坯表面上，并经常保持润滑部位的干净。在拉深过程中提高润滑油的黏度，能降低模具和坯料的接触率，减小摩擦，其结果降低了拉深力，这已是实际生产中一种有效的手段。但从后续工序以及经济性和易操作性等方面考虑，黏度过分增加必然会受到限制，其黏度大小应选用恰当。

二、热处理

在拉深过程中，由于板料因塑性变形而产生较大的加工硬化，致使继续变形困难甚至不可能。为了后续拉深或其他成形工序的顺利进行，或消除工件的内应力，必要时应进行工序间的热处理或最后消除应力的热处理。

对于普通硬化的金属（如08钢、10钢、15钢、黄铜和退火过的铝等），若工艺过程制订得正确，模具设计合理，一般可不需要进行中间退火。而对于高度硬化的金属（如不锈钢、耐热钢、退火紫铜等），一般在1~2次拉深工序后就要进行中间热处理。

为了消除加工硬化而进行的热处理方法，对于一般金属材料是退火，对于奥氏体不锈钢、耐热钢则是淬火。

不论是工序间热处理还是最后消除应力的热处理，应尽量及时进行，以免由于长期存放造成冲件在内应力作用下产生变形或龟裂，特别对不锈钢、耐热钢及黄铜冲件更是如此。下面简单介绍一下中间退火。

在拉深过程中，为了解除金属材料在塑性变形中产生的内应力及冷作硬化，需要进行半成品的工序间退火和成品退火。

无须中间退火所能完成的拉深工序次数，见表6—17。

表6—17　　　　　　　　　无须中间退火所能完成的拉深工序次数

材料	不用退火的拉深工序次数	材料	不用退火的拉深工序次数
08、10、15	34	不锈钢1Cr18Ni9Ti	1
铝	45	镁合金	1
黄铜H68	24	钛合金	1
纯铜	12		

中间退火的方式有高温退火和低温退火。

1. 高温退火

把金属加热至高于临界点的温度，以便产生完全的再结晶。高温退火时，可能得到晶粒大的组织，影响零件的力学性能，但软化效果较好。各种材料高温退火的规范见表6—18。

表6—18 各种金属的高温退火规范

材料名称	加热温度	加热时间	冷却
08、10、15	760~780	20~40	在箱内空气中冷却
Q195、Q215A	900~920	20~40	在箱内空气中冷却
20、25、30、Q235A、Q255A	700~720	60	随炉冷却
30CrMnSiA	650~700	12~18	在空气中冷却
1Cr8Ni9Ti 不锈钢	1 150~	30	在气流中或水中冷却
纯铜 T1、T2	1 170	30	在空气中冷却
黄铜 H62、H68	600~650	15~30	在空气中冷却
镍	650~700	20	在空气中冷却
铝	750~850	30	由250 ℃起空冷
硬铝	300~400	30	由250 ℃起空冷

2. 低温退火

即再结晶退火，把金属加热至再结晶温度，以消除硬化，恢复塑性。这是一般常用的方法。各种材料低温退火规范见表6—19。

表6—19 各种材料的低温退火（再结晶退火）规范

材料名称	加热温度 $t/℃$	冷却	材料名称	加热温度 $t/℃$	冷却
08、10、15、20	600~650	空冷	镁合金 MB1、MB8	260~350	保温 60 min
纯铜 T1、T2	400~450	空冷	钛合金 TA1	550~600	空冷
黄铜 H62、H68	500~540	空冷	钛合金 TA5	650~700	空冷
铝	220~250	保温			

三、酸洗

1. 钢材酸洗的必要性

经过热处理的工序件，表面有氧化皮，在继续加工时会增加对模具的磨损，需要清洗后方可继续进行拉深或其他冲压加工。在许多场合，工件表面的油污及其他污物也必须清洗，方可进行喷漆或搪瓷等后续工序。有时在拉深成形前也需要对坯料进行清洗。

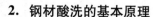
2. 钢材酸洗的基本原理

钢钢材表面上的氧化铁皮（FeO、$F_{e3}O_4$、$F_{e2}O_3$）都是不溶解于水的氧化物，当把它们浸泡在酸液里时，这些氧化物就分别与酸发生一系列化学反应。

由于碳素结构钢或低合金钢钢材表面上的氧化铁皮具有疏松、多孔和裂纹的结构，加之氧化铁皮在酸洗时随同钢材一起经过矫直、拉矫、传送的反复弯曲，使这些孔隙裂缝进一步增加和扩大。所以，酸溶液在与氧化铁皮起化学反应的同时，也可以通过裂缝和孔隙渗透而与钢铁基体的铁起化学反应。也就是说，在酸洗一开始就同时进行着所有3种氧化物和金属铁与酸溶液之间的化学反应，所以，酸洗的过程包括了以下3个方面的作用：

（1）溶解作用

钢材表面氧化铁皮中各种铁的氧化物与酸发生化学反应，生成溶于水的铁盐而溶解于酸溶液内。若用盐酸或硫酸进行酸洗时，生成可溶解于酸液的正铁及亚铁氯化物或硫酸盐，从而把氧化铁皮从带钢表面除去。这种作用，一般称作溶解作用。

（2）机械剥离作用

钢材表面氧化铁皮中除铁的各种氧化物之外，还夹杂着部分的金属铁，而且氧化铁皮又具有多孔性，那么酸溶液就可以通过氧化铁皮的孔隙和裂缝与氧化铁皮中的铁或基体铁作用，并相应产生大量的氢气。由这部分氢气产生的膨胀压力，就可以把氧化铁皮从钢材表面上剥离下来。这种通过反应中产生氢气的膨胀压力把氧化铁皮剥离下来的作用，一般把它叫作机械剥离作用。

（3）还原作用

金属铁与酸作用时，首先产生氢原子。一部分氢原子相互结合成为氢分子，促使氧化铁皮的剥离。另一部分氢原子靠其化学活泼性及很强的还原能力，将高价铁的氧化物和高价铁盐还原成易溶于酸溶液的低价铁氧化物及低价铁盐。

3. 酸洗基本流程

在冲压加工中，清洗的方法一般是采用酸洗。酸洗时先用苏打水去油，然后将工件或坯料置于加热的稀酸中侵蚀，接着在冷水中漂洗，后在弱碱溶液中将残留的酸液中和，最后在热水中洗涤并经烘干即可。如果应用光亮退火，即在有中性或还原介质的电炉内退火，这样就不会产生氧化皮，故不需要进行酸洗。各种材料酸洗液的成分见表6—20。

退火、酸洗是延长生产周期和增加生产成本、产生环境污染的工序，应尽可能加以避免。若能够通过增加拉深次数的办法以减少退火工序时，一般宁可增加拉深次数。若工序数在6~10次以上时，应该考虑能否使用连续拉深或者将拉深与冷挤压、变薄拉深等工艺结合起来，以避免退火工序。

表 6—20　　　　　　　　　　酸洗溶液的成分

工件材料	溶液成分	含量	说明	工件材料	溶液成分	含量	说明
低碳钢	硫酸或	10%～20%		铜及其合金	硝酸	200 份	预浸
	盐酸水	其余			盐酸	1～2 份	
高碳钢	硫酸	10%～15%	预浸		炭黑	1～2 份	
	水	其余			硝酸	75 份	光亮酸洗
	苛性钠或	50～100 g/L	最后酸洗		硫酸	100 份	
	苛性钾				盐酸	1 份	
不锈钢	硝酸	10%	得到光亮的表面	铝及锌	苛性钠或苛性钾	100～200 g/L	闪光酸洗
	盐酸	1%～2%			食盐	13 g/L	
	硫化胶	1%			盐酸	50～100 g/L	
	水	其余					

4. 钢材酸洗工艺缺点

钢材的酸洗处理广泛地应用于冷轧板材坯料即热轧板材的表面氧化铁皮的去除，如热轧型钢需进行磷化或镀层等表面处理加工前去除氧化铁皮；焊接管材在镀锌或进行其他热浸镀、电镀加工前的表面预处理；退火处理后的钢材如管材、型材、线材等冷拔加工前的表面处理；钢铁加工件进行电镀、电刷镀前的除锈处理以及不锈钢和特殊钢生产过程中的类似处理。目前酸洗仍是钢铁生产和钢铁表面处理时不可或缺的工艺过程。但是，钢材酸洗处理工艺的采用也带来如下的一些问题：

（1）大量消耗钢铁材料和酸

在酸洗的过程中，有的主要通过酸与铁皮的化学反应，利用酸对金属氧化物的溶解作用来除去铁皮。有的还要借助于酸与钢铁发生化学反应产生的氢气泡的剥离作用来除去氧化铁皮，如使用硫酸进行钢材酸洗。因此在酸洗过程中，大量消耗酸是必然的。虽然在酸洗中使用酸洗缓蚀剂可以降低钢铁的金属消耗，但是仍有相当量的金属铁损失掉。

（2）可能降低钢材的物理性能

在酸洗过程中，金属铁和酸之间发生化学反应并产生氢气。由于酸洗液中的氢的化学位高于被酸洗的钢材中氢的化学位，生成的氢会渗入钢中并积存起来造成氢脆，从而影响钢材的机械性能或以后的加工处理。

（3）会带来一系列的环境污染问题

采用酸洗工艺对钢材或零件进行表面处理，由于钢材的品种、产品的规格和生产的规模各不相同，从而造成了在生产装备和生产环境方面有着很大差别。如酸洗槽体的密封、

对生产设备的腐蚀、酸洗车间的通风排风、酸雾的排出和处理以及污水的处理和排放等方面，处理方法和处理水平相差悬殊。从而会带来许多环境保护方面的问题，而需要一一加以处理和解决。

（4）废酸和铁盐的处理问题

钢铁的酸洗在消耗大量金属铁的同时还产生大量的废酸液，相应的酸和氧化铁便生成铁盐溶液。为了回收和利用这些废酸液和铁盐，需要较大的投资来建设相应的回收和处理设备。特别是对一些小型的、小批量的钢铁件进行酸洗处理时，往往会出现酸洗废液难以集中进行处理的情况，一旦发生直接排放的情况，就会对环境造成严重污染。

第7章

冲压模具设计流程及案例

第1节　冲压模具总体设计要点

学习目标

掌握冲压模具设计流程及设计要点。

知识要求

冲压模具总体设计要点包括以下内容：

（1）确定冲压件的成形工艺方案；

（2）确定冲模的结构形式；

（3）确定冲模的压力中心；

（4）确定冲模的闭合高度；

（5）凸、凹模和垫板等零件的强度计算及弹性元件的计算与选用；

（6）选择冲压设备；

（7）绘制模具总装图及模具零件图。

以下主要介绍前两项设计内容。

一、确定冲压件的成形工艺方案

在对冲压件进行工艺分析的基础上，拟订出几套可能的工艺方案。通过对各种方案综合分析和相对比较，从企业现有的生产技术条件出发，确定出经济上合理，技术上切实可行的最佳工艺方案。

确定冲压件的工艺方案时需要考虑冲压工序的性质、数量、顺序、组合方式以及其他辅助工序的安排。

1. 工序性质的确定

工序性质是指冲压件所需的工序种类。如分离工序中的冲孔、落料、切边，成形工序中的弯曲、翻边、拉深等。工序性质的确定主要取决于冲压件的结构形状、尺寸精度，同时需考虑工件的变形性质和具体的生产条件。

在一般情况下，可以从工件图上直观地确定出冲压工序的性质。如平板状零件的冲压加工，通常采用冲孔、落料等冲裁工序。弯曲件的冲压加工，常采用落料、弯曲工序。拉

深件的冲压加工，常采用落料、拉深、切边等工序。

但在某些情况下，需要对工件图进行计算、分析比较后才能确定其工序性质。

2. 工序数量的确定

工序数量是指冲压件加工整个过程中所需要的工序数目（包括辅助工序数目）的总和。冲压工序的数量主要根据工件几何形状的复杂程度、尺寸精度和材料性质确定，在具体情况下还应考虑生产批量、实际制造模具的能力、冲压设备条件以及工艺稳定性等多种因素的影响。在保证冲压件质量的前提下，为提高经济效益和生产效率，工序数量应尽可能少些。

工序数量的确定，应遵循以下原则：

（1）冲裁形状简单的工件，采用单工序模具完成。冲裁形状复杂的工件，由于模具的结构或强度受到限制，其内外轮廓应分成几部分冲裁，需采用多道冲压工序。必要时，可选用连续模。对于平面度要求较高的工件，可在冲裁工序后再增加一道校平工序。

（2）弯曲件的工序数量主要取决于其结构形状的复杂程度，根据弯曲角的数目、相对位置和弯曲方向而定。当弯曲件的弯曲半径小于允许值时，则在弯曲后增加一道整形工序。

（3）拉深件的工序数量与材料性质、拉深高度、拉深阶梯数以及拉深直径、材料厚度等条件有关，需经拉深工艺计算才能确定。当拉深件圆角半径较小或尺寸精度要求较高时，则需在拉深后增加一道整形工序。

（4）当工件的断面质量和尺寸精度要求较高时，可以考虑在冲裁工序后再增加修整工序或者直接采用精密冲裁工序。

（5）工序数量的确定还应符合企业现有制模能力和冲压设备的状况。制模能力应能保证模具加工、装配精度相应提高的要求，否则只能增加工序数目。

（6）为了提高冲压工艺的稳定性有时需要增加工序数目，以保证冲压件的质量。例如弯曲件的附加定位工艺孔冲制、成形工艺中的增加变形减轻孔冲裁以转移变形区等。

3. 工序顺序的安排

工序顺序是指冲压加工过程中各道工序进行的先后次序。冲压工序的顺序应根据工件的形状、尺寸精度要求、工序的性质以及材料变形的规律进行安排，一般遵循以下原则：

（1）对于带孔或有缺口的冲压件，选用单工序模时，通常先落料再冲孔或缺口；选用连续模时，则落料安排为最后工序。

（2）如果工件上存在位置靠近、大小不一的两个孔，则应先冲大孔后冲小孔，以免大孔冲裁时的材料变形引起小孔的形变。

（3）对于带孔的弯曲件，在一般情况下，可以先冲孔后弯曲，以简化模具结构。当孔位于弯曲变形区或接近变形区，以及孔与基准面有较高要求时，则应先弯曲后冲孔。

（4）对于带孔的拉深件，一般先拉深后冲孔。当孔的位置在工件底部，且孔的尺寸精度要求不高时，可以先冲孔再拉深。

（5）多角弯曲件应从材料变形影响和弯曲时材料的偏移趋势安排弯曲的顺序，一般应先弯外角后弯内角。

（6）对于复杂的旋转体拉深件，一般先拉深大尺寸的外形，后拉深小尺寸的内形。对于复杂的非旋转体拉深尺寸的应先拉深小尺寸的内形，后拉深大尺寸的外部形状。

（7）整形工序、校平工序、切边工序，应安排在基本成形以后。

4. 冲压工序间半成品形状与尺寸的确定

正确地确定冲压工序间半成品形状与尺寸可以提高冲压件的质量和精度，确定时应注意下述几点：

（1）对某些工序的半成品尺寸，应根据该道工序的极限变形参数计算求得。如多次拉深时各道工序的半成品直径、拉深件底部的翻边前预冲孔直径等，都应根据各自的极限拉深系数或极限翻边系数计算确定。

（2）确定半成品尺寸时，应保证已成形的部分在以后各道工序中不再产生任何变动，而待成形部分必须留有恰当的材料余量，以保证以后各道工序中形成工件相应部分的需要。

（3）半成品的过渡形状，应具有较强的抗失稳能力。

（4）确定半成品的过渡形状与尺寸时，应考虑其对工件质量的影响。如多次拉深工序中，凸模的圆角半径或宽凸缘边工件多次拉深时的凸模与凹模圆角半径都不宜过小，否则会在成形后的零件表面残留下经圆角部位弯曲变薄的痕迹使表面质量下降。

二、确定冲模的结构形式

冲模设计时，首先要根据工艺方案选定模具类型（简单模、级进模或复合模），确定具体的模具总体结构形式。这是冲模设计的关键一步，它直接影响冲压件的品质、成本和冲压生产率。模具的结构形式很多，可根据冲压件的形状、尺寸、精度、材料性能和生产批量及冲压设备、模具加工条件、工艺方案等设计。在满足冲压件品质要求的前提下，力求模具结构简单、制造周期短、成本低、生产效率高、寿命长。

1. 确定模具结构形式的内容

（1）根据冲压件的形状和尺寸，确定凸、凹模的加工精度、结构形式和固定方法。

（2）据毛坯的特点、冲压件的精度和生产批量，确定定位、导料和挡料方式。

（3）根据工件和废料的形状、大小，确定进料、出件和排出废料的方式。

（4）根据板料的厚度和冲压件的精度要求，确定压料与卸料方式，压料或不压料，弹性卸料或刚性卸料。

（5）根据生产批量，确定操作方式：手工操作，自动或半自动操作。

（6）根据冲压件的特征和对模具寿命的要求，确定合理的模具加工精度，选取合理的导向方式和模具固定方式。

（7）根据所使用的设备，确定模具的安装与固定方式。

2. 注意事项

此外，为便于模具加工、维修和操作安全，冲模结构设计还应注意以下几点：

（1）大型、复杂形状的模具零件，加工困难时，应考虑采用镶拼结构，以利于加工。

（2）模具结构应保证磨损后修磨方便；尽量做到不拆卸即可修磨工作零件；影响修磨而必须去掉的零件（如模柄等），可做成易拆卸的结构等。

（3）冲模的工作零件较多，而且使用寿命相差较大时，应将易损坏及易磨损的工作零件做成快换结构的形式，而且尽量做到可以分别调整和补偿易磨损件的相关尺寸。

（4）需要经常修磨和调整的部分尽量放在模具的下部。

（5）质量较大的模具应有方便的起运孔或钩环等。

第 2 节　利用 UG NX 软件进行
典型冲裁模具的设计

 **学习目标**

了解各种类型的冲裁模结构的特点及典型冲裁模具的工作原理、结构形式、使用规范及其特点；熟悉冲裁模具的设计步骤，能够根据工艺方案所定的工艺顺序、工艺性质和设备选用情况设计一般的冲裁模具；掌握冲裁模具设计的主要内容，包括：确定模具类型、设计计算凹凸模刃口的形状、尺寸、精度、配合间隙以及选择定位、卸料方式等。掌握 UG 的"建模"工具的运用并能够熟练使用实体建模的方法来设计冲压模具。

知识要求

冲裁是冷冲压加工工艺中的一个最基本的工艺，它在冲压生产中所占的比例非常大，有着非常重要的地位。冲裁不仅可以直接在平板毛坯上进行，还可以在弯曲、拉伸等半成品上进行，作为这些工序的后续工序。所谓冲裁就是指利用模具在压力机上使材料和制件沿一定的轮廓线产生相互分离的工序。广义上来讲，冲裁包括了所有的分离工序。但在一般情况下，冲裁主要指冲孔和落料两大工序。落料是指材料沿封闭的轮廓线产生完全的分离，冲裁轮廓线以内的部分为制件，以外的部分为废料；冲孔则是指材料封闭的轮廓线产生完全的分离，冲裁轮廓线以外的部分为制件，以内的部分为废料。如冲压内径为 d 外径为 D 的垫圈制件，获得内径 d 的过程为冲孔，获得外径 D 的过程为落料。冲裁模按工序组合程度可分为单工序模、复合模和级进模以及按有无导向装置及导向方式、送料方式、卸料方式等来进行分类及应用。下面以一个简单的冲裁复合模设计为例，详细介绍基于 UG NX 软件中的实体建模方法进行相应的冲裁复合模结构设计。

一、实例分析

本节通过一个简单的冲压零件来介绍冲裁复合模模具的设计方法，采用的是手动分模。该实例的效果图和二维尺寸，如图 7—1 所示。在介绍具体的步骤前，首先对该零件进行简单工艺性分析。

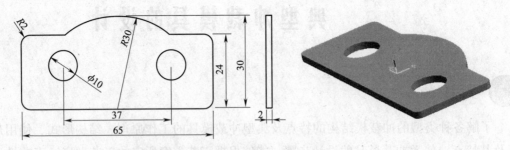

图 7—1　零件二维尺寸及 3D 效果图

1. 产品需求及技术分析

产品材料：Q235 钢，材料厚度为 2 mm。

产品功用：防止其他物品的滑动。

产品要求：机械性能良好，能耐冲击，并且要有很好的耐磨损特性。

技术分析：该零件结构简单，并在转角处均有倒角，比较适合冲裁。

2. 确定工艺方案

该零件包括落料、冲孔两个基本工序，可以采用的工艺方案有：单工序模生产、复合模生产，以及级进模生产，但是采用单工序模生产效率低，难以满足大批量生产的要求；而级进模不能满足零件尺寸的精度要求并且制造成本较高，因此，在本例中采用复合模生产。

3. 模具设计难点

该实例采用的是复合模因此必须保证在一道工序中完成落料和冲孔，这是本例模具设计的难点。

二、主要模具零部件的设计步骤

1. 创建凸凹模

（1）选择菜单"文件"→"新建"命令，或者单击"标准"工具栏中的"新建"按钮，弹出【新建】对话框，如图 7—2 所示。

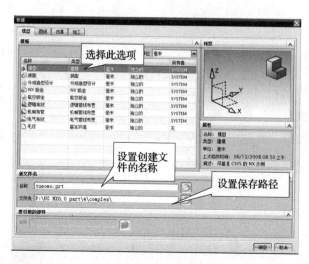

图 7—2 【新建】对话框

（2）在该对话框中选择模板名称为"模型"，在"新建文件名"选项中名称为"tuao-mo. prt"，设置文件夹路径为"F：\ UG NX6.0 part \ 4 \ complex \"（此路径为自行设置，读者自己的设置路径可以与此不同），如图 7—2 所示。

（3）单击"确定"按钮，进入"凹凸模"文件的建模环境中。

（4）单击"特征"工具栏中的"拉伸"按钮，弹出【拉伸】对话框，如图 7—3 所示。

（5）选择如图 7—4 所示的"XC - YC"面作为基准面，进入草图编辑模式。

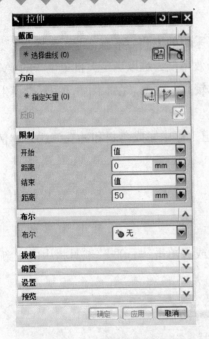

图7—3　【拉伸】对话框

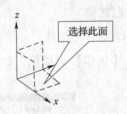

图7—4　选择草图基准面

（6）绘制草图如图7—5所示。

（7）单击"完成草图"按钮 ，退出草图编辑环境，回到【拉伸】对话框。

（8）在该对话框中，终点距离设置为"42"，方向设置为"－ZC轴"。

（9）单击"确定"按钮，得到拉伸体如图7—6所示。

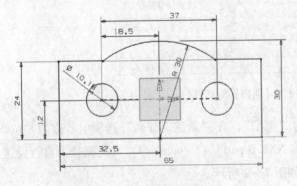

图7—5　绘制的草图及尺寸

图7—6　拉伸体效果图

（10）单击"特征"工具栏中的"拉伸"按钮，弹出【拉伸】对话框。

（11）选择如图7—7所示的面作为基准面，进入草图编辑模式。

（12）绘制草图如图7—8所示。

图7—7　选择拉伸基准面

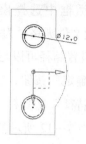

图7—8　绘制的草图及尺寸

（13）单击"完成草图"按钮 ，退出草图编辑环境，回到【拉伸】对话框。

（14）在该对话框中，终点距离设置为"34.5"，"布尔"选项设置为"求差"，方向为"ZC轴"。

（15）单击"确定"按钮，得到拉伸体如图7—9所示。

（16）单击"特征操作"工具栏上的"边倒圆" 按钮，弹出【边倒圆】对话框，如图7—10所示。

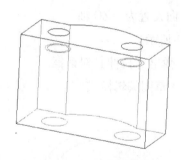

图7—9　拉伸效果图

图7—10　【边倒圆】对话框

（17）在该对话框中设置圆角半径为"2"。

（18）选择如图7—11所示的四条边。

（19）单击"确定"按钮，完成凸凹模的创建。

2. 创建冲孔凸模

（1）选择菜单"文件"→"新建"命令，或者单击"标准"工具栏中的"新建"按钮 ，弹出【新建】对话框。

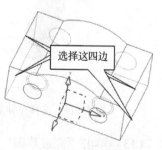

图7—11　选择倒圆角的边

（2）在该对话框中选择模板名称为"模型"，在"新建文件名"选项中名称为"tumo. prt"，设置文件夹路径为"F：\ UG NX6. 0 part \ 4 \ complex \ "（此路径为自行设置，读者自己的设置路径可以与此不同）。

（3）单击"确定"按钮，进入"冲孔凸模"文件的建模环境中。

（4）单击"特征"工具栏中的"拉伸"按钮 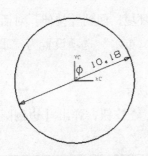，弹出【拉伸】对话框。

（5）选择如图 7—12 所示的"XC - YC"面作为基准面，进入草图编辑环境。

（6）绘制草图，如图 7—13 所示。

图 7—12　绘制的草图及尺寸

图 7—13　创建的拉伸体

（7）单击"完成草图"按钮 ，退出草图编辑环境，回到【拉伸】对话框。

（8）在该对话框中，终点距离设置为"35"，方向设置为"ZC 轴"。

（9）单击"确定"按钮，得到拉伸体如图 7—14 所示。

（10）单击"特征"工具栏中的"拉伸"按钮，弹出【拉伸】对话框。

（11）选择如图 7—14 所示的面作为基准面，进入草图编辑模式。

（12）绘制草图如图 7—15 所示。

图 7—14　选择拉伸基准面图

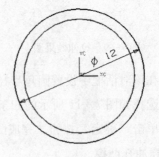

图 7—15　绘制的草图及尺寸

（13）单击"完成草图"按钮 ，退出草图编辑环境，回到【拉伸】对话框。

（14）在该对话框中，终点距离设置为"5"，"布尔"选项设置为"求和"，方向为

"ZC 轴"。

（15）单击"确定"按钮，得到拉伸体如图 7—16 所示。

（16）单击"特征操作"工具栏上的"边倒圆"按钮 ，弹出【边倒圆】对话框，如图 7—10 所示。

（17）在该对话框中设置圆角半径为"0.25"。

（18）选择如图 7—17 所示的边。

（19）单击"确定"按钮，完成凸模的创建。

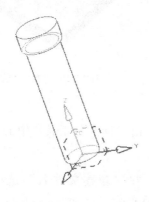

图 7—16　创建的拉伸体

图 7—17　选择倒圆角的边

3. 创建凹模

（1）选择菜单"文件"→"新建"命令，或者单击"标准"工具栏中的"新建"按钮 ，弹出【新建】对话框。

（2）在该对话框中选择模板名称为"模型"，在"新建文件名"选项中名称为"aomo. prt"，设置文件夹路径为"F：\ UG NX6.0 part \ 4 \ complex \"（此路径为自行设置，读者自己的设置路径可以与此不同）。

（3）单击"确定"按钮，进入"冲孔凹模"文件的建模环境中。

（4）单击"特征"工具栏中的"拉伸"按钮 ，弹出【拉伸】对话框。

（5）选择如图 7—4 所示的"XC – YC"面作为基准面，进入草图编辑环境。

（6）绘制草图如图 7—18 所示。

（7）单击"完成草图"按钮 ，退出草图编辑环境，回到【拉伸】对话框。

（8）在该对话框中，终点距离设置为"14"，方向设置为"ZC 轴"。

（9）单击"确定"按钮，完成创建凹模的创建，得到拉伸体如图 7—19 所示。

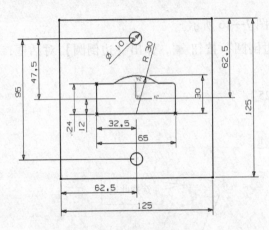

图7—18　绘制的草图及尺寸

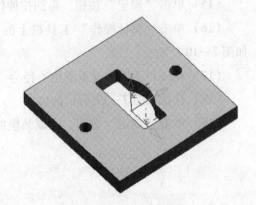

图7—19　拉伸效果图

4．创建上垫板

（1）选择菜单"文件"→"新建"命令，或者单击"标准"工具栏中的"新建"按钮 □，弹出【新建】对话框。

（2）在该对话框中选择模板名称为"模型"，在"新建文件名"选项中名称为"shangdianban. prt"，设置文件夹路径为"F：\ UG NX6. 0 part \ 4 \ complex \ "（此路径为自行设置，读者自己的设置路径可以与此不同）。

（3）单击"确定"按钮，进入"上垫板"文件的建模环境中。

（4）单击"特征"工具栏中的"拉伸"按钮 □，弹出【拉伸】对话框。

（5）选择如图7—4所示的"XC – YC"面作为基准面，进入草图编辑环境。

（6）绘制草图，如图7—20所示。

（7）单击"完成草图"按钮 ■，退出草图编辑环境，回到【拉伸】对话框。

（8）在该对话框中，终点距离设置为"8"，方向设置为"ZC轴"。

（9）单击"确定"按钮，得到拉伸体如图7—21所示。

5．创建下模板

（1）选择菜单"文件"→"新建"命令，或者单击"标准"工具栏中的"新建"按钮 □，弹出【新建】对话框。

（2）在该对话框中选择模板名称为"模型"，在"新建文件名"选项中名称为"xiamoban. prt"，设置文件夹路径为"F：\ UG NX6. 0 part \ 4 \ complex \ "（此路径为自行设置，读者自己的设置路径可以与此不同）。

（3）单击"确定"按钮，进入"下模板"文件的建模环境中。

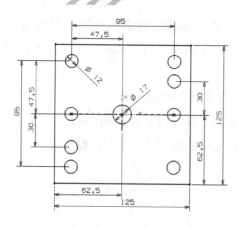

图 7—20　绘制的草图及尺寸

图 7—21　实体拉伸效果图

（4）单击"特征"工具栏中的"拉伸"按钮 ▦，弹出【拉伸】对话框。

（5）选择如图 7—4 所示的"XC–YC"面作为基准面，进入草图编辑环境。

（6）绘制草图如图 7—22 所示。

（7）单击"完成草图"按钮 ▨，退出草图编辑环境，回到【拉伸】对话框。

（8）在该对话框中，终点距离设置为"6"，方向设置为"ZC 轴"。

（9）单击"确定"按钮，得到拉伸体如图 7—23 所示。

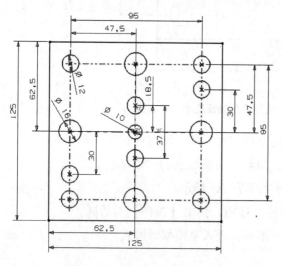

图 7—22　绘制的草图及尺寸

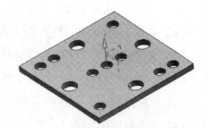

图 7—23　实体拉伸效果图

6. 创建凸模固定板

（1）选择菜单"文件"→"新建"命令，或者单击"标准"工具栏中的"新建"按钮 ▧，弹出【新建】对话框。

（2）在该对话框中选择模板名称为"模型"，在"新建文件名"选项中名称为"tu-mogudingban. prt"，设置文件夹路径为"F：\ UG NX6. 0 part \ 4 \ complex \ "（此路径为自行设置，读者自己的设置路径可以与此不同）。

（3）单击"确定"按钮，进入"凸模固定板"文件的建模环境中。

（4）单击"特征"工具栏中的"拉伸"按钮 ，弹出【拉伸】对话框。

（5）选择 如图7—4所示的"XC – YC"面作为基准面，进入草图编辑环境。

（6）绘制草图如图7—24所示。

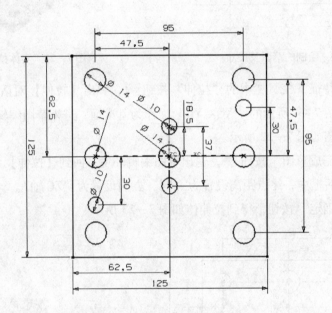

图7—24　绘制的草图及尺寸

（7）单击"完成草图"按钮 ，退出草图编辑环境，回到【拉伸】对话框。

（8）在该对话框中，终点距离设置为"14"，方向设置为"ZC轴"。

（9）单击"确定"按钮，得到拉伸体如图7—25所示。

（10）单击"特征"工具栏中的"拉伸"按钮，弹出【拉伸】对话框。

（11）选择如图7—26所示的面作为基准面，进入草图编辑模式。

（12）绘制草图如图7—27所示。

（13）单击"完成草图"按钮 ，退出草图编辑环境，回到【拉伸】对话框。

（14）在该对话框中，终点距离设置为"5"，"布尔"选项设置为"求差"，方向为"ZC轴"。

（15）单击"确定"按钮，得到拉伸体，如图7—28所示。

图7—25　实体拉伸效果图

图7—26　选择拉伸基准面

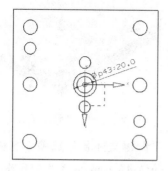

图7—27　绘制的草图及尺寸

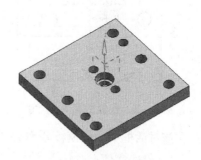

图7—28　凸模固定板效果图

7. 创建垫板

（1）选择菜单"文件"→"新建"命令，或者单击"标准"工具栏中的"新建"按钮 ，弹出【新建】对话框。

（2）在该对话框中选择模板名称为"模型"，在"新建文件名"选项中名称为"dian-ban. prt"，设置文件夹路径为"F：\ UG NX6. 0 part \ 4 \ complex \ "（此路径为自行设置，读者自己的设置路径可以与此不同）。

（3）单击"确定"按钮，进入"垫板"文件的建模环境中。

（4）单击"特征"工具栏中的"拉伸"按钮 ，弹出【拉伸】对话框。

（5）选择如图7—4所示的"XC – YC"面作为基准面，进入草图编辑环境。

（6）绘制草图，如图7—29所示。

（7）单击"完成草图"按钮 ，退出草图编辑环境，回到【拉伸】对话框。

（8）在该对话框中，终点距离设置为"12"，方向设置为"ZC轴"。

（9）单击"确定"按钮，完成垫板的创建，得到拉伸效果，如图7—30所示。

8. 创建推件块

（1）选择菜单"文件"→"新建"命令，或者单击"标准"工具栏中的"新建"按钮 ，弹出【新建】对话框。

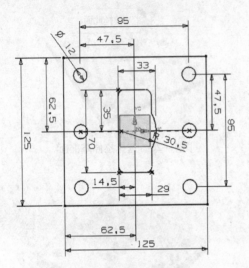

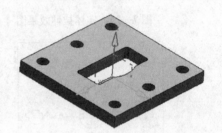

图 7—29　绘制的草图及尺寸

图 7—30　垫板拉伸效果图

（2）在该对话框中选择模板名称为"模型"，在"新建文件名"选项中名称为"tu-ijiankuai. prt"，设置文件夹路径为"F：\ UG NX6. 0 part \ 4 \ complex \"（此路径为自行设置，读者自己的设置路径可以与此不同）。

（3）单击"确定"按钮，进入"推件块"文件的建模环境中。

（4）单击"特征"工具栏中的"拉伸"按钮 ，弹出【拉伸】对话框。

（5）选择如图 7—4 所示的"XC－YC"面作为基准面，进入草图编辑环境。

（6）绘制草图如图 7—31 所示。

（7）单击"完成草图"按钮 ，退出草图编辑环境，回到【拉伸】对话框。

（8）在该对话框中，终点距离设置为"20"，方向设置为"ZC 轴"。

（9）单击"确定"按钮，得到拉伸体如图 7—32 所示。

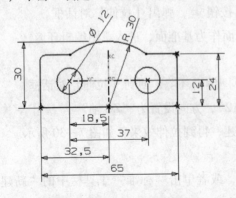

图 7—31　绘制的草图及尺寸

图 7—32　实体拉伸效果图

（10）单击"特征"工具栏中的"拉伸"按钮，弹出【拉伸】对话框。

（11）选择"XC‑YC"面作为基准面，进入草图编辑模式。

（12）绘制草图如图7—33所示。

（13）单击"完成草图"按钮🏁，退出草图编辑环境，回到【拉伸】对话框。

（14）在该对话框中，终点距离设置为"5"，"布尔"选项设置为"求和"，方向为"ZC轴"。

（15）单击"确定"按钮，完成推件块的创建，得到推件块拉伸效果图如图7—34所示。

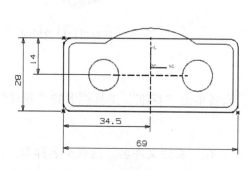

图7—33　绘制的草图及尺寸

图7—34　推件块拉伸效果图

9. 创建卸料板

（1）选择菜单"文件"→"新建"命令，或者单击"标准"工具栏中的"新建"按钮🗋，弹出【新建】对话框。

（2）在该对话框中选择模板名称为"模型"，在"新建文件名"选项中名称为"xieli-aoban. prt"，设置文件夹路径为"F：\ UG NX6. 0 part \ 4 \ complex \ "（此路径为自行设置，读者自己的设置路径可以与此不同）。

（3）单击"确定"按钮，进入"卸料板"文件的建模环境中。

（4）单击"特征"工具栏中的"拉伸"按钮🖻，弹出【拉伸】对话框。

（5）选择如图7—4所示的"XC‑YC"面作为基准面，进入草图编辑环境。

（6）绘制草图，如图7—35所示。

（7）单击"完成草图"按钮🏁，退出草图编辑环境，回到【拉伸】对话框。

（8）在该对话框中，终点距离设置为"10"，方向设置为"ZC轴"。

（9）单击"确定"按钮，完成卸料板的创建，得到拉伸效果如图7—36所示。

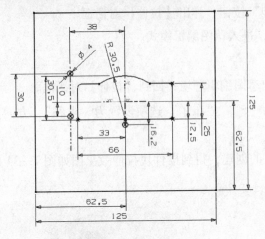

图7—35　绘制的草图及尺寸

图7—36　卸料板拉伸效果图

10. 创建凸凹模固定板

（1）选择菜单"文件"→"新建"命令，或者单击"标准"工具栏中的"新建"按钮 ，弹出【新建】对话框。

（2）在该对话框中选择模板名称为"模型"，在"新建文件名"选项中名称为"gudingban. prt"，设置文件夹路径为"F：\ UG NX6. 0 part \ 4 \ complex \ "（此路径为自行设置，读者自己的设置路径可以与此不同）。

（3）单击"确定"按钮，进入"固定板"文件的建模环境中。

（4）单击"特征"工具栏中的"拉伸"按钮 ，弹出【拉伸】对话框。

（5）选择如图7—4所示的"XC－YC"面作为基准面，进入草图编辑环境。

（6）绘制草图，如图7—37所示。

（7）单击"完成草图"按钮 ，退出草图编辑环境，回到【拉伸】对话框。

（8）在该对话框中，终点距离设置为"14"，方向设置为"ZC轴"。

（9）单击"确定"按钮，得到拉伸体如图7—38所示。

11. 模具装配

（1）选择菜单"文件"→"新建"命令，或者单击"标准"工具栏中的"新建"按钮 ，弹出【新建】对话框，如图7—39所示。

（2）在该对话框中选择模板名称为"模型"，在"新建文件名"选项中名称为"zhuangpei. prt"，设置文件夹路径为"F：\ UG NX6. 0 part \ 4 \ complex \ "（此路径为自行设置，读者自己的设置路径可以与此不同）。

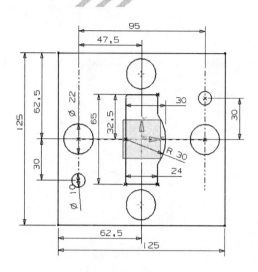

图7—37　绘制的草图及尺寸

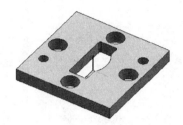

图7—38　固定板拉伸体效果图

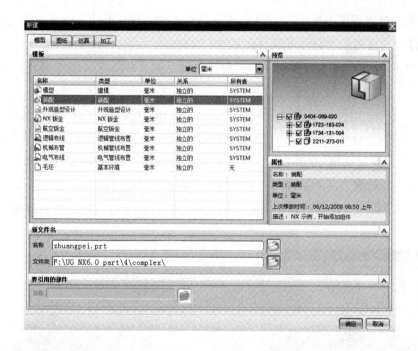

图7—39　【新建】对话框

（3）单击"确定"按钮，进入"装配"文件的建模环境中。

（4）此时弹出【添加组件】对话框，如图7—40所示。

（5）在该对话框中的"打开"选项中单击"打开"按钮，弹出【部件名】对话框，如图7—41所示。

图7—40　【添加组件】对话框　　　　　　图7—41　【部件名】对话框

（6）选择该对话框中的"F：\ UG NX6. 0 part \ 4 \ complex \ aomo. prt"（此路径为自行设置，读者自己的设置路径可以与此不同）文件。

（7）单击"OK"按钮，回到【添加组件】对话框，并出现【组件预览】窗口，如图7—42所示。

（8）在【添加组件】对话框中单击"运用"按钮，凹模组件加入装配文档中。

（9）在该对话框中的"打开"选项中单击"打开"按钮，弹出【部件名】对话框。

（10）选择该对话框中的"F：\ UG NX6. 0 part \ 4 \ complex \ xieliaoban. prt"（此路径为自行设置，读者自己的设置路径可以与此不同）文件。

（11）在【添加组件】对话框中单击"运用"按钮，卸料板组件加入装配文档中，效果如图7—43所示。

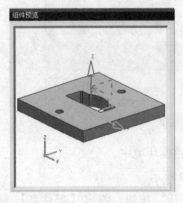
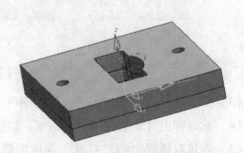

图7—42　【组件预览】窗口　　　　　图7—43　添加的凹模和卸料板

（12）利用【装配】工具栏上的"配对组件"按钮![btn]来对添加的组件进行重新装配。

（13）根据上面的步骤，分别添加垫板、下模板、推杆、定位销、定位快、凸模、模柄，效果如图7—44所示。

（14）单击【装配】工具栏上的"爆炸图"按钮![btn]，弹出【爆炸图】工具栏，如图7—45所示。

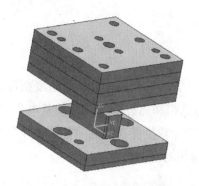

图7—44　模具的装配效果图　　　　　图7—45　【爆炸图】工具栏

（15）单击"爆炸图"工具栏上的"创建爆炸图"按钮![btn]，弹出【创建爆炸图】对话框，如图7—46所示。

（16）单击"确定"按钮，创建爆炸图。

（17）单击【爆炸图】工具栏上的"编辑爆炸图"按钮![btn]，弹出【编辑爆炸图】对话框，如图7—47所示。

图7—46　【创建爆炸图】对话框

（18）拖动各部件，编辑的爆炸图如图7—48所示。

图7—47　【编辑爆炸图】对话框　　　　图7—48　模具的爆炸效果图

第3节　利用 UG NX 软件进行典型弯曲模具的设计

 **学习目标**

熟练掌握简单弯曲模的结构特点和工作原理，能独立完成其模具设计；了解复杂弯曲模的结构组成，熟悉钣金的各种特点和弯曲模具设计的原则和熟悉模具设计的基本步骤；熟悉级进模的工艺预定义与工序排样和条料排样，模架、冲裁组件和功能组件的设计和编辑；掌握 UG 的"建模"工具的运用并熟练使用 PDW 模块的自动化设计。

 知识要求

NX Progressive Die Wizard 是 UGS 公司面向冲模行业推出的一套基于知识驱动理念的级进模设计系统。它摒除了传统 CAD 软件重功能、轻过程的开发思维，跳出了基于特征和功能设计的狭隘空间，在级进模设计自动化方面取得了显著的效果，受到了广大用户的欢迎。Progressive Die Wizard 与 NX 知识融合的基本理念相匹配，内嵌了大量的模具设计知识和业界最好的设计经验。它全程指导用户完成冲压模具的设计，并提高用户模具设计的创新能力。通过与 NX 其他功能的结合，如 WAVE、主模型功能。NX PDW 具有更强的自动化设计能力。初级用户可利用向导菜单所提供的设计步骤逐步地完成整套模具的设计，而有经验的模具设计者可通过系统所提供的各种计算功能，快速有效地进行模具优化设计，进一步提高设计效率。弯曲是指将金属毛坯弯成具有一定角度和曲率，从而得到一定形状和尺寸零件的冲压工序。弯曲是冷冲压成形工序之一，应用相当广泛，在冲压生产中占有很大的比重。在冲压生产中弯曲成形的方法很多，使用的设备和工具也是多种多样的。弯曲变形还存在于很多成形工序之中，掌握弯曲成形特点和弯曲变形的规律有着十分重要的一样。以下结合一个实例来介绍 NX PDW 所包含的一些功能和弯曲模具设计的基本步骤。

一、实例分析

本节通过一个实例来介绍弯曲模设计的方法。该产品的零件图如图 7—49 所示。在介绍具体的步骤前，首先对该实例做一分析。

1. 产品需求及技术分析

产品材料：5Cr5MoWSI 钢（A8 钢），材料厚度为 2.65 mm。

产品要求：大批量生产，产品精度要求不高，比较适合弯曲、冲裁、拉深。

技术分析：该零件结构比较复杂，需要多道工序来完成该制品。

2. 确定工艺方案

图 7—49 产品零件效果图

该产品可以采用单工序模生产，也可以采用级进模进行生产。采用单工序模生产，其结构简单，但需要的模具比较多，工序长，生产效率低，不能满足大批量生产的要求；而采用级进模进行生产，可以采用一副模具就完成产品的生产，并且生产效率高，适合大批量生产，对该产品比较适合。

3. 模具设计难点

设计级进模时，首先要考虑冲压件的工艺流程，以便模具结构设计时方便工序排序；同时还需要考虑模具与金属件之间的干涉现象，在本例中这属于一个难点。

二、具体的设计步骤

1. 项目初始化

（1）打开 UG 软件，单击工具栏"起始"→"所有应用模块"→"级进模向导"按钮，此时弹出如图 7—50 所示的工具栏。

图 7—50 【级进模向导】工具栏

（2）单击工具栏"初始化项目"按钮，弹出如图 7—51 所示的对话框。

（3）如果要打开已经存在的项目文件，可以单击该对话框"打开"标签，单击对话框"打开"按钮，将弹出如图 7—52 所示的对话框，选择相应的文件，单击"OK"。

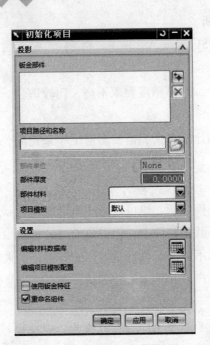

图 7—51　【初始化项目】对话框

图 7—52　【选择】对话框

（4）打开项目以后，加载的产品如图 7—53 所示。单击对话框"取消"按钮，即可进入级进模创建环境。

（5）在 UG 中，设计级进模时会产生各种文件，文件以树的方式进行组织，如图 7—54所示。在级进模或者塑料膜都有一个控制文件，在级进模中，控制文件为：项目名称_control_编号，如果在创建项目时，当前目录或进程已经存在项目，则编号依次顺延，例如当前编号为 000，如果新建项目，则编号为 001。（提示：如果在创建项目时出现错误，可能是由于当前目录已经存在级进模项目所引起的，删除已经存在的项目或者是更改工作目录即可。）

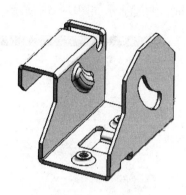

图7—53　加载的产品

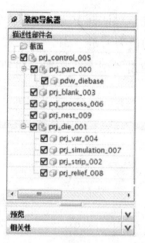

图7—54　装配导航器窗口

2. 工艺预定义

（1）单击【级进模向导】工具栏中的"特征前处理"按钮，弹出【特征工艺定义】对话框，如图7—55所示。

（2）在屏幕图形区中选择零件特征，并单击"从标准库加载"按钮，弹出【工艺选择】对话框，如图7—56所示。

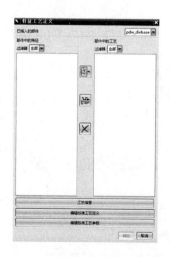

图7—55　【特征工艺定义】对话框

图7—56　【工艺选择】对话框

（3）在【工艺选择】对话框中的"工艺列表"下拉菜单中选择"Z－bend"选项，并单击"与参考模型匹配特征"按钮，弹出【将特征与参考模型进行匹配】对话框，如图7—57所示。

（4）在该对话框中选择"FLANGE（42）"和"FLANGE（43）"选项，并设置"r1"与"r2"的值为1.5，"a1"和"a2"的值为90。

（5）单击"确定"按钮，回到【工艺选择】对话框，此时显示如图7—58所示。

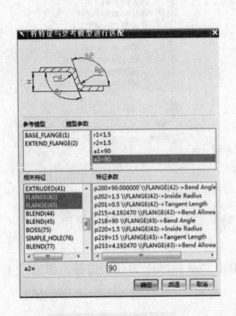

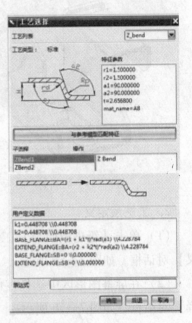

图7—57　【将特征与参考模型进行匹配】对话框　　　　图7—58　【工艺选择】对话框

（6）在【工艺选择】对话框的"子流程"选项中选择"Zbend2"选项。

（7）单击"确定"按钮，回到【特征工艺选择】对话框。

（8）选择如图7—59所示的图形特征，并单击"从标准库加载"按钮，弹出【工艺选择】对话框。

（9）在【工艺选择】对话框中的"工艺列表"下拉菜单中选择"翻孔"选项，此时【工艺选择】对话框显示如图7—60所示。

（10）在该对话框中的"子流程"选项中选择"burring2"选项。

（11）单击"确定"按钮，回到【特征工艺选择】对话框。

（12）选择另一个图形翻孔特征，并重复（8）~（11）加载翻孔工艺。

（13）单击"取消"按钮，退出【特征工艺选择】对话框，完成工艺预定义。

图7—59 选择翻孔特征

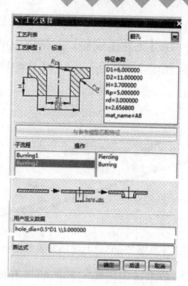

图7—60 翻孔的工艺选项

3. 生成毛坯

当完成项目初始化后，使用毛坯生成器创建毛坯。使用毛坯对话框，可以进行以下操作：a. 将钣金件展开，形成毛坯；b. 从文件中导入毛坯；c. 从钣金件中选择毛坯；d. 更新毛坯；e. 移除毛坯；f. 重定位毛坯。毛坯对话框上有3个标签：创建、编辑和工具。

（1）单击【级进模向导】工具栏中的"毛坯生成器"按钮，弹出【毛坯生成器】对话框，如图7—61所示。

（2）在该对话框中的"方法"选项中单击"Unform Parts"按钮，弹出【选择一个静止面】对话框，如图7—62所示。

图7—61 【毛坯生成器】对话框

图7—62 【选择一个静止面】对话框

（3）此时系统会自动选择零件上的一个在+ZC方向的面，如果用户不希望选择的面，则单击"反向"按钮，而选择与其相对的面。在本例中需要选取相反的面，因此单击"反向"按钮。

（4）单击"确定"按钮，生成的毛坯如图 7—63 所示。

（5）在【毛坯生成器】对话框中单击"取消"按钮，退出该对话框。

（6）如图 7—64 所示，在【装配导航器】中设置"bend"部件为工作部件。

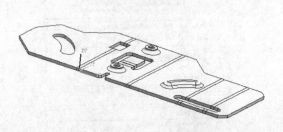

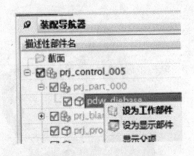

图 7—63　毛坯展开效果图　　　　　　图 7—64　装配导航器窗口

（7）单击运用模块工具栏的"开始"中的"建模"按钮，激活 Modeling 环境。

（8）单击【级进模向导】工具栏中的"NX 通用工具"按钮，弹出【NX 通用工具】工具栏，如图 7—65 所示。

图 7—65　【NX 通用工具】工具栏

（9）单击【NX 通用工具】工具栏上的"成形/展开"按钮，弹出【成形/展开】对话框，如图 7—66 所示（注：如果没有找到该按钮的用户可以在定制添加进去）。

（10）在该对话框中单击"全部成形"按钮，此时钣金件回复到初始状态，效果如图7—67 所示。

（11）单击"取消"按钮，退出【成形/展开】对话框。

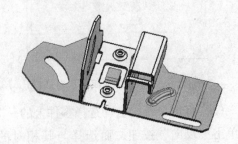

图 7—66　【成形/展开】对话框　　　　图 7—67　钣金恢复效果图

4. 毛坯排样

毛坯排样的正确与否直接关系到成本、材料利用率以及模架结构合理性等方面。单击"级进模向导"工具栏上的"毛坯布局"按钮,弹出【毛坯布局】对话框,如图7—68所示。使用该对话框可以进行以下工作:a. 插入毛坯,并在 * _nest 节点下创建毛坯实例;b. 设计毛坯方向;c. 复制毛坯;d. 移除毛坯;e. 设置旋转基点;f. 反转毛坯;g. 自动设置螺距、条料宽度、旋转角度和行数;h. 自动计算材料利用率。

【毛坯布局】对话框上有5个按钮,分别为插入毛坯🔳、复制毛坯🔳、删除毛坯🔳、设置基点🔳和翻转毛坯🔳。

(1)单击"毛坯布局"按钮,弹出【毛坯布局】对话框。

(2)在该对话框中单击"插入毛坯"按钮,插入毛坯如图7—69所示。

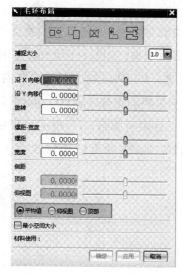

图7—68 【毛坯布局】对话框 图7—69 插入的毛坯

(3)该显示布局不利于加工,需要旋转以便重新布局,选择中间的毛坯。

(4)在该对话框中的"旋转"按钮中设置值为90,并单击 ENTER 键完成毛坯旋转如图7—70所示。

(5)在【毛坯布局】对话框中"步距—宽度"选项中设置螺距为120,宽度为260。

(6)单击"确定"按钮,得到的毛坯布局如图7—71所示。

5. 废料设计

废料设计功能可以指定如何冲出废料,在需要时创建导正孔以帮助条料在模具中的定位以及传送。所有废料都是片体,并被存放在 * _ nest 部件中。在毛坯布局后,使用废料设计创建废料并形成毛坯外形,废料设计根据毛坯布局决定毛坯外形,但这也不是绝对

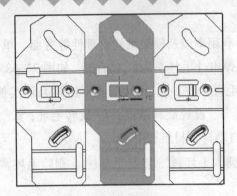

图7—70　旋转效果图

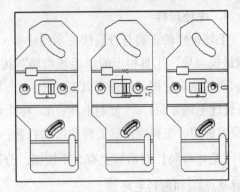

图7—71　毛坯布局效果图

的，用户也可以自定义废料，这主要是因为有些特征在特征识别时无法识别出，就必须在
废料设计中自定义废料。

　　单击工具栏"废料设计"按钮，弹出如图7—72所示的对话框，"创建"标签提供定
义废料的方法；而"编辑"标签用于对已经定义的废料进行编辑，如图7—73所示。使用
废料设计功能，可以进行以下工作：a. 设计整个废料区域；b. 从废料中自动抽取内孔；
c. 将废料分割为更小的废料；d. 合并废料；e. 设计两块废料的重叠区域；f. 设计过切；
g. 通过草绘设计废料；h. 通过已经存在的孔、片体指定自定义废料；i. 指定用户定义
的重叠和过切区域；j. 指定多次冲压和精确冲孔的次数；k. 为条带传送创建导正孔；
l. 编辑重叠或者过切的尺寸；m. 设置废料、孔等特征的颜色。

图7—72　【废料设计】对话框

图7—73　【编辑】标签

（1）选择菜单栏"窗口"中的"更多"命令，弹出【更改窗口】对话框，如图7—74所示。

（2）选择"a10_nest_009"部件，单击"确定"按钮，进入该部件。

（3）单击【NX 通用工具】工具栏上的"基本曲线"按钮，弹出【基本曲线】对话框，如图 7—75 所示。

图 7—74　【更改窗口】对话框

图 7—75　【基本曲线】对话框

（4）在该对话框中不要勾选"线串模式"选项，绘制六条线段，如图 7—76 所示，并绘制图中所示的三个圆，其中两个圆的直径为 3 mm，另一个直径为 5 mm。

（5）单击"废料设计"按钮，弹出【废料设计】对话框，在该对话框中激活"抽取整块废料"按钮，选择刚刚绘制的竖直的四条直线单击"应用"按钮，创建的废料如图 7—77 所示。

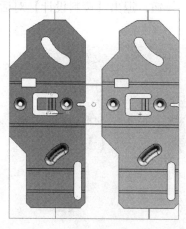

图 7—76　六条曲线和三个圆

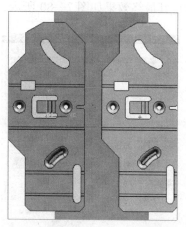

图 7—77　创建的整体废料（记得做标记）

（6）在【废料设计】对话框中选择"编辑"页面，在该页面中选择"拆分"按钮 ，并在选择步骤中"选择一块废料"按钮 选择废料 (0) ，选择前面创建的废料，再次在"编辑"页面中"选择拆分曲线"按钮 选择拆分曲线 (0) ，选择前面创建的其中一条横的曲线，单击"应用"按钮，完成第一次分割。

（7）按照步骤（6），选择另外一条横的曲线，单击"应用"按钮，完成拆分的废料如图7—78所示。

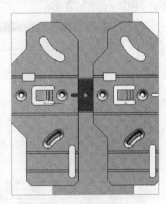

（8）在【废料设计】对话框中选择"创建"页面，在该页面中选择"封闭曲线"按钮 ，更改废料类型为导正孔。选择刚刚绘制的直径为5 mm的圆，单击应用按钮，创建了导正孔。

（9）在上述页面中仍然继续选择"封闭曲线"按钮，废料类型更改为冲裁，选择刚刚绘制的直径为3 mm的圆，单击应用按钮，冲孔废料设计完成。（注：在该对话框中需要定义和分割的废料都只能一次选择一条曲线，不可以同时完成。）

图7—78　分割后的废料

（10）在【废料】对话框中选择"附件"页面，如图7—79所示，在该页面的"类型"下拉菜单选择"重叠"选项，并单击"选择一块废料"按钮，并设置重叠宽度为1.0，选择刚刚分割出来的那最小的废料，在"附件"页面中单击"选择要重叠的边界"按钮，选择刚绘制的那四条竖的直线，单击应用按钮，完成重叠边界的指定。（注：四条边界线的指定需要指定四次，每次只可以选择其中一条曲线。）

（11）按照步骤（10），选择那条横的直线，完成重叠边界的指定。

（12）其最终效果如图7—80所示，单击"取消"按钮，退出【废料设计】对话框。

图7—79　"附件"页面

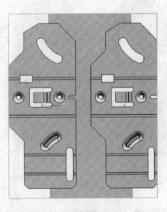

图7—80　指定的重叠边效果

6. 条料的排样设计

在创建级进模之前必须进行条料排样，使用"条料排样"按钮创建条带。单击【级进模向导】工具栏的"条料排样"按钮，弹出如图7—81所示的对话框。

使用该对话框可以设置站的数量、分配废料、指定每一个站的冲压工艺，然后使用仿真功能模拟钣金件的成形过程。在【条料排样】对话框上可以安排在特征预处理功能中创建的设计特征，例如Z–bend特征。甚至可以通过选择实体或者片体定义新的工艺。要进行工序排样，可以使用以下步骤：a. 在工具栏上单击"条料排样"按钮；b. 在【条料排样】对话框上右击鼠标选择"创建"命令；c. 指定条料的送料方向，是向左还是向右；d. 设置工位的总数；e. 设置每个工位的部件数；f. 设置首选项；h. 创建条料外形和初始化各种参数；i 然后在Station下拉列表框中设置上一步选择的特征位于的工位数；j. 拖动特征到相应的工位上，将特征添加到相应的工位中；k. 在【条料排样】对话框上右击鼠标选择"仿真冲裁"标签，开始仿真，然后可以右击鼠标选择"清除仿真"按钮返回钣金件。

（1）单击"条料排样"按钮，弹出【条料排样】对话框，如图7—82所示，在该对话框中指定条料进给方向为从左至右，也就是Feeding Direction＝0（注：如果是从右向左则Feeding Direction＝1），设置工步数为12。

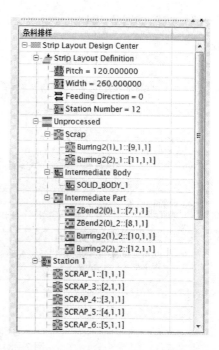

图7—81　【条料排样】对话框

图7—82　条料排样的初始状态

（2）此时条料排样的效果如图7—83所示，初始化的条料排样显示在 STRIP 视图，工艺部分显示在 PERT 视图，毛坯排样显示在 NEST 视图。

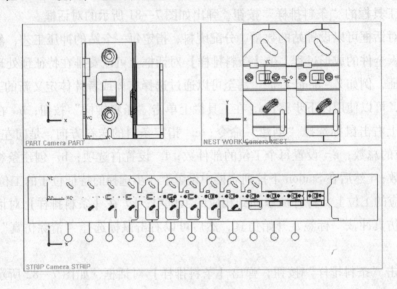

图7—83 初始化后的三个视图

（3）按照如图7—84所示指定工序的工步，最后的条料排样的效果图，如图7—85所示。

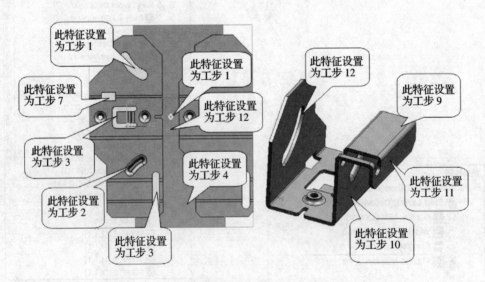

图7—84 指定各特征的工步数

 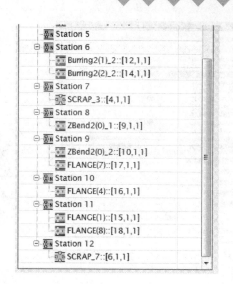

图 7—85　条料排样的最终效果图

（4）最终完成条料的排样如图 7—86 所示。

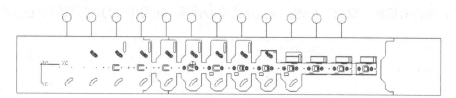

图 7—86　最终的条料排样

7.工艺力计算

计算冲裁力的目的是合理地选用压力机和设计模具。压力机的公称压力必须大于所计算的冲裁力，以适应冲裁的要求。冲裁时的合力作用点或级进模各工序冲压力的合力作用点称为模具压力中心。单击【级进模向导】工具栏上的"力计算"按钮，弹出如图7—87所示的对话框。

（1）单击对话框"力计算"按钮，此时系统列出所有的冲压特征，如图 7—88 所示的对话框。

（2）选择所有特征，并单击对话框"自动计算"按钮⇒，此时有 5 个特征无法计算，如图 7—89 所示。

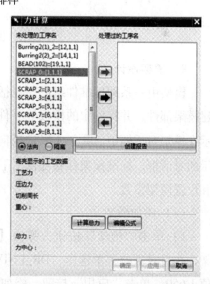

图 7—87　【力计算】对话框

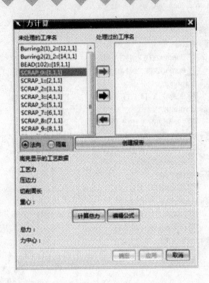

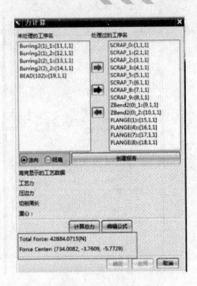

图7—88　【力计算】对话框　　　　　　　　图7—89　无法计算的特征

（3）单击对话框"计算总力"按钮 ，此时压力中心如图7—90所示。

（4）单击对话框"取消"按钮，完成压力中心计算。压力中心与冲压机的中心应该对齐。

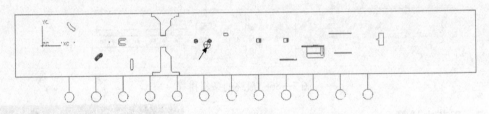

图7—90　冲压力中心

8. 模架设计

模架由一系列标准件组成，包括板、导向部件和螺钉等。UG的模具设计命令用于创建模架部件，并将库中的模板等零件插入到PDW工程中。在创建模架后，闭合高度将显示在模架对话框中。单击【级进模向导】工具栏的"模架"按钮 █，弹出如图7—91所示的对话框。标准模架标签提供了下拉列表框、选择窗口、参数显示等选项用于选择模架和设置模架参数。

（1）添加模架

1）单击"模架"按钮，弹出【模架管理】对话框，在该对话框中，选择15040模架，在目录下拉菜单选择"DB_UNIVERSALL"选项，类型设置为"9 PLATES"。这是PL值1 650，单击"应用"按钮，添加模架效果图如图7—92所示。

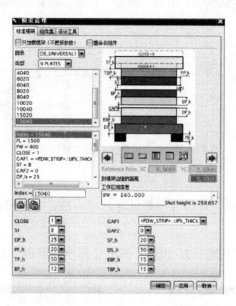

图7—91　【模架管理】对话框

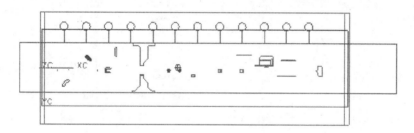

图7—92　添加模架效果图

如图7—93所示，在【模架管理】对话框中设置尺寸DP_H的值为100，尺寸SP_H为75，单击"应用"按钮，模板参数调整后的效果如图7—94所示。

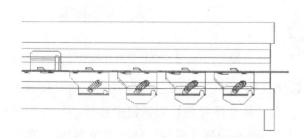

图7—93　零件与模板干涉图

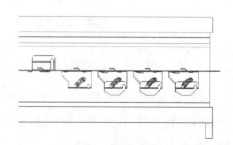

图7—94　模板参数修改后的效果图

2）在【模架管理】对话框中，单击"确定"按钮，模架最终设计效果如图7—95所示。

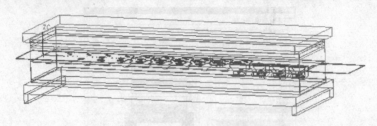

图7—95　参数调整后的模架最终效果图

（2）添加导柱导套

1）单击"模架"按钮，弹出【模架管理】对话框，在该对话框中选择"组件集"页面，效果如图7—96所示。

2）单击"加载导柱/衬套"按钮![图标]，弹出【标准件管理】对话框，如图7—97所示。

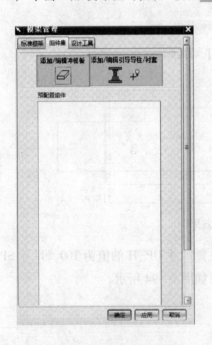

图7—96　【模架管理】对话框

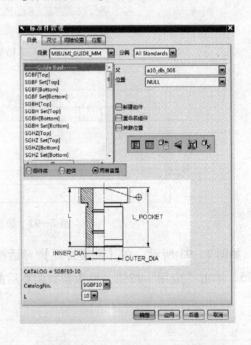

图7—97　【标准件管理】对话框

3）在该对话框中的目录下拉菜单中选择"MISUMI_GUIDE_MM"选项，在导柱列表中选择导柱类型为"BSPK Set［Bottom］"。在【标准件管理】对话框中选择"尺寸"页面，显示对话框如图7—98所示，在"尺寸"页面中设置A值为1 530，B值为500，单击应用按钮，完成调入导柱。

4）选择导入的单个导柱，弹出【选择要编辑的组件】对话框，如图7—99所示，单击"编辑这个"按钮，选择单个组件（【选择要编辑的组件】对话框的向上一级按钮表示选择的是整个组件集）。在【标准件管理】对话框中选择"MISUMI_GUIDE_MM"选项，选择"尺寸"页面，编辑导柱的尺寸。设置导柱长度 L 为315，并按 ENTER 键确认，设置导柱的直径尺寸为40也按 ENTER 键确认，在起尺寸设计页面是哪个设置 FALSE_TOP_Z 的值为 -167.7，单击应用按钮，参数修改后的导柱效果如图7—100所示。

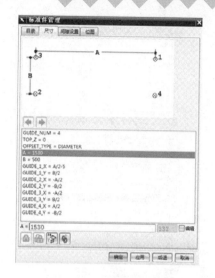

图7—98 尺寸编辑页面

图7—99 【选择要编辑的组件】对话框

图7—100 导柱修改后的效果图

5）在【标准件管理】对话框的导套列表中选择导套类型为"VGBH Set［bottom］"，选择"尺寸"页面，在该页面中选择"A = 332"选项，并单击该页面的"部件间表达式链接"按钮，弹出【MW 部件间表达式】对话框，如图7—101所示。

6）在零件列表中选择导柱组为"a10_mi_bspk_set_018"（注：018 也有可能是别的数字，和你刚刚选择的导柱的不同有关系，下同。），在尺寸列表中选择该零件的尺寸A = 1 530，单击确定按钮，建立了导套组与导柱组关于 A 尺寸的关联。

7）按照上述步骤建立导套组与导柱组关于 B 尺寸的关联。

8）在【标准件管理】对话框中单击应用按钮，加入的导套如图7—102所示。

9）在图形区选择一个导套，并在【选择要编辑的组件】对话框中选择"编辑"这个按钮，进入导套的尺寸编辑。在"尺寸"页面，建立导套内径和导柱外径之间的尺寸关联：INNER_DIA = "a10_mi_bspk_017"：:D，并单击"锁定"按钮，对该尺寸进行锁定；建立导套长度 L 与下模座的尺寸关联：L = "a10_db_008"：:DS_h。

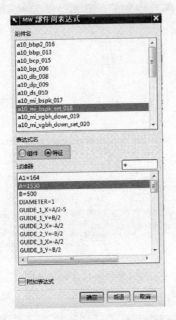

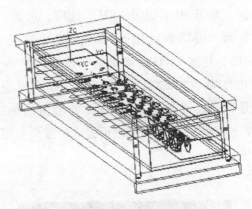

图7—101　【MW 部件间表达式】对话框　　　　　图7—102　调入导套效果图

10）编辑导套外径 OUTER_DIA = INNER_DIA + 16，并按 ENTER 键确定。

11）单击【分析】工具栏上的"测量距离"按钮，弹出【测量距离】对话框，如图7—103 所示，在该对话框中勾选"显示信息窗口"选项，并对导套的上表面与下模板的上表面在 Z 方向的距离进行测量，测量的结果如图7—104 所示。

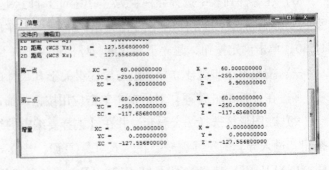

图7—103　【测量距离】对话框　　　　　　图7—104　测量的结果

12）单击"取消"按钮，退出【测量距离】对话框，并回到【标准件管理】对话框，在该对话框中的"尺寸"页面中设置"TOP_Z"的值为上面测量的结果 – 127.5568。

13）单击"运用"按钮，驱动导套参数的修改，最终修改如图7—105所示。

9. 冲裁组件设计

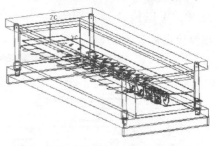

图7—105　导柱导套的最终效果图

单击【级进模向导】工具栏上的"冲裁"按钮，弹出如图7—106所示的对话框。其中"阵列"标签用于阵列已经创建的导柱等部件，阵列标签如图7—107所示。

图7—106　设计标签

图7—107　阵列标签

使用该对话框，可以执行以下功能：a. 根据废料的形状创建冲头、凹模；b. 创建和编辑阵列对象；c. 创建用于下一道工序的毛坯。设计标签用于创建冲头和凹模等特征，可以创建标准冲头也可以创建用户自定义冲头。

（1）单击"冲裁"按钮，弹出【冲裁镶块设计】对话框，点击"废料"按钮，然后选择如图7—108所示的3 mm的孔废料，单击该对话框中的"凹模镶块"按钮，弹出【标准件管理】对话框。

（2）在【标准件管理】对话框中设置L的值

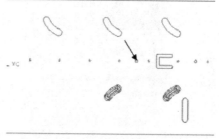

图7—108　选择废料

329

为 30，W 的值为 12，如图 7—109 所示。单击确定按钮，添加冲模镶块，并重新回到【冲裁镶块设计】对话框。

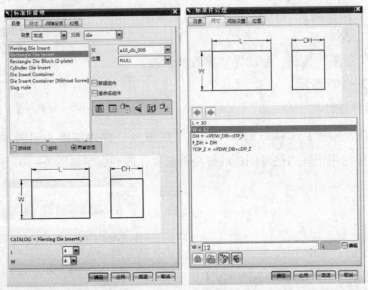

图 7—109　选择冲模镶块类型并设置参数图

（3）在该对话框中单击"凹模型腔废料孔"按钮，此时对话框如图 7—110 所示，在该对话框中将角度 A 值设置为 –1，单击应用按钮，生成的凹模孔和废料孔如图 7—111 所示。

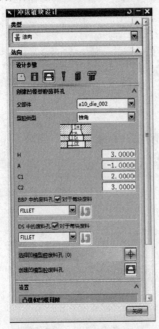

图 7—110　设计凹模废料孔

图 7—111　生成的凹模孔和废料孔

（4）单击在该对话框中的"标准凸模"按钮█，此时弹出【标准件管理】对话框如图7—112所示，在该对话框中选择标准凸模的类型为P9［Circular Punch］，其余参数设置不变，单击应用按钮，添加冲头如图7—113所示。

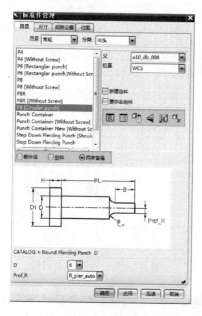

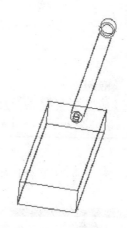

图7—112 【标准件管理】对话框　　　图7—113 冲头效果图

（5）按照上面的步骤为另一个3 mm废料孔添加冲裁组件。

（6）按照上述步骤为5 mm的废料孔添加冲裁组件，效果如图7—114所示。

（7）单击"凹模镶块"按钮，弹出【标准件管理】对话框，在图形区选择前面创建的凹模镶块（5 mm废料孔），单击"移除组件"按钮，弹出【重定位组件】对话框，如图7—115所示，单击"绕直线旋转"按钮选择ZC轴，并输入旋转角度90，按Enter确认，单击确定按钮，使镶块和冲头在同一轴线上。

（8）在【标准件管理】对话框中单击"确定"按钮，回到【冲裁镶块设计】对话框。选择如图7—116所示的U形孔废料，单击该对话框中的"凹模镶块"按钮，弹出【标准件管理】对话框，如图7—117所示，在【标准件管理】对话框中选择冲模镶块类型为"Piercing Die Insert"。选择"尺寸"页面，在该页面中设置L的值为90，W的值为60，a的值为12，scr_M的值为10。

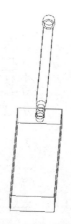

图7—114 凹模镶块

图 7—115 【重定位组件】对话框

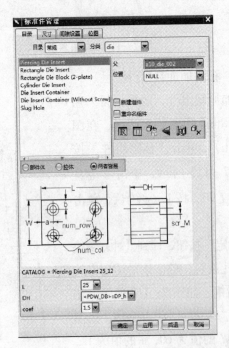

图 7—116 选择 U 形废料

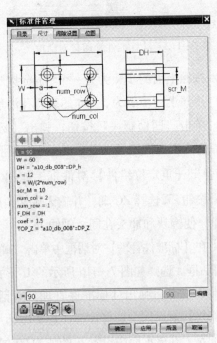

图 7—117 选择凹模镶块类型及参数设置

（9）单击"确定"按钮，加入凹模镶块，并回到【冲裁镶块设计】对话框，在该对话框中单击"凹模型腔废料孔"按钮，此时弹出【标准件管理】对话框，如图7—118所示，在该对话框中选择标准冲头的类型为P8R，在该对话框中选择"尺寸"页面，设置Prof_b的值为27.219，Prof_R1的值为3.25，Prof_R2的值为3.25，Prof_r1的值为4，Prof_r2的值为4，单击确定按钮，调入冲头如图7—119所示。

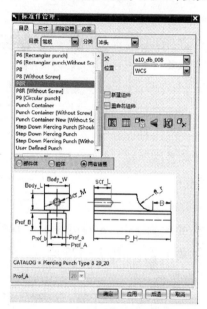
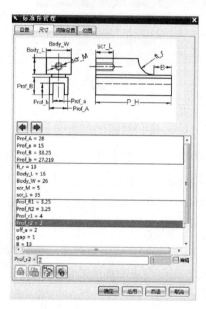

图7—118　选择冲头类型和设置参数

（10）单击【级进模向导】工具栏上的"功能组件"按钮，弹出【功能组件设计】对话框，如图7—120所示，在该对话框中选择"刀具"页面，在图形窗口选择前面创建

图7—119　添加的标准冲头

图7—120　【功能组件设计】对话框

的标准冲头（UX形废料的），并在该页面中单击"旋转"按钮 ⎯，弹出操作对话框，如图7—121所示，在该对话框中单击"角度"按钮，弹出旋转角度对话框，如图7—122所示，输入角度180°，单击"确定"按钮，标准冲头旋转180°，单击"取消"按钮，退出【功能组件设计】对话框。

图7—121　旋转操作的步骤旋转

图7—122　旋转的角度输入

（11）单击"冲裁镶块设计"按钮，弹出【冲裁镶块设计】对话框，选择如图7—123所示的废料及边缘上的搭接废料。单击该对话框中的"凹模镶块"按钮，弹出【标准件管理】对话框中选择凹模镶块类型为"Piercing Die Insert"，如图7—124所示，选择"尺寸"页面，在该页面中设置L的值为170，W的值为130，a的值为10，b的值为10，scr_m的值为10，num_col的值为2，num_row的值为2，如图7—125所示，单击"确定"按钮，生成的凹模镶块添加的效果图如图7—126所示。

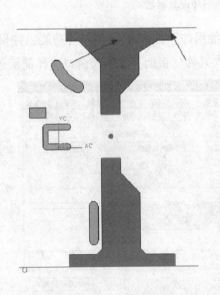

图7—123　选择条料废料

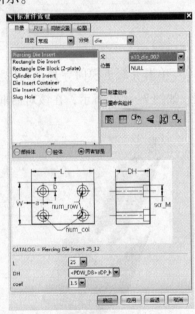

图7—124　选择凹模镶块的参数

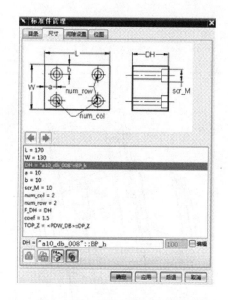

图7—125　修改凹模镶块的参数

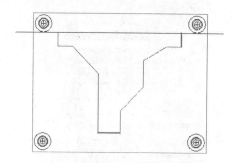

图7—126　凹模镶块添加效果图

（12）单击"功能组件"设计，弹出【功能组件设计】对话框，在该对话框中选择"刀具"页面，在图形窗口选择前面创建的凹模镶块，并在该页面中单击"重定位"按钮，弹出操作对话框。在该对话框中单击"增量"按钮，弹出对话框，在该对话框中的"DYC"选项中输入数值10，单击"确定"按钮，移动添加的动模镶块如图7—127所示。

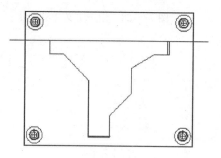

图7—127　凹模镶块移动后效果图

（13）单击"取消"按钮，退出【功能组件设计】对话框。单击"冲裁镶块设计"按钮，弹出【冲裁镶块设计】对话框，选择如图7—128所示的废料及其边缘上的搭接废料，单击"凹模型腔废料孔"按钮，并将角度设置为－1。单击"用户定义冲模"按钮后单击"应用"按钮，完成用户自定义的冲头的添加。其效果图如图7—129所示。

（14）按照上述步骤（11）～（13），添加如图7—128所示的废料冲裁组件，添加的凹模镶块的参数如下：设置L的值为175，W的值为150，a的值为10，b的值为10，scr_m的值为10，num_col的值为2，num_row的值为2，移动凹模想看的尺寸为－10，其最终效果和上面的效果是旋转180°，如图7—130所示。

335

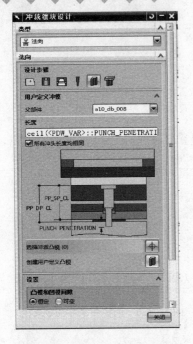

图7—128　用户定义冲头设计

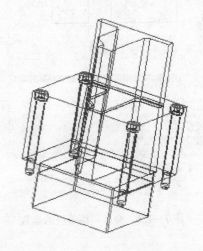

图7—129　自定义冲头效果图

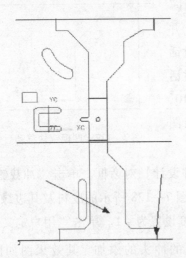

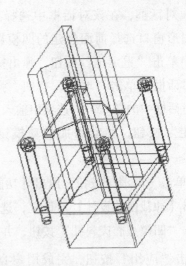

图7—130　选择条料废料孔及其添加另一冲裁组件效果图

（15）读者可以将还未添加的冲裁组件按照前面的步骤自行添加，在此就不再累述。

10.　功能组件设计

（1）弯曲组件设计

弯曲是将板料毛坯、型材或管材等弯成具有一定曲率、一定角度和形状的冲压工序。

它在冲压生产中占有很大比重，是冲压基本工序之一。创建折弯特征的对话框如图 7—131 所示。折弯可以分为多种类型：90°折弯、角度折弯、Z 形折弯和 V 形折弯。

创建折弯的步骤如下：a. 单击工具栏"镶块组"按钮；b. 选择冲头类型，例如 90°折弯；c. 单击"弯曲冲头"或者"弯曲模"单选按钮，设置是创建冲头还是凹模；d. 在图形窗口选择折弯圆弧面；e. 单击对话框"加载折弯镶块"按钮；f. 在标准件管理对话框上选择类型并设置参数；g. 单击对话框"确定"按钮，完成特征创建。

1）单击【级进模向导】工具栏上的"功能组件设计"按钮，弹出【功能组件设计】对话框，如图 7—131 所示，在该对话框中选择"折弯"页面，在该页面中单击"Z 折弯"按钮，选择如图 7—132 所示的面。

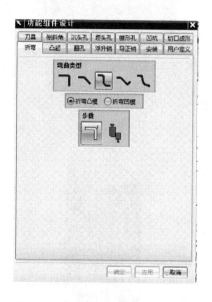

图 7—131　折弯标签

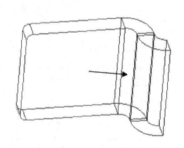

图 7—132　选择弯曲区域

2）在"折弯"页面单击"加载折弯镶块"按钮，弹出【标准件管理】对话框，如图 7—133 所示，在该对话框中的类型列表选择类型为 Z Bend Up Punch Insert ［Without Screws］，其余参数按默认值，单击"确定"按钮，弯曲冲头如图 7—134 所示。

3）在【功能组件设计】对话框的"折弯"页面，点选"弯曲模"选项，并单击"加载折弯镶块"按钮，弹出【标准件管理】对话框，如图 7—135 所示，在该对话框中选择类型为 Z Bend Up Punch Insert ［Without Screws］，其余参数按默认值，单击"确定"按钮，弯曲冲头如图 7—136 所示。

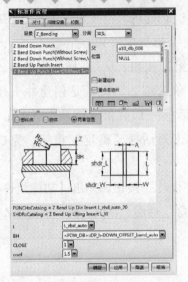

图7—133　【标准件管理】对话框

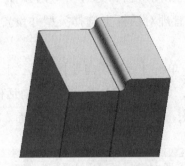

图7—134　Z形弯曲冲头效果图

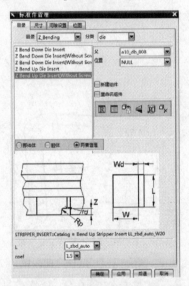

图7—135　【标准件管理】对话框

图7—136　弯曲凹模设计效果图

4）在【功能组件设计】对话框中选择"折弯"页面，单击"90°折弯"按钮，并激活"选择折弯区域"按钮，点选"弯曲冲头"选项，选择如图7—137所示的弯曲区域。

5）单击"加载折弯镶块"按钮，弹出【标准件管理】对话框，如图7—138所示，在该对话

图7—137　选择折弯的区域

框中选择类型列表为 BUIA［Bend Up Punch，Without Screws］，设置参数 puch_W 的值为
50，boss_h 的值为 50，其余参数按默认值不变，单击"确定"按钮，加入弯曲冲头。

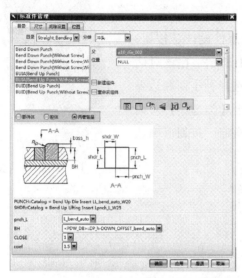
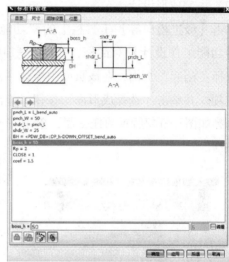

图 7—138　90°弯曲冲头设计的对话框

6）在【功能组件设计】对话框选择"折弯"页面，点选"弯曲模"选项，并单击
"加载折弯镶块"按钮，弹出【标准件管理】对话框，在该对话框中选择 Bend Up Punch
［Without Screws］，如图 7—139 所示，设置参数 L 的值为 77，其余参数按默认值。单击
"确定"按钮，加入弯曲凹模，该90°弯曲冲裁组件最终效果如图 7—140 所示。

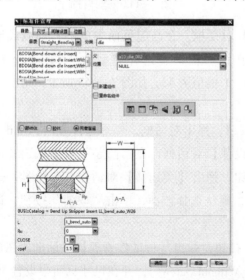
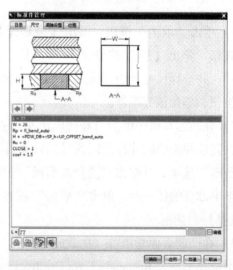

图 7—139　90°弯曲凹模设计对话框

7）读者可以按照上面的步骤自己完成条料中其余的弯曲镶块设计。

（2）局部成形设计

单击【级进模向导】工具栏上的"功能组件设计"按钮，弹出【功能组件设计】对话框，如图7—141所示，在该对话框中选择"凸起"页面，在该页面中点选"选择种子面和边界面"选项，并单击"选择成形面"按钮，弹出【类选择】对话框，选择如图7—142所示的任一面，单击"确定"按钮，确认选择该面。

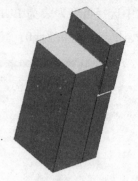

图7—140　弯曲
凸凹模组件

图7—141　局部成形设计页面

图7—142　选择特征面

1）单击"取消"按钮，退出【类选择】对话框。在凸起页面中单击"加载成形镶块"按钮，弹出【标准件管理】对话框，在该对话框中选择类型为"Rectangle Form Punch"，并选择尺寸页面，设置W的值为39，L的值为42，如图7—143所示，单击"确定"按钮，添加该标准件。

2）在凸起页面中单击"修剪成形头"按钮，弹出对话框，要求选择方向，单击+Z按钮，完成冲头的设计，并回到【功能组件设计】对话框，在"凸起"页面点选"设计成形凸模"选项，并单击"选择成形面"按钮，弹出【类选择】对话框，选择图7—142中的下半部分的任一面，单击"确定"按钮，确认选择该面，单击"取消"按钮，退出【类选择】对话框。

3）在凸起页面总单击"加载成形镶块"按钮，弹出【标准件管理】对话框，在该对话框中选择类型为Rectangle Form Die Insert［Without Screws］，并在尺寸页面中设置W的值为60，L的值为45，如图7—144所示。单击"确定"按钮，加入凹模。

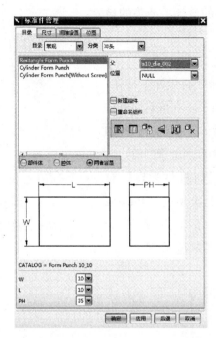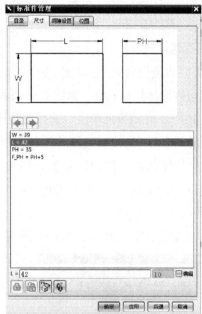

图7—143　选择冲头类型并设置冲头尺寸

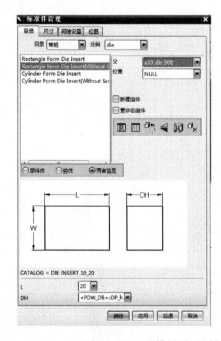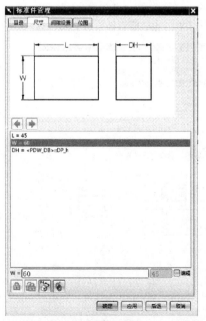

图7—144　凹模设计对话框及凹模参数设置的对话框

4）在"凸起"页面中单击"修剪成形头"按钮，弹出对话框选择方向，单击"－Z"按钮，完成冲头的设计。冲头的最终效果图如图7—145所示。

（3）翻孔组件设计

1）单击"级进模向导"工具栏上的"功能组件设计"按钮，弹出【功能组件设计】对话框，如图7—146所示。在该对话框中选择"翻孔页面"，在该页面单击"选择翻孔片体"按钮，选择如7—147所示的四个面（burring特征的两个圆柱面和两个管型面）。

2）单击"加载翻孔镶块"按钮，弹出【标准件管理】对话框，如图7—148所示，在该对话框中选择其类型为"Burring Down"，设置L的值为25，scr_m的值为10，a的值为12，b的值为10。单击确定按钮，添加的组件如图7—149所示。

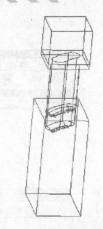

图7—145　局部成形的
冲头效果图

图7—146　【功能组件设计】对话框

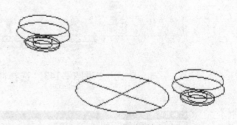

图7—147　选择特征面

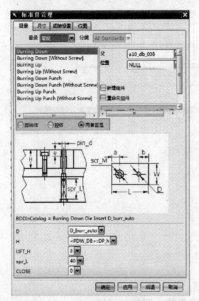

图7—148　【标准件管理】对话框

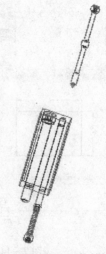

图7—149　翻孔组件的效果图

11. 建立腔体

型腔设计用于在模板上切出螺钉孔、冲头安装孔、让位槽等特征。【腔体】对话框如图 7—150 所示。

型腔设计步骤可以分成几种情况，分别是基本型腔设计和使用查找相交组件方式。

（1）单击【级进模向导】工具栏上的"腔体设计"按钮 ，弹出【腔体】对话框，在该对话框中单击目标体按钮，选择模具的模板等为目标体，再单击刀具按钮，选择建立的标准件为刀具体。

（2）单击"确定"按钮，建立腔体。整体模具效果如图 7—151 所示。

图 7—150　【腔体】对话框

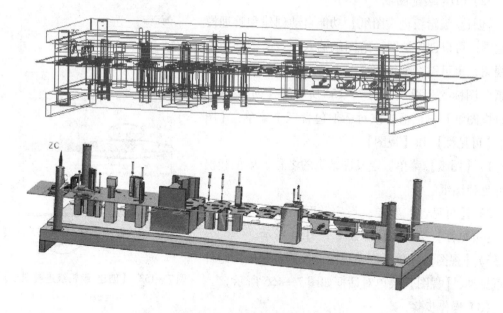

图 7—151　完成的级进模效果图

12. 后续处理

（1）PDW 物料清单

级进模向导包含一个带目录排序信息的全相关的物料清单（BOM），部件列表功能在制图（Drafting）模块中。点击"物料清单"图标 ▦，跳出如图 7—152 所示的【物料清单】对话框。

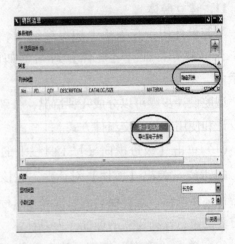

图 7—152　【物料清单】（BOM）对话框和（隐藏列表）对话框

（2）PDW 装配图纸

【创建/编辑级进模图纸】功能自动创建和管理模具绘图，可以创建绘图、给图纸输入预定义图框及创建视图，也可以隐藏每个视图中的组件。点击"装配图纸"图标，跳出如图 7—153 所示的【创建/编辑级进模图纸】对话框，该对话框包含三个菜单：【图纸】【可见性】和【视图】。

1）【图纸】菜单。定义图纸页的名称、单位和模板并创建图纸。

2）【可见性】菜单。设定装配组件的可见性属性，【可见性】菜单对话框如图 7—154 所示。

3）【视图】菜单。创建视图并控制各视图中组件的可见性，【视图】菜单对话框如图 7—155 所示。

图 7—153　【创建/编辑级进模图纸】对话框

（3）操作步骤

1）单击"物料清单"按钮，打开 BOM【记录编辑】对话框，右击鼠标，点击"导出 Excel"按钮，在弹出的【选择】对话框中选择路径并输入物料清单名，点击"确定"按钮，操作过程如图 7—156 所示。

2）单击"装配图纸"按钮，在图纸栏选择 A0 图纸，点击"应用"按钮，在【可见性】栏的【属性名】下拉菜单中选择 MW_COMPONENT_NAME，在【其他组件】列表中指定组件类型。在【视图】栏将视图放到图纸上，操作过程如图 7—157 所示。

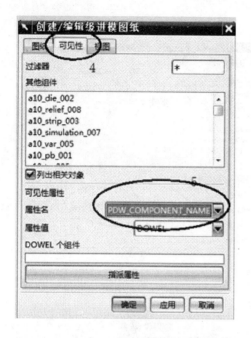

图 7—154 【可见性】菜单对话框　　　　图 7—155 【视图】菜单对话框

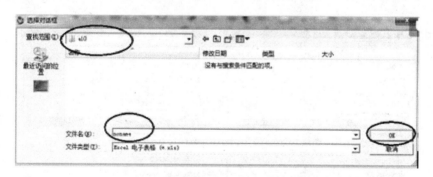

图 7—156 导出物料清单

3) 最终得到的装配图纸如图 7—158 所示。

（4）创建部件二维图

在进行部件二维图设计时，NX 必须切换到制图模块（可按快捷键 ctrl + shift + D），单击工具栏上"组件图纸"命令按钮 ，此时会弹出【组件图纸】对话框，如图 7—159 所示。

部件二维图的设计过程如下：

1) 在列表中选择一个或多个部件。

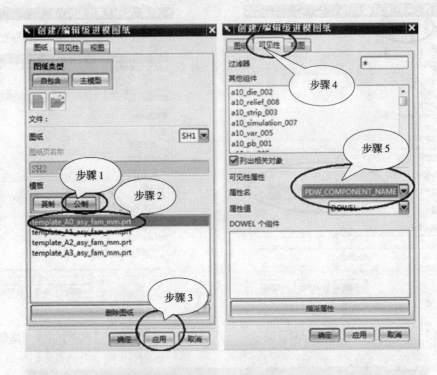

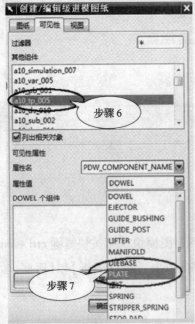

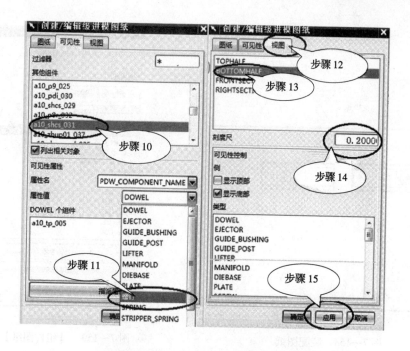

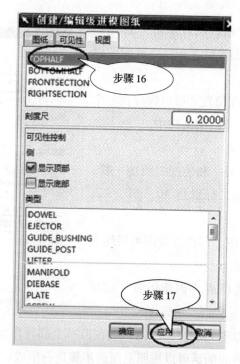

图 7—157　装配图纸操作过程

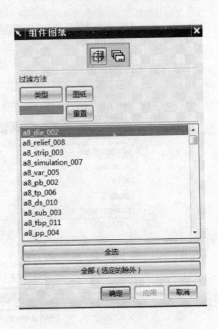

图7—159　【组件图纸】对话框

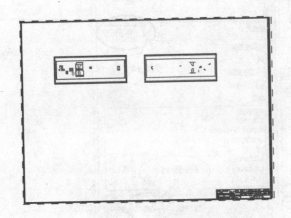

图7—158　装配图纸

2）单击"确定"按钮，或者单击"管理图纸"按钮 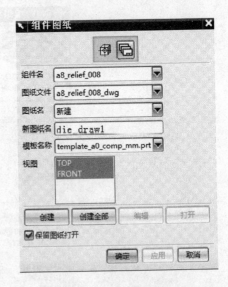，进入二维图设计过程，二维图的设计界面如图7—160所示。

3）设置二维图的保存位置。可以保存在一个新的文件中，或者保存在当前的文件中。

4）输入二维图的名字。

5）选择二维图的模板。和装配二维图一样，部件二维图也有4个模板，分别是 A0、A1、A2、A3 和 A4 号图纸。

6）选择二维图中视图，部件二维图可以加入的视图有俯视图和前视图。

7）单击"创建"选项或"创建所有"选项按钮。

图7—160　二维图的设计界面

按照上述步骤就可以得到组件二维图。现在以一个部件作为例子来生成部件二维图，其他的读者如果需要有时间的话可以按照上面的步骤进行生成。其部件二维图生成的步骤过程如图7—161所示。

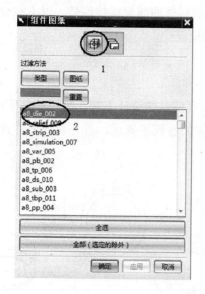
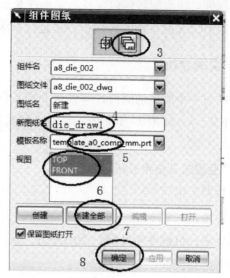

图 7—161 部件二维图生成步骤过程

第 4 节 利用 UG NX 软件进行典型拉深模具的设计

学习目标

了解圆筒形拉深件工艺计算，熟悉拉深模结构及拉深模工作零件和结构零件的设计；掌握拉深模具设计的基本步骤和拉深件的变形特点；能够熟练使用 UG 的"建模"工具设计相应的模具。

知识要求

拉深是利用拉深模将一定形状的平面坯料或空心件制成开口空心件的冲压工序。拉深工艺可以在普通的单动压力机上进行，也可在专用的双动、三动拉深压力机或液压机上进行。用拉深方法可制成筒形、阶梯形、盒形、球形、锥形及其他复杂形状的薄壁零件。在汽车、拖拉机、电器、仪表、电子、航空、航天等各工业部门及日常生活用品的生产中占据相当重要的地位。拉深件的种类很多，按变形力学特点可以分为四种基本类型，即直壁旋转体拉深件、曲面旋转体拉深件、盒形件及非旋转体曲面形状拉深件。以下结合典型圆筒形件，用 UGNX 软件的实体建模方法进行拉深模设计。

一、实例分析

本节通过一个简单的圆筒件零件来介绍拉深模模具的设计方法，采用的是手动分模。圆筒件几何尺寸，如图 7—162 所示。在介绍具体的建模步骤前，首先对该零件进行工艺分析。

1. 产品需求及技术分析

产品材料：钢片。

材料厚度：0.3 mm。

产品要求：机械性能良好，能耐冲击，并且要有很好的耐磨损特性。

技术分析：该零件结构简单，并在转角处均有倒角，适合拉深。

2. 确定工艺方案

该零件只包括拉深一个工序，因此在本例中采用单工序模生产。

3. 模具设计难点

该实例采用的是拉深模因此必须保证在一道工序中完成所有的零件特征，这是本例模具设计的难点。

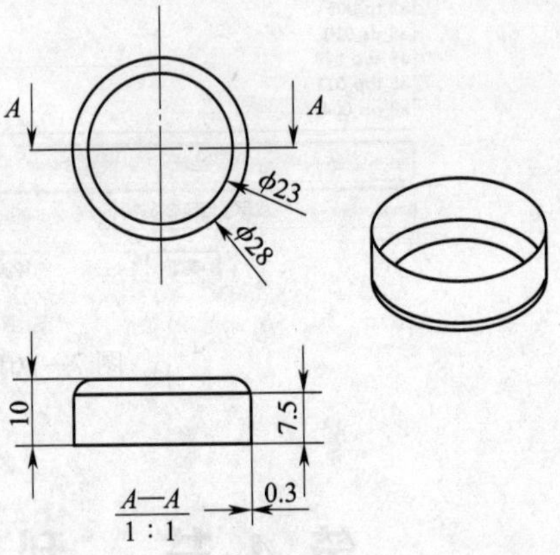

图 7—162　零件效果图及二维尺寸

二、具体的模具设计步骤

1. 创建下模座板

（1）选择菜单"文件"→"新建"命令，或者单击"标准"工具栏中的"新建"按钮 ，弹出【新建】对话框。

（2）在该对话框中选择模板名称为"模型"，在"新建文件名"选项中名称为"xiamozuoban.prt"，设置文件夹路径为"F:\UG NX6.0 part\6\"（此路径为自行设置，读者自己的设置路径可以与此不同）。

（3）单击"确定"按钮，进入"下模座板"文件的建模环境中。

（4）单击【特征】工具栏中的"拉伸"按钮 ，弹出【拉伸】对话框，如图 7—163 所示。

（5）选择如图7—164所示的"XC－YC"面作为基准面，进入草图编辑模式。

图7—163 【拉伸】对话框

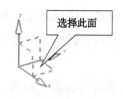

图7—164 选择草图基准面

（6）绘制草图如图7—165所示。

（7）单击"完成草图"按钮，退出草图编辑环境，回到【拉伸】对话框。

（8）在该对话框中，终点距离设置为"30"，方向设置为"＋ZC轴"。

（9）单击"确定"按钮，得到拉伸体如图7—166所示。

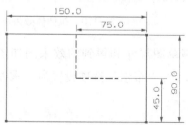

图7—165 绘制的草图及尺寸

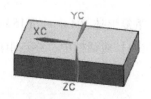

图7—166 拉伸体效果图

（10）单击"草图"按钮，绘制三个点的位置，其尺寸如图7—167所示，单击"完成草图"按钮。

（11）再单击【特征】工具栏中的"孔"按钮，弹出【孔】对话框。选择刚刚绘制的三个点且设置各参数，类型选择常规孔，沉头直径为10，沉头深度为5，直径为6，深度限制选择贯通体，布尔操作选择求差，点击"确定"按钮，得到沉头孔的效果图如图7—168所示。

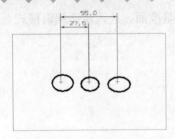

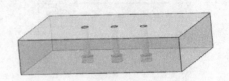

图 7—167　绘制三点的坐标位置　　　　　　　图 7—168　拉伸效果图

（12）单击"拉伸"按钮，选择刚刚建立的实体上表面作为基准面，进入草图编辑模式。绘制草图，如图 7—169 所示。

（13）单击"完成草图"按钮 ▨，退出草图编辑环境，回到【拉伸】对话框。

（14）在该对话框中，终点距离设置为"10"，"布尔"选项设置为"求差"，方向为"ZC 轴"。

（15）单击"确定"按钮，得到拉伸体如图 7—170 所示。

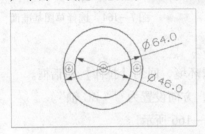

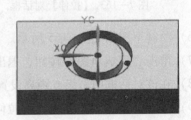

图 7—169　绘制的草图及尺寸　　　　　　　图·7—170　拉伸体效果图

（16）重复上述（4）～（15）步骤，绘制草图尺寸和得到的效果图如图 7—171 所示，在【拉伸】对话框中，终点距离设置为"15"，"布尔"选项设置为"求差"，方向为"+ZC 轴"。

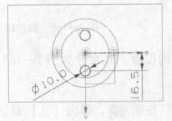

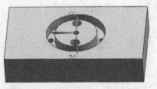

图 7—171　草图尺寸及效果图

（17）重复上述步骤，绘制草图尺寸，在【拉伸】对话框中，终点距离设置为"10"，"布尔"选项设置为"求差"，方向为"+ZC 轴"。

（18）单击"确定"按钮，得到的草图尺寸及效果图如图7—172所示。

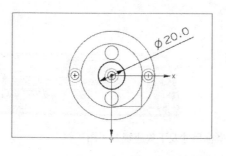 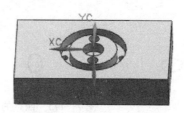

图7—172　草图尺寸及效果图

（19）重复上述步骤，在【拉伸】对话框中，终点距离设置为"15"，"布尔"选项设置为"求差"，方向为"+ZC轴"。

（20）绘制草图尺寸及得到的效果图如图7—173所示。

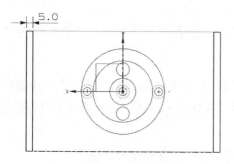 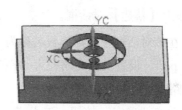

图7—173　草图尺寸及效果图

（21）单击工具栏上的"倒斜角"按钮，弹出图7—174所示的对话框，在该对话框中输入各参数，选择上述实体的各边，共22条边，得到的效果图，如图7—174所示。

 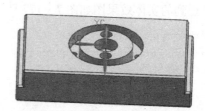

图7—174　【倒斜角】对话框及实体效果图

（22）绘制草图如图7—175所示，得到四点坐标位置。

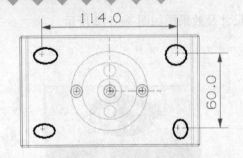
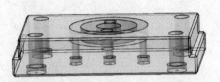

图 7—175　四点的坐标尺寸及下模座板效果图

（23）点击"孔"按钮，弹出【孔】对话框，在该对话框中选择刚刚创建的四个点，然后设置各参数，同步骤（11），其类型选择常规孔，沉头直径为 16，沉头深度为 5，直径为 12，深度限制选择贯通体，布尔操作选择求差，点击确定按钮得到下模座板的效果图如图 7—175 所示。

2. 创建定模座板

（1）选择菜单"文件"→"新建"命令，或者单击"标准"工具栏中的"新建"按钮，弹出【新建】对话框。

（2）在该对话框中选择模板名称为"模型"，在"新建文件名"选项中名称为"dingmozuoban. prt"，设置文件夹路径为"F:\UG NX6.0 part\6\"（此路径为自行设置，读者自己的设置路径可以与此不同）。

（3）单击"确定"按钮，进入"定模座板"文件的建模环境中。

（4）单击【特征】工具栏中的"拉伸"按钮，弹出【拉伸】对话框。

（5）选择"XC – YC"面作为基准面，进入草图编辑环境，绘制草图如图 7—176 所示。

（6）单击"完成草图"按钮，退出草图编辑环境，回到【拉伸】对话框。在该对话框中，终点距离设置为"30"，"布尔"选项设置为"无"，方向为"+ZC 轴"，单击"确定"按钮，得到的实体效果图如图 7—177 所示。

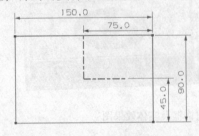
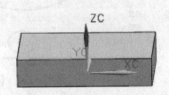

图 7—176　绘制的草图及尺寸　　　　　　图 7—177　实体效果图

（7）重复（5）~（6）的操作步骤，绘制如图7—178所示的草图，绘制两个圆和一个点。

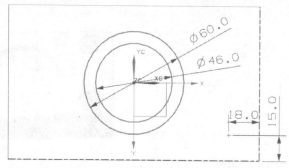

图7—178　绘制的草图及尺寸

（8）点击"拉伸"按钮，弹出【拉伸】对话框。在该对话框中，终点距离设置为"5"，"布尔"选项设置为"无"，方向为"+ZC轴"，选择曲线为$\phi60$的圆，单击"确定"按钮。

（9）重复（8）的操作，选择曲线为$\phi46$的圆，开始距离为25，终点距离为30，然后单击确定按钮。

（10）点击"孔"按钮，弹出【孔】对话框，创建沉头孔，选择上述所创建的点，在该对话框中输入参数沉头直径为22，沉头深度为5，孔径为18，孔的类型为沉头孔，其余参数不变，点击"确定"按钮，得到的效果图如图7—179所示。

（11）点击"镜像特征"按钮 ，弹出【镜像特征】对话框，如图7—180所示。在该对话框中选择特征为刚刚建立的沉头孔特征，选择"XC－YC"平面，点击"确定"按钮，得到两沉头孔。继续使用这个命令，选择刚刚创建的2个沉头孔特征，镜像平面是"YC－ZC"平面，最后得到四个沉头孔，其效果图，如图7—181所示。

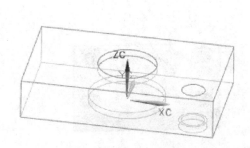

图7—179　孔的效果图

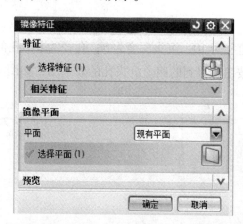

图7—180　【镜像特征】对话框

（12）点击"倒斜角"命令，输入半径参数为1.5，选择其中的12条边，其效果图，如图7—182所示。

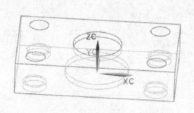

图7—181　沉头孔效果图

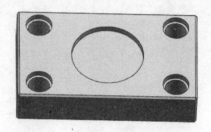

图7—182　倒斜角效果图

（13）点击"拉伸"命令，弹出【拉伸】对话框，单击绘制截面按钮，进入草图绘制模块，绘制草图如图7—183所示，单击"完成草图"按钮 ，退出草图编辑环境，回到【拉伸】对话框，在该对话框中，终点距离设置为"0"，"结束"选项设置为"贯通"，"布尔"选项设置为"求差"，方向为"+ZC轴"。最终得到的效果图，如图7—184所示。

（14）在草图中，绘制如图7—185所示的草图，得到四个点的坐标位置。

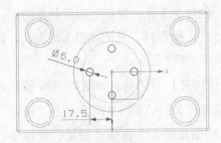

图7—183　绘制的草图及其尺寸

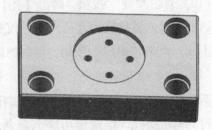

图7—184　拉伸的效果图

（15）单击"孔"按钮，设置各参数，在该对话框中类型选择常规孔，输入参数沉头直径为10，沉头深度为5，孔径为6，孔的类型为沉头孔，其余参数不变，点击"确定"按钮，得到的四个沉头孔的效果图，如图7—186所示。

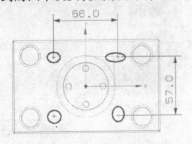

图7—185　绘制的草图及尺寸

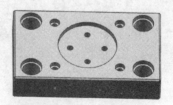

图7—186　沉头孔效果图

（16）单击"绘制截面"按钮，进入草图绘制模块，绘制草图如图7—187所示，单击"完成草图"按钮，退出草图编辑环境。点击"拉伸"命令，弹出【拉伸】对话框，在该对话框中，选择截面曲线为 $\phi16$ 的四个圆，其中终点距离设置为"10"，"结束"选项设置为"值"，"布尔"选项设置为"求差"，方向为"+ZC轴"。

（17）重复上述步骤，在该对话框中，选择截面曲线为 $\phi15$ 的圆，其中终点距离设置为"8"，"结束"选项设置为"值"，"布尔"选项设置为"求差"，方向为"+ZC轴"。最终得到的定模座板的效果图如图7—188所示。

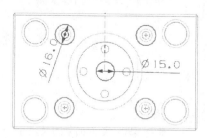

图7—187 绘制的草图尺寸

图7—188 定模座板效果图

3. 创建模柄

（1）选择菜单"文件"→"新建"命令，或者单击"标准"工具栏中的"新建"按钮，弹出【新建】对话框。

（2）在该对话框中选择模板名称为"模型"，在"新建文件名"选项中名称为"mobing. prt"，设置文件夹路径为"F:\UG NX6.0 part\6\"（此路径为自行设置，读者自己的设置路径可以与此不同）。

（3）单击"确定"按钮，进入"模柄"文件的建模环境中。

（4）单击"特征"工具栏中的"回转"按钮，弹出【回转】对话框，设置各参数如图7—189所示。选择"XC–YC"面作为基准面，进入草图编辑环境。绘制草图如图7—190所示。

（5）单击"完成草图"按钮，退出草图编辑环境，回到【回转】对话框。单击"确定"按钮，得到效果图如图7—191所示。

（6）在草图模块中绘制如图7—192所示的圆圈内四个点的位置。

（7）点击"孔"命令，弹出【孔】对话框，设置各参数，在该对话框中类型选择常规孔，孔的类型为沉头孔，输入参数沉头直径为10，沉头深度为5，孔径为6，其余参数不变，点击"确定"按钮刚刚创建的四个点，得到沉头孔的效果图如图7—193所示。

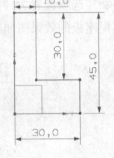

图7—189　【回转】对话框及参数设置　　　　图7—190　绘制的草图及尺寸

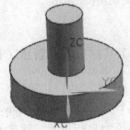

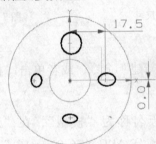

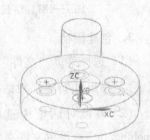

图7—191　回转体效果图　　　图7—192　四点的尺寸位置　　　图7—193　沉头孔效果图

（8）点击"拉伸"命令，弹出【拉伸】对话框，单击绘制截面按钮，进入草图绘制模块，绘制草图如图7—194所示，单击"完成草图"按钮 ，退出草图编辑环境，回到【拉伸】对话框。在该对话框中，终点距离设置为"0"，"结束"选项设置为"贯通"，"布尔"选项设置为"求差"，方向为"+ZC轴"。

（9）最终得到模柄的效果图，如图7—195所示。

4. 创建导柱

（1）选择菜单"文件"→"新建"命令，或者单击"标准"工具栏中的"新建"按钮，弹出【新建】对话框。

（2）在该对话框中选择模板名称为"模型"，在"新建文件名"选项中名称为"daozhu. prt"，设置文件夹路径为"F:\UG NX6.0 part\6\"（此路径为自行设置，读者自己的设置路径可以与此不同）。

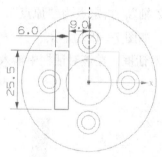

图 7—194　草图及其尺寸

图 7—195　模柄效果图

（3）单击"确定"按钮，进入"导柱"文件的建模环境中。

（4）选择如图"XC－YC"面作为基准面，进入草图编辑环境。绘制草图如图 7—196 所示。单击"完成草图"按钮 🏁 ，退出草图编辑环境。

（5）单击【特征】工具栏中的"拉伸"按钮 📖 ，弹出【拉伸】对话框。

（6）在该对话框中，终点距离设置为"5"，方向设置为"＋ZC 轴"，布尔操作选择"无"，选择截面曲线为 ϕ16 的圆，单击"确定"按钮。

（7）点击"拉伸"命令，弹出【拉伸】对话框，在该对话框中，选择截面曲线为 ϕ12 的圆，开始距离设置为 5，终点距离设置为"110"，"结束"选项设置为"值"，"布尔"选项设置为"求和"，方向为"＋ZC 轴"单击"确定"按钮。

（8）点击"拉伸"命令，弹出【拉伸】对话框，在该对话框中，仍然选择 ϕ12 的圆，开始距离位置设置为"0"，终点距离设置为"2"，"结束"选项设置为"值"，"布尔"选项设置为"求差"，方向为"＋ZC 轴"，单击"确定按钮"，最终得到的效果图，如图 7—197 所示。

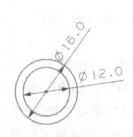

图 7—196　绘制的草图及尺寸

图 7—197　实体拉伸效果图

（9）点击"回转"命令，弹出【回转】对话框，单击绘制截面按钮，进入草图绘制模块，绘制草图如图 7—198 所示，单击完成草图 🏁 按钮，退出草图编辑环境，回到

【回转】对话框。在该对话框中，指定矢量为"+Z轴"，指定点为"原点"，"布尔"选项设置为"求差"。角度为"360"，得到的效果图，如图7—199所示。

（10）单击"倒斜角"命令，弹出【倒斜角】对话框，在该对话框中输入斜角半径为1.5，最终得到导柱的效果图如图7—200所示。

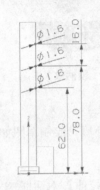

图7—198　草图及尺寸　　　　图7—199　回转效果图　　　图7—200　导柱效果图

5. 创建导套

（1）选择菜单"文件"→"新建"命令，或者单击"标准"工具栏中的"新建"按钮，弹出【新建】对话框。

（2）在该对话框中选择模板名称为"模型"，在"新建文件名"选项中名称为"daotao.prt"，设置文件夹路径为"F:\UG NX6.0 part\6\"（此路径为自行设置，读者自己的设置路径可以与此不同）。

（3）单击"确定"按钮，进入"导套"文件的建模环境中。

（4）进入草图绘制模块，绘制草图如图7—201所示，单击"完成草图"按钮，退出草图编辑环境。单击"拉伸"按钮，弹出【拉伸】对话框，在该对话框中，截面选择曲线为$\phi22$的圆，终点距离设置为"5"，"结束"选项设置为"值"，"布尔"选项设置为"无"，方向为"+ZC轴"，单击"确定"按钮。

（5）点击"拉伸"命令，弹出【拉伸】对话框，在该对话框中，截面选择曲线为$\phi18$的圆，开始距离设置为5，终点距离设置为"40"，"结束"选项设置为"值"，"布尔"选项设置为"求和"，方向为"+ZC轴"，单击"确定"按钮。

（6）点击"拉伸"命令，弹出【拉伸】对话框，在该对话框中，截面选择曲线为$\phi16$的圆，开始距离设置为"0"，终点距离设置为"2"，"结束"选项设置为"值"，"布尔"选项设置为"求差"，方向为"+ZC轴"，单击"确定"按钮，最终得到的效果图，如图7—202所示。

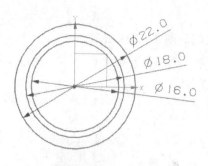

图 7—201　绘制的草图及尺寸

图 7—202　实体拉伸效果图

（7）点击"拉伸"命令，弹出【拉伸】对话框，单击"绘制截面"按钮，进入草图绘制模块，绘制草图如图 7—203 所示，单击"完成草图"按钮，退出草图编辑环境，回到【拉伸】对话框。在该对话框中，终点距离设置为"14"，"结束"选项设置为"值"，"布尔"选项设置为"求差"，方向为" + ZC 轴"。

（8）单击"确定"按钮，最终得到导套的效果图如图 7—204 所示。

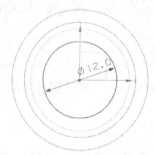

图 7—203　绘制的草图及尺寸

图 7—204　导套效果图

6. 创建凸模

（1）选择菜单"文件"→"新建"命令，或者单击"标准"工具栏中的"新建"按钮，弹出【新建】对话框。

（2）在该对话框中选择模板名称为"模型"，在"新建文件名"选项中名称为"tumo. prt"，设置文件夹路径为"F:\UG NX6. 0 part\6\"（此路径为自行设置，读者自己的设置路径可以与此不同）。

（3）单击"确定"按钮，进入"凸模"文件的建模环境中。

（4）点击"回转"命令，弹出【回转】对话框，单击"绘制截面"按钮，进入草图绘制模块，绘制草图如图 7—205 所示，单击"完成草图"按钮，退出草图编辑环境，回到【回转】对话框。在该对话框中，指定矢量为" + Z 轴"，指定点为"原点"，"布尔"

选项设置为"无"，角度为"360"。

（5）单击"确定"按钮，得到凸模的效果图如图7—206所示。

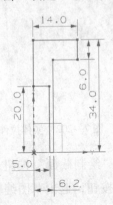

图7—205　绘制的草图及尺寸

图7—206　凸模效果图

7. 创建凹模

（1）选择菜单"文件"→"新建"命令，或者单击"标准"工具栏中的"新建"按钮，弹出【新建】对话框。

（2）在该对话框中选择模板名称为"模型"，在"新建文件名"选项中名称为"aomo. prt"，设置文件夹路径为"F:\UG NX6.0 part\6\"（此路径为自行设置，读者自己的设置路径可以与此不同）。

（3）单击"确定"按钮，进入"凹模"文件的建模环境中。

（4）单击【特征】工具栏中的"回转"命令，弹出【回转】对话框，单击"绘制截面"按钮，进入草图绘制模块，绘制草图如图7—207所示，单击"完成草图"按钮，退出草图编辑环境，回到【回转】对话框。在该对话框中，指定矢量为"+Z轴"，指定点为"原点"，"布尔"选项设置为"无"，角度为"360"。

（5）单击"确定"按钮，得到回转体的效果图如图7—208所示。

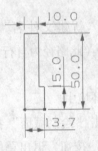

图7—207　绘制的草图及尺寸

图7—208　回转体效果图

（6）点击"拉伸"命令，弹出【拉伸】对话框，单击"绘制截面"按钮，进入草图绘制模块，绘制草图如图7—209所示，单击"完成草图"按钮，退出草图编辑环境，回到【拉伸】对话框。在该对话框中，终点距离设置为"10"，"结束"选项设置为"值"，"布尔"选项设置为"求差"，方向为"＋ZC轴"，单击"确定"按钮，得到拉伸效果图，如图7—210所示。

（7）单击工具栏上"边倒圆"命令 ▨ ，倒角半径设置为2.5。

（8）单击"确定"按钮，最终得到凹模的效果图，如图7—211所示。

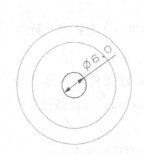

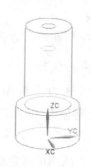

图7—209　绘草图及尺寸　　　　图7—210　拉伸体效果图　　　　图7—211　凹模效果图

8. 创建落料腔

（1）选择菜单"文件"→"新建"命令，或者单击"标准"工具栏中的新建 ▯ （新建）按钮，弹出【文件新建】对话框。

（2）在该对话框中选择模板名称为"模型"，在"新建文件名"选项中名称为"luoliaoqiang. prt"，设置文件夹路径为"F:\UG NX6. 0 part\6\"（此路径为自行设置，读者自己的设置路径可以与此不同）。

（3）单击"确定"按钮，进入"落料腔"文件的建模环境中。

（4）进入草图绘制模块，绘制草图如图7—212所示，单击"完成草图"按钮，退出草图编辑环境。单击"拉伸"按钮，弹出【拉伸】对话框，在该对话框中，截面选择曲线为$\phi 64$和$\phi 46$的圆，终点距离设置为"45"，"结束"选项设置为"值"，"布尔"选项设置为"无"，方向为"＋ZC轴"，单击"确定"按钮。

（5）点击"拉伸"命令，弹出【拉伸】对话框，在该对话框中，截面选择曲线为两个$\phi 6$的圆，终点距离设置为"10"，"结束"选项设置为"值"，"布尔"选项设置为"求差"，方向为"＋ZC轴"，单击"确定"按钮，得到落料腔的拉伸效果图，如图7—213所示。

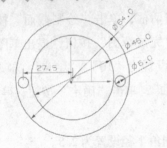
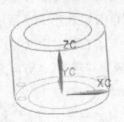

图7—212　绘制的草图及尺寸　　　　图7—213　拉伸体效果图

9. 创建凸凹模固定板

（1）选择菜单"文件"→"新建"命令，或者单击"标准"工具栏中的新建 ▯（新建）按钮，弹出【文件新建】对话框。

（2）在该对话框中选择模板名称为"模型"，在"新建文件名"选项中名称为"tuaomogudingban. prt"，设置文件夹路径为"F:\UG NX6.0 part\6\"（此路径为自行设置，读者自己的设置路径可以与此不同）。

（3）单击"确定"按钮，进入"凸凹模固定板"文件的建模环境中。

（4）点击"拉伸"命令，弹出【拉伸】对话框，单击"绘制截面"按钮，进入草图绘制模块，绘制草图如图7—214所示，单击"完成草图"按钮，退出草图编辑环境，回到【拉伸】对话框。在该对话框中，终点距离设置为"25"，"结束"选项设置为"值"，"布尔"选项设置为"无"，方向为"+ZC轴"，单击"确定"按钮，得到的效果图如图7—215所示。

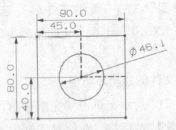
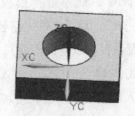

图7—214　绘制的草图及尺寸　　　　图7—215　拉伸体效果图

（5）进入草图绘制模块，绘制草图如图7—216所示，单击"完成草图"按钮，退出草图编辑环境。点击"拉伸"命令，弹出【拉伸】对话框，在该对话框中，截面选择曲线为四个 $\phi16$ 的圆，终点距离设置为"10"，"结束"选项设置为"值"，"布尔"选项设置为"求差"，方向为"+ZC轴"，单击"应用"按钮。再截面选择曲线为四个 $\phi6$ 的圆，其设置缺省值，其效果图如图7—217所示。

（6）点击"倒斜角"命令，斜角半径为 1.5，选择上述的 12 条边，其效果图，如图 7—218 所示。

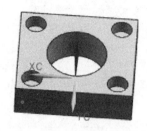

图 7—216　草图及尺寸　　　　图 7—217　拉伸体效果图　　　　图 7—218　倒斜角效果图

（7）点击"拉伸"命令，弹出【拉伸】对话框，单击"绘制截面"按钮，进入草图绘制模块，绘制草图如图 7—219 所示，单击"完成草图"按钮，退出草图编辑环境，回到【拉伸】对话框。在该对话框中，终点距离设置为"10"，"结束"选项设置为"值"，"布尔"选项设置为"求差"，方向为"+ZC 轴"。

（8）单击"确定"按钮，得到凹凸模固定板的效果图如图 7—220 所示。

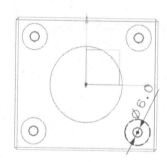

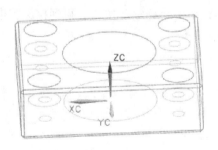

图 7—219　绘制的草图及尺寸　　　　　　图 7—220　拉伸体效果图

10. 创建拉深腔推件块

（1）选择菜单"文件"→"新建"命令，或者单击"标准"工具栏中的新建 ▢（新建）按钮，弹出【文件新建】对话框。

（2）在该对话框中选择模板名称为"模型"，在"新建文件名"选项中名称为"lashenqiangtuijiankuai.prt"，设置文件夹路径为"F:\UG NX6.0 part\6\"（此路径为自行设置，读者自己的设置路径可以与此不同）。

（3）单击"确定"按钮，进入"拉深腔推件块"文件的建模环境中。

（4）单击"特征"工具栏中的"回转"命令，弹出【回转】对话框，单击"绘制截面"按钮，进入草图绘制模块，绘制草图如图 7—221 所示，单击"完成草图"按钮，退出草图编辑环境，回到【回转】对话框。在该对话框中，指定矢量为" +Z 轴"，指定点为"原点"，"布尔"选项设置为"无"，角度为"360"。单击"确定"按钮，得到其效果图如图 7—222 所示。

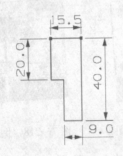

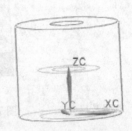

图 7—221　绘制的草图及尺寸　　　　　图 7—222　回转体效果图

（5）点击"拉伸"命令，弹出【拉伸】对话框，单击"绘制截面"按钮，进入草图绘制模块，绘制草图如图 7—223 所示，单击"完成草图"按钮，退出草图编辑环境，回到【拉伸】对话框。在该对话框中，终点距离设置为"13"，"结束"选项设置为"值"，"布尔"选项设置为"求差"，方向为" +ZC 轴"。

（6）单击"确定"按钮，得到拉深腔推件块的效果图如图 7—224 所示。

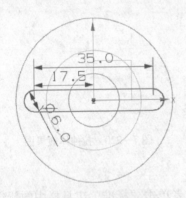

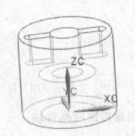

图 7—223　绘制的草图及尺寸　　　　　图 7—224　拉伸体效果图

11. 创建落料腔推件块

（1）选择菜单"文件"→"新建"命令，或者单击"标准"工具栏中的新建 ![] （新建）按钮，弹出【文件新建】对话框。

（2）在该对话框中选择模板名称为"模型"，在"新建文件名"选项中名称为"luoliaoqiangtuiliaokuai. prt"，设置文件夹路径为"F:\UG NX6. 0 part\6\"（此路径为自行

设置，读者自己的设置路径可以与此不同）。

（3）单击"确定"按钮，进入"落料腔推件块"文件的建模环境中。

（4）单击"特征"工具栏中的"回转"命令，弹出【回转】对话框，单击"绘制截面"按钮，进入草图绘制模块，绘制草图如图 7—225 所示，单击"完成草图"按钮，退出草图编辑环境，回到【回转】对话框。在该对话框中，指定矢量为"＋Z 轴"，指定点为"原点"，"布尔"选项设置为"无"，角度为"360°"。

（5）单击"确定"按钮，得到落料腔推件块的效果图如图 7—226 所示。

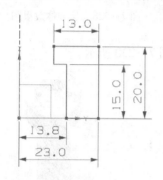

图 7—225　绘制的草图及尺寸

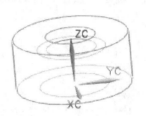

图 7—226　回转体效果图

12. 绘制模板螺钉

（1）选择菜单"文件"→"新建"命令，或者单击"标准"工具栏中的新建 ▯（新建）按钮，弹出【文件新建】对话框。

（2）在该对话框中选择模板名称为"模型"，在"新建文件名"选项中名称为"mubanluoding. prt"，设置文件夹路径为"F：\UG NX6. 0 part\6\"（此路径为自行设置，读者自己的设置路径可以与此不同）。

（3）单击"确定"按钮，进入"模板螺钉"文件的建模环境中。

（4）进入草图绘制模块，绘制草图如图 7—227 所示，单击"完成草图"按钮，退出草图编辑环境。点击"拉伸"命令，弹出【拉伸】对话框，在该对话框中，截面选择曲线为 $\phi 10$ 的圆，终点距离设置为"5"，"结束"选项设置为"值"，"布尔"选项设置为"无"，方向为"＋ZC 轴"，单击"应用"按钮。再截面选择曲线为 $\phi 6$ 的圆，开始距离设置为"5"，终点距离设置为"25"，"结束"选项设置为"值"，"布尔"选项设置为"求和"，方向为"＋ZC 轴"。单击"应用"按钮，得到其效果图，如图 7—228 所示。

（5）单击"绘制截面"按钮，进入草图绘制模块，绘制草图如图 7—229 所示，单击"完成草图"按钮，退出草图编辑环境，回到【拉伸】对话框。在该对话框中，终点距离设置为"3. 5"，"结束"选项设置为"值"，"布尔"选项设置为"求差"，方向为"＋ZC 轴"。

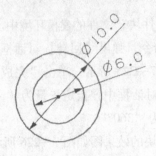

图7—227　绘制的草图及尺寸

图7—228　拉伸体效果图

（6）单击"确定"按钮，得到螺钉效果图如图7—230所示。

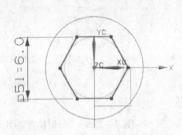

图7—229　绘制的草图及尺寸

图7—230　螺钉效果图

13. 绘制卸料螺钉

（1）选择菜单"文件"→"新建"命令，或者单击"标准"工具栏中的新建　（新建）按钮，弹出【文件新建】对话框。

（2）在该对话框中选择模板名称为"模型"，在"新建文件名"选项中名称为"xieliaoluoding. prt"，设置文件夹路径为"F：\UG NX6.0 part\6\"（此路径为自行设置，读者自己的设置路径可以与此不同）。

（3）单击"确定"按钮，进入"卸料螺钉"文件的建模环境中。

（4）进入草图绘制模块，绘制草图如图7—231所示，单击"完成草图"按钮，退出草图编辑环境。点击"拉伸"命令，弹出【拉伸】对话框，在该对话框中，截面选择曲线为 $\phi10$ 的圆，终点距离设置为"5"，"结束"选项设置为"值"，"布尔"选项设置为"无"，方向为"+ZC轴"，单击"应用"按钮。再截面选择曲线为 $\phi6$ 的圆，开始距离设置为"0"，终点距离设置为"65"，"结束"选项设置为"值"，"布尔"选项设置为"求和"，方向为"+ZC轴"。单击"应用"按钮，得到其效果图，如图7—232所示。

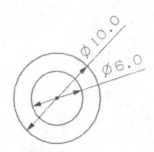

图7—231 绘制的草图及尺寸

图7—232 拉伸体效果图

（5）单击"绘制截面"按钮，进入草图绘制模块，绘制草图如图7—233所示，单击"完成草图"按钮，退出草图编辑环境，回到【拉伸】对话框。在该对话框中，终点距离设置为"3.5"，"结束"选项设置为"值"，"布尔"选项设置为"求差"，方向为"+ZC轴"。

（6）单击"确定"按钮，得到卸料螺钉效果图如图7—234所示。

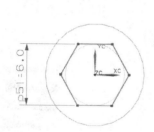

图7—233 绘制的草图及尺寸

图7—234 螺钉效果图

14. 绘制动模弹簧

（1）选择菜单"文件"→"新建"命令，或者单击"标准"工具栏中的新建 ▢ （新建）按钮，弹出【文件新建】对话框。

（2）在该对话框中选择模板名称为"模型"，在"新建文件名"选项中名称为"dongmotanhuang. prt"，设置文件夹路径为"F:\UG NX6. 0 part\6\"（此路径为自行设置，读者自己的设置路径可以与此不同）。

（3）单击"确定"按钮，进入"动模弹簧"文件的建模环境中。

（4）单击工具栏上的"螺旋线"命令 ⬡，弹出【螺旋线】对话框，如图7—235所示，在该对话框中输入图中所示的各参数，得到其效果图，如图7—236所示。

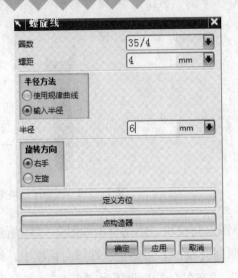

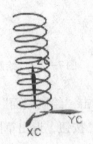

图7—235　【螺旋线】对话框及其参数设置　　　　图7—236　螺旋线效果图

（5）单击工具栏上的"管道"按钮 管道（插入→扫掠→管道），弹出【管道】对话框，在该对话框中设置参数如图7—237所示，单击"确定"按钮，得到其效果图，如图7—238所示。

图7—237　【管道】对话框　　　　　　　　图7—238　管道效果图

（6）单击工具栏上的"修剪体"按钮 ，弹出【修剪体】对话框，如图7—239所示。在该对话框中选择体为刚刚创建的管道，选择的平面为"XC - YC 平面"，切齐管道。

（7）单击工具栏上的"修剪体"按钮，弹出【修剪体】对话框，在该对话框中选择体为刚刚创建的管道，选择的平面为"XC - YC 平面"中的按某一距离按钮 ，输入值35，然后切齐管道。

（8）单击"确定"按钮，弹簧的最终效果图如图7—240所示。

图7—239 【修剪体】对话框

图7—240 弹簧效果图

15. 绘制落料腔弹簧

（1）选择菜单"文件"→"新建"命令，或者单击"标准"工具栏中的新建 （新建）按钮，弹出【文件新建】对话框。

（2）在该对话框中选择模板名称为"模型"，在"新建文件名"选项中名称为"luoliaoqiangtanhuang. prt"，设置文件夹路径为"F:\UG NX6.0 part\6\"（此路径为自行设置，读者自己的设置路径可以与此不同）。

（3）单击"确定"按钮，进入"落料腔弹簧"文件的建模环境中。

（4）单击工具栏上的"螺旋线"命令，弹出【螺旋线】对话框，如图7—241所示，在该对话框中输入图中所示的各参数，单击"确定"按钮，得到螺旋线。

（5）单击工具栏上的"管道"按钮，弹出【管道】对话框，在该对话框中设置参数外径为1，内径为0，单击"确定"按钮，得到其效果图。

（6）单击工具栏上的"修剪体"按钮，弹出【修剪体】对话框，在该对话框中选择体为刚刚创建的管道，选择的平面为"XC－YC平面"，切齐管道。

（7）再次单击工具栏上的"修剪体"按钮，弹出【修剪体】对话框，在该对话框中选择体为刚刚创建的管道，选择的平面为"XC－YC平面"中的按某一距离按钮，输入值35，然后切齐管道。

（8）单击"确定"按钮，弹簧的最终效果图，如图7—242所示。

16. 绘制定模螺钉

（1）选择菜单"文件"→"新建"命令，或者单击"标准"工具栏中的新建 （新建）按钮，弹出【文件新建】对话框。

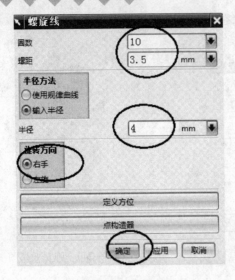

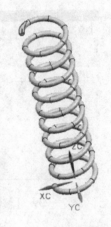

图7—241 【螺旋线】对话框及其参数设置图　图7—242 弹簧效果图

（2）在该对话框中选择模板名称为"模型"，在"新建文件名"选项中名称为"dingmoluoding. prt"，设置文件夹路径为"F:\UG NX6.0 part\6\"（此路径为自行设置，读者自己的设置路径可以与此不同）。

（3）单击"确定"按钮，进入"定模螺钉"文件的建模环境中。

（4）进入草图绘制模块，绘制草图如图7—243所示，单击"完成草图"按钮，退出草图编辑环境。点击"拉伸"命令，弹出【拉伸】对话框，在该对话框中，截面选择曲线为φ10的圆，终点距离设置为"5"，"结束"选项设置为"值"，"布尔"选项设置为"无"，方向为"+ZC轴"，单击"应用"按钮。再截面选择曲线为φ6的圆，开始距离设置为"0"，终点距离设置为"30"，"结束"选项设置为"值"，"布尔"选项设置为"求和"，方向为"+ZC轴"。单击"应用"按钮，得到其效果图，如图7—244所示。

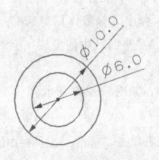

图7—243 绘制的草图及尺寸　图7—244 拉伸体效果图

（5）单击"绘制截面"按钮，进入草图绘制模块，绘制草图如图7—245所示，单击"完成草图"按钮，退出草图编辑环境，回到【拉伸】对话框。在该对话框中，终点距离设置为"3.5"，"结束"选项设置为"值"，"布尔"选项设置为"求差"，方向为"+ZC轴"。

（6）单击"确定"按钮，得到卸料螺钉效果图如图7—246所示。

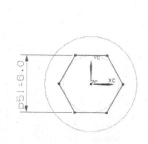

图7—245 绘制的草图及尺寸   图7—246 螺钉效果图

17. 模具装配

（1）选择菜单"文件"→"新建"命令，或者单击"标准"工具栏中的新建 （新建）按钮，弹出【文件新建】对话框。

（2）在该对话框中选择模板名称为"模型"，在"新建文件名"选项中名称为"zhuangpei. prt"，设置文件夹路径为"F：\UG NX6. 0 part\6\"（此路径为自行设置，读者自己的设置路径可以与此不同）。

（3）单击"确定"按钮，进入"装配"文件的建模环境中。

（4）此时弹出【添加组件】对话框，如图7—247所示。在该对话框中的"打开"选项中单击"打开"按钮，弹出【部件名】对话框，选择该对话框中的"F：\UG NX6. 0 part\6\dongmozuoban . prt"（此路径为自行设置，读者自己的设置路径可以与此不同）文件。

（5）单击"OK"按钮，回到【添加组件】对话框，并出现【组件预览】对话框窗口，在【添加组件】对话框中单击"应用"按钮，动模座板组件加入装配文档中。

（6）点击【添加组件】对话框中的"打开"选项中

图7—247 【添加组件对话框】

单击"打开"按钮，弹出【部件名】对话框。选择该对话框中的"F：\UG NX6. 0 part\6\ mobingn. prt"（此路径为自行设置，读者自己的设置路径可以与此不同）文件。在【添加组件】对话框中单击"应用"按钮，模柄组件加入装配文档中。

（7）利用"装配"工具栏上的"配对组件"按钮 来对添加的组件进行重新装配。

（8）根据上面的步骤，分别添加凹模、凸模、凹凸模固定板、落料腔、落料腔推件块、拉深腔推件块、模板螺钉、卸料螺钉、导柱、导套、动模弹簧以及落料弹簧，效果如图7—248所示。

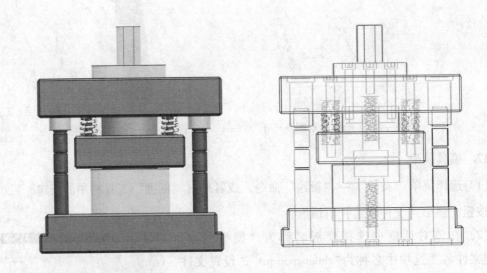

图7—248 装配效果图

（9）单击【装配】工具栏上的"爆炸图"按钮 ，弹出【爆炸图】工具栏，如图7—249所示。单击【爆炸图】工具栏上的"创建爆炸图" 按钮，弹出【创建爆炸图】对话框，如图7—250所示。单击"确定"按钮，创建爆炸图。

图7—249 【爆炸图】工具栏

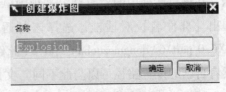

图7—250 【创建爆炸图】对话框

（10）单击【爆炸图】工具栏上的"编辑爆炸图"按钮 ，弹出【编辑爆炸图】对话框，如图7—251所示。拖动各部件，编辑的爆炸图，如图7—252所示。

图7—251 【编辑爆炸图】对话框

图7—252 模具的爆炸效果图

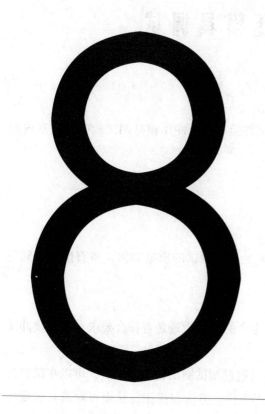

第 8 章

冲压模具的调试与验收

第1节 冲压模具调试

 学习目标

掌握冲压模具调试的目的、材料的检查、试件检查以及冲压模具调试验收的基本内容及实施步骤，了解相关国标。

 知识要求

一、冲压模具调试的目的

模具的装配和调试是模具制造的关键工序。装配、调试的质量如何，将直接影响到制件的质量、模具的技术状态和使用寿命。

冲压模具调试目的如下：

（1）鉴定制件和模具的质量。验证该模具生产的产品质量是否符合要求，确定该冲压模具能否交付生产使用。

（2）确定产品的成形条件和工艺规程。模具通过调试制出合格制件后，可以在试模过程中掌握和了解模具的使用性能、制品零件成形条件、方法与规律，从而可对模具成批生产时工艺规程的制定提供科学依据。

（3）确定模具设计和工艺设计的某些尺寸。在模具设计和工艺设计中，用计算的方法难以确定的尺寸，如拉深模的凸、凹模圆角半径，均在调试制出合格制品后给予确定，从而供下次设计参考，提高模具设计及工艺水平。

（4）确定成形零件毛坯形状及用料标准。对于用计算的方法难以确定的拉深模坯件尺寸及模具零件的用料标准，均可通过试模后确定。

（5）通过调试，发现问题，解决问题，积累经验。

冲压模具经试冲合格后，应在模具模板正面打刻编号、冲模图号、制件号、使用压力机型号、装配钳工工号、制造日期等，并涂油防锈后经检验合格入库。

二、冲压模具的装配

1. 冲压模具装配特点

冲压模具属单件生产。组成模具实体的零件，有些在制造过程中是按照图样标注的尺寸和公差独立地进行加工的（如落料凹模、冲孔凸模、导柱和导套、模柄等），这类零件一般都是直接进入装配；有些在制造过程中只有部分尺寸可以按照图样标注尺寸进行加工，须协调相关尺寸；有的在进入装配前须采用配制或合体加工；有的须在装配过程中通过配制取得协调，图样上标注的这部分尺寸只作为参考（如模座的导套或导柱固装孔，多凸模固定板上的凸模固装孔，须连接固定在一起的板件螺栓孔、销钉孔等）。

因此，冲压模具装配适合于采用集中装配，在装配工艺上多采用修配法和调整装配法来保证装配精度。从而实现能用精度不高的组成零件，达到较高的装配精度，降低零件加工要求。

2. 冲模装配技术要求

冲模工作时的精度主要取决于模架的导向形式及精度、导柱轴线对模座基准面的垂直度要求、导柱与导套间的配合间隙、上模座上平面对下模座下平面的平行度要求等。表8—1所示为冲压模具装配技术要求。

表8—1　　　　　　　　　　　冲压模具装配技术要求

序号	条目内容
1	模架精度应符合国家标准《冲模模架技术条件》（JB/T 8050—2008）、《冲模模架精度检查》（JB/T 8071—2008）规定。冲压模具的闭合高度应符合图纸的规定要求
2	装配好的冲压模具，上模沿导柱上、下滑动应平稳、可靠
3	凸、凹模间的间隙应符合图纸规定的要求，分布均匀。凸模或凹模的工作行程符合技术条件的规定
4	定位和挡料装置的相对位置应符合图纸要求。冲裁模导料板间距离须与图纸规定一致；导料面应与凹模进料方向的中心线平行；带侧压装置的导料板，其侧压板应滑动灵活，工作可靠
5	卸料和顶件装置的相对位置符合设计要求，超高量在许用规定范围内，工作面不允许有倾斜或单边偏摆，以保证制件或废料能及时卸下和顺利顶出
6	紧固件装配应可靠，螺栓螺纹旋入长度在钢件连接时应不小于螺栓的直径，铸件连接时应不小于1.5倍螺栓直径；销钉与每个零件的配合长度应大于1.5倍销钉直径；螺栓和销钉的端面不应露出上、下模座等零件的表面
7	落料孔或出料槽应畅通无阻，保证制件或废料能自由排出
8	标准件应能互换。紧固螺钉和定位销钉与其孔的配合应正常、良好
9	模具在压力机上的安装尺寸须符合选用设备的要求；起吊零件应安全可靠
10	模具应在生产的条件下进行试验，冲出的制件应符合设计要求

3．冲压模具装配的工艺要点

在模具装配之前，要认真研究模具图样，根据其结构特点和技术条件，制定合理的装配方案，并对提交的零件进行检查，除了必须符合设计图样要求外，还应满足装配工序对各类零件提出的要求，检查无误方可按规定步骤进行装配。模架的装配主要是指导柱、导套与上、下模座之间的装配，导柱、导套与模座之间采用过盈配合，装配工艺以压入式为主，也可采用黏结工艺。装配过程中，要合理选择检测方法及测量工具。

4．冲压模具装配步骤见表8—2。

表8—2 冲压模具装配步骤

装配步骤	说　明
选择装配基准件	装配时，先要选择基准件。选择基准件的原则是按照模具主要零件加工时的依赖关系来确定。可以作为装配基准件的主要有凸模、凹模、凸凹模、导向板及固定板等
组件装配	组件装配是指模具在总装前，将两个以上的零件按照规定的技术要求连接成一个组件的装配工作。如模架的组装，凸模和凹模与固定板的组装，卸料与推件机构各零件的组装等。这些组件应按照各零件所具有的功能进行组装，这将会对整副模具的装配精度起到一定的保证作用
总体装配	总装是将零件和组件结合成一副完整的模具过程。在总装前，应选好装配的基准件和安排好上、下模的装配顺序
调整凸、凹模间隙	在装配模具时，必须严格控制及调整凸、凹模间隙的均匀性。间隙调整后，才能紧固螺钉及销钉。调整凸、凹模间隙的方法主要有透光法、测量法、垫片法、涂层法、镀铜法等
检验、调试	模具装配完毕后，必须保证装配精度，满足规定的各项技术要求，并要按照模具验收技术条件，检验模具各部分的功能。在实际生产条件下进行试模，并按试模生产制件情况调整、修正模具，当试模合格后，模具加工、装配才算基本完成

5．冲压模具装配顺序

为了便于对模，总装前应合理确定上、下模的装配顺序，以防出现不便调整的情况。上、下模的装配顺序与模具的结构有关。一般先装基准件，再装其他件并调整间隙均匀。不同结构的模具装配顺序说明如下。

（1）无导向装置的冲压模具

这类模具的上、下模，其间的相对位置是在压力机上安装时调整的，工作过程中由压力机的导轨精度保证. 因此装配时，上、下模可以独立进行，彼此基本无关。

（2）有导柱的单工序模

这类模具装配相对简单。如果模具结构是凹模安装在下模座上，则一般先将凹模安装在下模上，再将凸模与凸模固定板装在一起，然后依据下模配装上模。

（3）导柱的连续模

通常导柱导向的连续模都以凹模作为装配基准件（如果凹模是镶拼式结构，应先组装镶拼式凹模），先将凹模装配在下模座上，凸模与凸模固定板装在一起，再以凹模为基准，调整好间隙，将凸模固定板安装在上模座上，经试冲合格后，钻铰定位销孔。

（4）有导柱的复合模

复合模结构紧凑，模具零件加工精度较高，模具装配的难度较大，特别是装配对内、外形有同轴度要求的模具，更是如此。复合模属于单工位模具。复合模的装配程序和装配方法相当于在同一模位上先装配冲孔模，然后以冲孔模为基准，再装配落料模。基于此原理，装配复合模应遵循如下原则：

1）复合模装配应以凸凹模作装配基准件。先将装有凸凹模的固定板用螺栓和销钉安装、固定在指定模座的相应位置上；再按凸凹模的内形装配、调整冲孔凸模固定板的相对位置，使冲孔凸、凹模间的间隙趋于均匀，用螺栓固定；然后再以凸凹模的外形为基准，装配、调整落料凹模相对凸凹模的位置，调整间隙，用螺栓固定。

2）试冲无误后，将冲孔凸模固定板和落料凹模分别用定位销，在同一模座经钻铰和配钻、配铰销孔后，打入定位。

表 8—3　　　　　　　　　　　　冲压模具常用的配合方式

配合方式		应用场合
过渡配合	H6/h5	Ⅰ级精度模架导柱与导套的配合
	H7/h6	Ⅱ级精度模架导柱与导套的配合
	H8/d9	活动挡料销、弹顶装置（弹性力作用线与活动轴线重合时）销与销孔的配合
	H8/f9	始用挡料销、弹性侧压装置与导尺的配合
	H9/h8	卸料螺钉与螺孔的配合
	H11/d11	活动挡料销与销孔的配合（当弹力作用线不重合时）
	H9/d11	模柄与压力机的配合
	H6/m5	导套、衬套与模座的配合 小凸模、小凹模与固定板的配合
	H7/m6	凸模与固定板的配合 模柄与上模座孔的配合 销钉与销钉孔的配合
过盈配合	R6/h5	Ⅰ级精度模架导柱与模座的配合
	H7/s6	Ⅱ级精度模架导套与模座的配合
	H6/r5	Ⅰ级精度模架导柱与导套的配合
	H7/r5	Ⅱ级精度模架导柱与导套的配合 凸模与固定板的配合

冲压模具装配对直线度、平行度、圆度、圆柱度、垂直度、倾斜度及配合方式等都有较高要求，如果这些参数不合格不仅影响产品的质量，而且可能缩短模具使用寿命以及给生产带来不确定的危险。冲压模具装配时的形位公差要求，可参照相关国标要求。

三、冲压模具试模过程

当制造完一副模具后，总是要先进行试模，模具在设计过程或制造过程中隐藏的问题可直观地在试模过程中显示出来。在试模后及时分析不良情况，并对模具进行修正，模具试模的最终目的是获得能安全、稳定地生产合格制件的模具。

在模具试模过程中，一般试模人员要对试模全过程做详细记录。由于模具在设计过程、制造或生产过程中影响其制件质量的因素较多，无论是模具设计师或模具制造人员都有发生错误的可能，若在试模过程中没有遵循合理的步骤并做好详细的记录，可能会因小的错误而产生大的损害，更有可能产生成本损失高于模具本身造价的情况。对试模过程进行详细记录有利于企业获得第一手数据和参考依据，便于改进和创新；有利于实现技术与生产组织机构、管理体制的协调；有利于规范管理、优化管理；能为企业开展工艺装备更新和工艺技术创新提供重要依据；为企业发展提供重要的技术资源。试模的结果是要保证后续生产的顺利进行，记录试模数据对以后的生产有一定的帮助与保障作用，能为企业积累模具设计及制造经验，从而避免以后出现同样的设计与制造错误。

模具的试模过程主要包括试模前的准备，试模中的试冲、调整、再试冲，直到生产出合格制件以及试模后的验收入库。

四、试模前的准备工作

1. 试模材料的检查

试模材料应该严格遵守冲压工艺过程卡所规定的各项条件。

试模材料应具备相应的质量证明书，并符合产品图样和工艺文件规定的材料牌号、规格、尺寸和性能要求。

试模材料应与实际生产用材料保持一致，对重要的冲压件原则上不允许代用，必须代用时应采取相应补救措施，以防止产生质量事故。

对试模材料的检查主要包括试模材料的厚度及公差、试模材料的机械性能、试模材料的外观。

2. 冲压模具的装配检查

在冷冲模具试冲前操作人员须对模具的安装、模具外观和精度进行检查，总体要求见表8—4，详细检查内容见表8—5。

表 8—4   冲压模具试模前检查内容

编号	条 目 内 容
1	检查压力机的公称压力是否符合设计要求。若无相应的压力机，其公称压力应超过计算力的30%
2	检查压力机的离合器、制动器及其控制装置是否正常
3	检查模具闭合高度是否在压力机的适用范围内
4	检查模具模柄直径尺寸与所选压力机的模柄孔直径是否相匹配
5	检查模具上下模座在压力机上是否安装紧固、无松动
6	检查模具的导向零件配合精度是否满足设计要求，送料、定位和出件等运动机构是否正常工作
7	检查工作零件，如凸、凹模刃口的精度是否满足设计要求，是否锋利，无碰伤

表 8—5   冲压模具检查内容、检查方法及要求

检查内容		检查方法及要求
模具外观检查	检查模具的外观	（1）模具的外形各锐角部位应倒钝，不能存在任何锐角、尖角 （2）模板的正面应按规定打刻上模具的编号、制件号及出厂日期等
	检查模具的紧固状况	各紧固用的螺钉，圆柱销应紧固牢固，绝不能有松动的现象
	检查模具的闭合高度	模具合模后，用高度尺检查一下其闭模高度，使其符合图样规定的要求。其闭合高度的允差为： 模具闭合高度 ≤200 mm，允差（$^{+1}_{-3}$）mm 模具闭合高度 >200~400 mm，允差（$^{+2}_{-5}$）mm 模具闭合高度 >400 mm，允差（$^{+3}_{-7}$）mm
	检查模具上、下模板平行度	检查方法与模架检查上、下模板的方法相同，即装配后的模具，上模板上平面、下模板下平面、平行度允差不应超过图样规定的偏差值，如下所示： 冲裁模：300:（0.08~0.10）mm 其他冲模：300:（0.10~0.12）mm
	检查模柄的安装状况	（1）用角尺检查模柄对上模板的垂直度，应在100 mm长度范围内不大于0.05 mm （2）浮动模柄传递压力的凹、凸球面，其吻合接触面应不小于80%
工作部位（凸、凹模）检查	检查冲裁凹模刃口面	凹模刃口面沿冲裁方向应平直，允许向下逐渐增大，但用角尺检查后不应有大于15′的斜度
	检查凸、凹模镶块镶嵌状况	凸、凹模镶拼块，嵌镶后不应有明显的缝隙存在
	检查凸、凹模刃口状况	（1）冲裁模凸、凹模刃口应锋利，表面粗糙度 $R_a < 0.80$ μm （2）弯曲、拉深、成形凸、凹模应圆角圆滑过渡，表面粗糙度 $R_a \leqslant 0.40$ μm

检查内容		检查方法及要求
凸、凹模间隙检查		（1）冲裁凸、凹模间隙必须均匀，用透光法或试切法检查后，其间隙应符合图样要求，允差应不大于规定间隙的20%，局部尖角或转角处不大于30% （2）压弯、成形模凸、凹模间隙应均匀，用样件检验后，其偏差最大不应超过"料厚＋料厚的上偏差"，最小不应超过"料厚＋料厚的下偏差" （3）形状简单的拉深模，各项间隙应均匀，不能超过图样要求的间隙值；形状复杂的拉深模应用样件检查，即装配后的间隙值，其偏差最大不应超过"料厚＋料后的上偏差"，最小不应超过"料厚＋料厚的下偏差"，但应保证各方向均匀
定位零件检查		（1）检查定位钉、定位板及导正销等零件安装是否合适，定位是否准确 （2）检查定位销是否安装牢固
导向装置的检查		（1）检查导向系统，应动作灵活，上、下模合模时不能有阻滞现象，导向精度要达到要求 （2）装配后模具上的导料板的导向面（级进模）应与进料中心线平行，不得歪斜。对于一般级进模，其允差不得大于100:0.02 mm；左右导板导向面之间的平行度允差不得大于100:0.02 mm （3）采用斜楔及滑块导向时，导滑部分必须活动正常，不能有阻滞现象。其相对斜面必须吻合，吻合程度在吻合面纵横方向上，均不得小于3/4长度，预定方向偏差不大于100:0.03 mm
卸料系统检查	检查卸料系统装配情况	冷冲模的卸料板、推件板和顶件块除保证与凸模、凸凹模和凹模合理配合外，装配后必须滑动灵活，其高出凸模、凸凹模和凹模的高度应在0.2～0.8 mm范围内
	检查卸料螺钉装配位置	卸料螺钉位置应装配合理，并保证卸料板的压料表面对冲模安装基面的平行度误差不大于100:0.5 mm
	检查各顶料杆长度	同一冲模中，同样长度的顶料杆允差应不大于0.1 mm，不能有弯曲现象
	检查漏料孔安装及大小	下垫板和下模座的漏料孔应畅通无阻，其每边应大于凹模孔0.5～1 mm。装配后的位置应与凹模保持一致，不应有卡料、堵塞零件及废料等现象

3. 调试人员要求

模具的调试对安全稳定的生产和产品质量有直接影响，所以对调试模具人员要求很高，不仅要求其有较强的专业知识，而且要求其有丰富的生产经验。具体要求如下：

（1）负责模具所有的模具试模工作。

（2）负责模具与客户外协厂家的模具调试工作。

（3）参与试模评审工作，并积极提出模具质量问题和修改意见。

五、试件质量检查

1. 试件质量检查内容

冲压模具试冲后必须确定其生产出的产品是否合格，模具是否需要进一步调试，因此，必须对试件进行质量检查。

试件质量检查主要依据企业相关质量检验标准、产品制件图进行，中间工序根据冲压工艺卡片进行检查。在试件检查时，一般包括预检查、最终检查等过程。

一般情况下，小型模具试冲不少于 50 件，多工位级进模自动连续无故障冲压时间不少于 3 min。

试件的具体检查项目主要包括尺寸精度、形状位置精度及表面质量等内容。

（1）冲压件未注公差尺寸的极限偏差

凡产品图上未注公差的尺寸，均属于未注公差尺寸。在计算凸模与凹模刃口尺寸时，冲压件未注公差的极限偏差数值通常按照国家标准公差 IT14 级处理。

冲裁和拉深件未注公差尺寸的极限偏差见表 8—6。

表 8—6　　　　　　　　冲裁件和拉深件未注公差尺寸的极限偏差　　　　　　　　mm

基本尺寸	尺寸的类型		
	包容表面	被包容表面	包容表面及孔中心距
≤3	+ 0.25	− 0.25	±0.15
>3 ~ 6	+ 0.30	− 0.30	±0.15
>6 ~ 10	+ 0.36	− 0.36	±0.215
>10 ~ 18	+ 0.43	− 0.43	±0.215
>18 ~ 30	+ 0.52	− 0.52	±0.31
>30 ~ 50	+ 0.62	− 0.62	±0.31
>50 ~ 80	+ 0.74	− 0.74	±0.435
>80 ~ 120	+ 0.87	− 0.87	±0.435
>120 ~ 180	+ 1.00	− 1.00	±0.575
>180 ~ 250	+ 1.15	− 1.15	±0.575
>250 ~ 315	+ 1.30	− 1.30	±0.70
>315 ~ 400	+ 1.40	− 1.40	±0.70
>400 ~ 500	+ 1.55	− 1.55	±0.875
>500 ~ 630	+ 1.75	− 1.75	±0.875
>630 ~ 800	+ 2.00	− 2.00	±1.15
>800 ~ 1 000	+ 2.30	− 2.30	±1.15
>1 000 ~ 1 250	+ 2.60	− 2.60	±1.55
>1 250 ~ 1 600	+ 3.10	− 3.10	±1.55

基本尺寸	尺寸的类型		
	包容表面	被包容表面	包容表面及孔中心距
>1 600 ~2 000	+3.70	-3.70	±2.20
>2 000 ~2 500	+4.40	-4.40	

注：1）当测量时包容量具的表面尺寸称为包容尺寸，如孔或槽宽等。

2）当测量时被量具包容的表面尺寸称为被包容尺寸，如圆柱体直径和板厚等。

3）不属于包容尺寸和被包容尺寸的表面尺寸称为包容表面尺寸，如凸台高度、不通孔的深度等。

（2）不属于与同一零件连接的孔组间距未注公差尺寸 L 的极限偏差见表8—7。

表 8—7　　　　不属于与同一零件连接的孔组间的未注公差尺寸的极限偏差　　　　mm

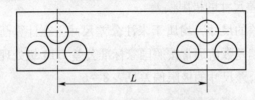

孔组间距	偏差	孔组间距	偏差
≤120	±0.6	>500 ~1 250	±1.5
>120 ~360	±0.8	>1 250	±2.0
>360 ~500	±1.1		

（3）属于与同一零件连接的孔中心距、孔与边缘距离以及孔组之间的未注公差尺寸 c 的极限偏差见表8—8。

表 8—8　　　　属于与同一零件连接的孔组间的未注公差尺寸的极限偏差　　　　mm

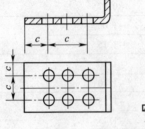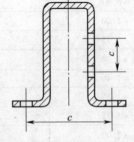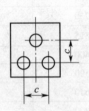

孔中心距和孔与边缘距离	偏差	孔中心距和孔与边缘距离	偏差
≤120	±0.20	>360 ~500	±0.40
>120 ~360	±0.30	>500	±0.50

（4）翘曲面的未注公差尺寸的极限偏差见表8—9。

表 8—9　　　　　　　　　　　翘曲面的未注公差尺寸的极限偏差　　　　　　　　　　mm

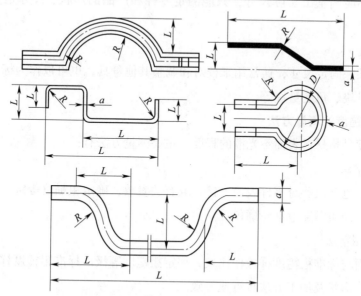

基本尺寸 (L、R、D)	翘曲面轮廓最大尺寸 a		
	≤6	>6~30	>30
	偏差		
≤6	±0.80	—	—
>6~18	±1.10		
>18~50	±1.60	±1.20	
>50~120	±2.20	±1.50	±1.00
>120~260	±3.00	±2.00	±1.20
>260~500	±4.00	±2.50	±1.50
>500~800	±5.00	±3.00	±2.00
>800~1 250	±6.00	±4.00	±2.50
>1 250~2 000	±7.00	±5.00	±3.00

注：1）零件按正常工艺加工，若由于弹性变形翘曲所差生的偏差超过表中数值，但能满足零件装配方便，仍是许可的。

　　2）冷弯曲时材料弹性变形而产生回弹所影响的尺寸都属于翘曲尺寸。

2. 试件质量检查常用工量具

检测尺寸及几何精度时要使用相应的量具进行测量，常用的量具有：

（1）万能量具

能对多种零件、多种尺寸进行测量的量具。这种量具一般都有刻度，在测量范围内可测量出零件或产品形状、尺寸的具体数值，如游标卡尺、千分尺、百分表和万能角度尺等。

（2）专用量具

专用量具不能测量出实际尺寸，只能测定零件和产品的形状、尺寸是否合格，如卡规、塞规等。

（3）标准量具

只能制成某一固定尺寸，通常用来校对和调整其他量具，也可以作为标准与被测量件进行比较，如量块、角度量块等。

3. 表面粗糙度的测量方法

表面粗糙度是指材料表面不光滑的程度，主要测量方法有：

（1）直接量法

利用光学、电动仪器对零件表面直接量取有关参数，确定粗糙度等级。如表面粗糙度光学检测仪、表面粗糙度电动轮廓仪等。

（2）比较测量法

将被测表面与标准粗糙度样板作比较，评定粗糙度等级。标准粗糙度样板应尽量与被检工件的材料、形状及加工方法接近或一致。

（3）印模法

此种方法多用于不能用仪器直接测量的内表面，可用塑性材料做成块状的印模，贴合在被测表面上，待取下后贴合面上即复制出被测表面的轮廓状况，然后对此印模进行测量，确定其粗糙度等级。

（4）综合测量法

它是利用被测表面的某种特征来间接评定表面粗糙度的级别，而不能测峰谷不平高度的具体数值。

六、冲压模具的调试与修整

1. 冲压模具调试的技术要求

表 8—10　　　　　　　　　　　冲压模具调试的技术要求

项目	技 术 要 求
模具的外观	冲压模具装配后，应经外观和空载检验合格后才能进行试模。其检验方法应按冲模技术条件对外观要求进行检验
试模材料	试模材料必须经过质量部门检验，其性能、材质、厚度应符合工艺及技术协议书规定的要求，尽量不采用代用材料

续表

项目	技 术 要 求
试模设备	试模设备必须符合工艺规定，设备的吨位和精度等级必须要按工艺规定标准
试冲数量	根据用户及使用部门要求定试冲数量，并在试冲时，模具运行稳定后提取。一般情况下，合格冲压件数的取样在 20～1 000 件，小型模具≥50 件；硅钢片≥200 件；自动冲模及连续冲模连续时间≥3 min；贵重金属由需方自定
冲件质量	冲件断面光亮带分布要均匀，不允许有夹层及局部脱落和裂纹；试模毛刺不得超过规定数值；尺寸公差及表面质量应符合图样要求
交付	试模后，经检验及验收可交付用户或入库，交付时应出具检验合格证，试件成品零件一般不少于 3～10 件

2. 典型冲压模具调试要点

冲压模具主要分为冲裁模、弯曲模、拉深模三大类，由于这三类模具的结构、工艺参数和对产品性能的要求相差很大，所以它们的调试要点也有较大区别见表 8—11。

表 8—11   **冲裁模的调试**

调试项目	调 试 要 点
凸、凹模配合深度的调整	冲裁模的上、下模的凸、凹模要有良好的配合，即应保证凸、凹模相互咬合深度要适中，不能太深、太浅，应以能冲下合格的零件为准。凸、凹模的配合深度是依靠调节压力机连杆长度来实现的
凸、凹模配合间隙的调整	冲裁模凸、凹模配合间隙应大小适中，并且各方向应均匀。对于有导向零件的冲裁模只要保证导向件间运动顺利而无发涩现象即可保证间隙均匀性。而无导向装置的冲模是依靠上、下模安装到压力机上以后进行调整的，即将上、下模分别安装在压力机上后，可采用垫片及透光法在压力机上调整。调整时，将上模固紧在压力机滑块上，而下模先不要紧固，使凸模伸入凹模，并随时用手锤敲打下模板，知道上、下模的凸、凹模相互对中，且间隙均匀后，再紧固下模
定位装置的调整	冲裁模具装入压机后，检查冲裁模的定位销、定位块、定位板是否符合定位要求，定位是否稳定可靠，若发现位置不合适，应进行修整，必要时要重新更换
卸料系统的调整	卸料系统的调整包括卸料板或顶件器是否工作灵活，卸料弹簧及橡胶弹性是否足够，卸料器的运动行程是否合适，漏料孔是否畅通无阻，打料杆、推料杆是否能顺利推出制品及废料。若发现故障，应给予调整，必要时，重新装配及更换新零件
导向系统的调整	冲裁模具安装在压力机上以后，其导柱、导套应有良好的配合精度，不能发生卡紧，无阻滞现象，若有卡紧、发涩现象应重新安装

图8—1为冲裁模的装配图，其装配技术要求见表8—12。

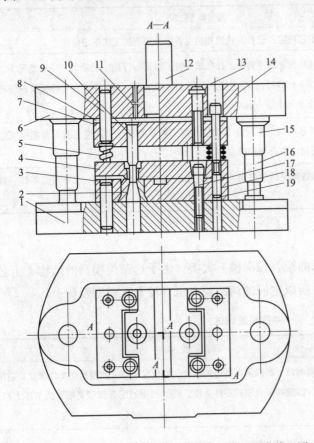

图 8—1　冲裁模装配图

1—下模座　2—凹模　3—定位板　4—弹压卸料板　5—弹簧　6—上模座

7，18—固定板　8—垫板　9，11，19—销钉　10—凸模　12—模柄

13，17—螺钉　14—卸料螺钉　15—导套　16—导柱

表 8—12　　　　　　　　　　　　冲裁模装配技术要求

项目	技术要求
冲裁模装配的主要技术要求	（1）组成模具的各零件的材料、形位公差、表面粗糙度和热处理等均应符合相应图样的要求 （2）模架的三项技术指标：上模座上平面对下模座下平面的平行度，导柱轴心线对下模座下平面的垂直度和导套孔轴心线对上模座上平面的垂直度均应达到规定的精度等级要求 （3）模架的上模沿导柱上、下移动应平稳，无阻滞现象 （4）装配好的冲裁模，其封闭高度应符合图样规定的要求 （5）模柄的轴心线对上模座上平面的垂直度公差在全长范围内不大于 0.05 mm （6）凸模和凹模制件的配合间隙应符合图样要求，配合的间隙应均匀一致

项目	技 术 要 求
冲裁模装配的主要技术要求	（7）装配好的冲裁模，其封闭高度应符合图样规定的要求 （8）定位装置要保证定位准确可靠 （9）卸料及顶件装置正确、活动灵活，出料孔畅通无阻 （10）模具应在生产的条件下进行试模，冲出的零件应符合图样的要求
垫片冲孔模的装配	（1）分析装配图样，确定装配顺序：本模具应先装配下模，以下模部分的凹模为基准调整装配上模部分的凸模及其他零件 （2）装配下模部分：在已装配的固定板18上面安装定位板。将已装配好的凹模、定位板的固定板18置于下模座1上，找正中心位置，用平行夹头夹紧，依靠固定板的螺钉孔在钻床上对下模座预钻螺纹孔锥窝，然后拆除凹模固定板。按已预钻的锥窝钻螺纹底孔并攻丝，再将凹模固定板重新置于下模座上校正，用螺钉固定紧固。最后钻、铰定位销孔，并装入定位销 （3）装配上模部分：将弹压卸料板4套装在已装入固定板的凸模10上，两者之间点入适当高度的等高垫铁，用平行夹头夹紧。以卸料板上的螺孔定位，在凸模固定板7上钻出锥窝，然后拆去卸料板，以锥窝定位钻固定板7的螺钉过孔。将已装入固定板的凸模10插入凹模孔中，在凹模2和固定板7之间垫入适当高度的等高垫铁，并将垫板8置于固定板7上，在装上上模座。用平行夹头夹紧上模座和固定板。以凸模固定板3上的定位孔，在上模座6上钻锥窝。然后拆开以锥窝定位钻孔后，用螺钉将上模座、垫板、凸模固定板连接并稍加紧固，调整凸凹模的间隙。将已装好的上模部分套装在导柱上，调整位置使凸模插入凹模孔中，根据配合间隙采用前述调整配合间隙的适当方法，将凸、凹模间隙调整均匀，并以纸片作为材料进行试冲。如果只有局部毛刺，说明配合间隙不均匀，必须重新调整直至均匀为止。配合间隙调整好后，将凸模固定板螺钉紧固，钻、铰定位销孔，并安装定位销9定位。将弹压卸料板4套装在土木上，并装上弹簧5和卸料螺钉14。当在弹簧作用下卸料板处于最低位置时，凸模下端应比卸料板下沿低0.5 mm，并且上下运动灵活
调试	根据试冲的情况，对模具进行调整和修理，直到冲出合格零件

弯曲模调试要点见表8—13。

表8—13　　　　　　　　　　　　**弯曲模的调试要点**

调试项目	调 试 要 点
上、下模在压力机上相对位置调整	（1）对于有导向装置的弯曲模，上、下模在压力机上的相对位置由导向精度决定。固定后，基本上能保证凸、凹模间隙 （2）无导向装置的弯曲模，其上、下模的相对位置，由调整压力机连杆长度的方法确定。即上模随滑块到下死点时，既能压实样件，又不发生硬性顶撞及咬死现象 （3）在调整时，应借助样件调试

调试项目	调 试 要 点
间隙调整	（1）模具在压力机的上、下模位置粗略调整后，再在凸模与下模卸料板之间垫一块比坯件略厚的垫片（为毛坯料厚的 1.2 倍），继续调节连杆长度，反复扳动飞轮，直到使滑块能正常地通过下死点而无阻碍现象为止 （2）上、下模的凸、凹模侧向间隙可通过垫铜箔、纸板或标准样件的方法进行调节，以保证间隙的均匀性 （3）固定下模试冲，试冲合格后，拧紧各紧固螺钉，开始冲制，并检查零件质量
定位装置的调整	（1）弯曲模的定位零件的定位形状基本上与坯件一致，故在调整时，应充分保证其定位的可靠性及稳定性 （2）在采用定位块、定位钉定位时，应将其位置修整准确
卸料、退件装置的调整	（1）顶出器及卸料系统应调整到动作灵活并能够顺利地卸出零件为止，绝不应有卡死现象 （2）卸料系统的行程应足够大 （3）卸料及弹顶系统的弹力应调整适宜 （4）卸料系统作用于制品的作用力应调整平衡，以保证制件的平整及表面质量，不至于发生变形及翘曲
进料阻力的调整	在拉深模调试时，若拉深模进料阻力较大，则易使制品拉裂；进料阻力太小，则又会起皱。因此，在试模时，调整的关键是拉深进料阻力的调整。其调整方法是： （1）调节压力机滑块压力，尽量使其处于正常压力下进行工作 （2）调节模具压边圈的压边面，使之与坯料有良好的配合 （3）调整凹模圆角半径，使之合适 （4）采用良好的润滑剂及增加或减少润滑次数，使之正常工作
凸、凹模位置及间隙的调整	在调整时，先将上模固紧在压力机滑块上，下模放在工作台上先不要固紧，然后在凹模内放入样件（厚度等于制品零件），再使上、下模吻合对中，调整各方面的间隙，使其均匀一致后，再将模具处于闭合位置，拧紧下模固定螺栓及压板，固定在工作台上，取出样件，即可保证间隙均匀及凸、凹模位置正确
拉深深度调整	在调整时，可把拉深深度分 2~3 段来进行调整，即先调整较浅的一段后再往下调深一段，直至调到所需的拉深深度为止，在调整时要借助样件进行配合调整

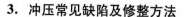

3. 冲压常见缺陷及修整方法

模具调试的一般过程是分析试件，判断原因，确定调整内容。常见的冲压模具分为冲裁模、弯曲模、拉深模三大类，它们在生产过程中常见的缺陷、产生原因及修整方法见表8—14 ~ 表8—17。

表8—14   冲裁模试冲时常见的缺陷、产生原因及调整方法

常见缺陷	产生原因	调整方法
送料不通畅或条料被卡死	(1) 两导料板之间的尺寸过小或有斜度 (2) 凸模与卸料板之间的间隙过大，使搭边翻扭 (3) 用侧刃定距的冲裁模，导料板的工作面和侧刃不平行，使条料卡死 (4) 侧刃与侧刃挡块不密合，形成毛刺，使条料卡死	(1) 根据情况锉修或重装导料板 (2) 减小凸模与卸料板之间的间隙 (3) 重装导料板 (4) 修整侧刃挡块消除间隙
凸、凹模刃口相咬、啃刃	(1) 上模座、下模座、固定板、凹模、垫板等零件安装面不平行 (2) 凸模、导柱等零件安装不垂直、歪斜 (3) 导柱与导套间配合间隙过大，使导向不准 (4) 卸料板的孔位不正确或歪斜，使冲孔凸模发生位移	(1) 修整有关零件，重装上模或下模，使其安装面平行 (2) 重装凸模或导柱，使其安装面相互垂直 (3) 更换导柱或导套 (4) 修整或更换卸料板
卸料不正常	(1) 由于装配不正确，卸料机构不能动作，如卸料板与凸模配合过紧，或因卸料板倾斜而卡紧 (2) 卸料弹簧或卸料橡皮的弹力不足 (3) 凹模和下模座的漏料孔没有对正，料不能排出 (4) 凹模有倒锥度造成工件堵塞 (5) 打料杆或顶料杆长度不够弯曲	(1) 修整卸料板、顶板等零件或重新装配 (2) 更换弹力大的弹簧或橡皮 (3) 调整及加大漏料孔 (4) 修整凹模 (5) 更换打料杆或顶料杆
凹模胀裂	(1) 凹模有倒锥 (2) 凹模孔与下模板漏料孔位置偏移	(1) 修整凹模孔，清除倒锥 (2) 加大下模板漏料孔或重新装配凹模 (3) 减少凹模刃口有效长度 (4) 加大凹模壁厚 (5) 用模框紧箍凹模
凸模被折断	(1) 卸料板倾斜 (2) 冲裁产生侧向力 (3) 凸、凹模相互位置变化	(1) 调整卸料板 (2) 采用侧压板抵消侧压力 (3) 重新调整凸、凹模位置

表8—15 冲裁件质量缺陷、产生原因及调试方法

质量缺陷	产生原因	调试方法
制件的形状和尺寸不符合图样要求	基准件即凸、凹模的形状和尺寸不准确	（1）落料模：先将凹模的尺寸形状修磨准确，然后调整凸模，并保证合理间隙 （2）冲孔模：先将凸模的形状和尺寸修磨精准，然后以凸模修整凹模，并保证合理的间隙值
剪切断面光亮带太宽，出现双亮带或毛刺	冲裁间隙太小	（1）落料模：磨小凸模，保证合理的间隙值。在不影响冲件尺寸公差的前提下，可采取磨大凹模孔的办法来保证合理的冲裁间隙 （2）冲孔模：磨大凹模孔，保证合理冲裁间隙值，或者在不影响尺寸公差的前提下，采取磨小凸模的方法保证合理的间隙值
剪切断面圆角太大，甚至出现拉长的毛刺	冲裁间隙太大	（1）落料模：将凸模镶块外移使间隙变小，或更换凸模。在不影响冲件尺寸精度的前提下，采用缩小凹模孔的办法保证合理的间隙值 （2）冲孔模：缩小凹模（凹模镶块）尺寸，使间隙变小，或更换凹模，加大凸模的方法保证合理间隙值
剪切面和光亮面宽窄不一，制件部分有毛刺	冲裁间隙不均匀	（1）修磨凸模或凹模，保证间隙均匀 （2）重新装配凸、凹模，使间隙各方向保持一致
产生明显毛刺	（1）刃口不锋利或淬火硬度低 （2）配合间隙过大、过小或不均匀 （3）凹模有倒锥 （4）导柱、导套间隙过大或压力机精度不高	（1）修整刃口工作部分尺寸及重新淬火 （2）重新调整凸、凹模刃口，使其间隙合理、均匀 （3）修磨凹模，使其无倒锥现象 （4）必要时重新更换导柱、导套
制品翘曲不平	（1）凹模有倒锥 （2）顶料杆和工件接触面太小 （3）导正销与预冲孔配合过紧 （4）刃口不锋利 （5）顶出或推出制件时作用力不均匀	（1）修磨凹模，去除倒锥 （2）更换顶料杆，改用推件块，加大接触面 （3）修整导正销 （4）刃磨刃口 （5）调整模具，改变推件、顶件位置，使其受力平衡

续表

质量缺陷	产生原因	调试方法
制件内孔与外形相对位置偏移	（1）单工序模中定位元件位置不准确	（1）重新更换定位元件
	（2）级进模中侧刃的尺寸或位置不准确，定距不准	（2）重新安装、修整侧刃
	（3）定位元件尺寸位置不正确，如挡料销或挡料块位置变化或尺寸过大或过小	（3）修整或更换定位元件
	（4）凹模各孔相对位置不准确或装配时各工位间与实际尺寸不一致，特别是拼装凹模嵌镶位置不正确	（4）重新安装、调整凹模，保证步距精度
	（5）导料板与凹模送料中心线不平行，条料送进时，偏移中心线导致制件、孔形产生偏差	（5）修整导料板，使其中心线平行于凹模送料中心线

表 8—16　　　　弯曲模试冲时常见的缺陷、产生原因和调整方法

常见缺陷	产生原因	调整方法
弯曲角有裂纹	（1）弯曲凸模半径太小 （2）材料纹向与弯曲线平行 （3）毛坯的毛刺一面向外 （4）弯曲变形过大（弯曲系数太小） （5）被弯曲材料可塑性差	（1）加大凸模弯曲半径 （2）改变落料排样 （3）毛刺该在制件内侧 （4）分两次弯曲变形，首次弯曲时，采用大圆角半径 （5）退火或采用软性材料
制件表面有压痕	（1）凹模圆角半径太小 （2）凹模表面粗糙 （3）凸、凹模间隙太小造成压痕	（1）加大凹模圆角半径 （2）修磨凹模表面 （3）调整凸、凹模间隙使之适合
弯曲表面挤压料变薄	（1）凹模圆角太小 （2）凸、凹模间隙过小	（1）增大凹模圆角半径 （2）调整凸、凹模，使其间隙加大并适中
凹形制件底部不平	（1）凹模内缺顶料装置 （2）即使有顶料装置，但顶料杆着力点分布不均匀，卸料时将件顶弯 （3）压料力不足	（1）增加顶料装置或增加校正工序 （2）增加卸料杆数量，使其位置分布均匀 （3）设法增加压料力

常见缺陷	产生原因	调整方法
制件端面鼓起或不平	(1) 冲压时制件最后成形压力不足 (2) 由材料本身回弹现象引起	(1) 制件在冲压最后阶段，凸、凹模应有足够的压力，即应增加镦压工序 (2) 改进凹模结构，做出与制件外圆角相应的凹模圆角半径，完善工艺措施
制件高度 H 尺寸不稳定	(1) 高度 H 尺寸太小 (2) 凹模圆角不对称	(1) 改进设计，其高度尺寸 H 不能小于最小极限值 (2) 修整凹模圆角
弯曲引起孔变形	在采用弹压弯曲并以孔定位时，弯壁的外侧由于凹模的表面和制件外表面摩擦时受拉，使定位孔发生变形	(1) 采用"V"形镦弯曲 (2) 加大压料板压力 (3) 在顶料板上加"麻点格纹"以加大摩擦力，防止制件在弯曲过程中滑移
孔距 L 精度不准	(1) 制件毛坯尺寸不正确 (2) 由材料回弹引起 (3) 定位不稳	(1) 准确计算毛坯尺寸 (2) 增加校正工序或改进弯曲成形结构 (3) 改变工艺加工方法或增加工艺定位
两孔轴心错移	材料回弹改变了弯曲角度，使中心线错移	(1) 增加校正工序 (2) 改变弯曲模结构，减小回弹
弯曲线与两孔中心连线不平行	弯曲高度小于最小弯曲极限高度时，弯曲部位出现外胀引起弯曲线与两孔中心连线偏移，不平行	(1) 增加高度 L 尺寸 (2) 改进弯件工艺
带切口制件产生挠度	由于切口使两直边向左右张开，使制件底部出现挠度	(1) 改进制件结构 (2) 切口处增加工艺留量，使切口连接起来，弯曲后将再工序留量切除
弯曲件出现挠度和扭曲	制件宽度方向的拉伸和收缩量不一致	(1) 增加弯曲压力 (2) 增加校正工序 (3) 改变设计，将弹性变形设计在挠度相反方向

表 8—17　　　　　　拉深模试冲时常见的缺陷、产生原因及调整方法

常见缺陷	产生原因	调整方法
凸缘起皱且局部被拉裂	压边力太小、凸缘部分起皱，无法进入凹模而被拉裂	设法加大拉深时的压边力
局部被拉裂	（1）材料承受的径向拉应力太大 （2）凹模圆角半径太小 （3）润滑不良 （4）材料塑性差	（1）设法减小压边力 （2）加大凹模圆角半径 （3）改善润滑条件 （4）退火或更换材料
凸缘起皱	凸缘部位压边力太小，无法抵制过大的切向压边力引起的切向变形，造成失稳起皱	（1）适当加大压边力 （2）适当加大材料厚度
边缘呈锯齿状	毛坯边缘有毛刺	修整前道工序落料凹模刃口，使毛刺减小
制品边缘高低不一致	（1）坯件中心与凸、凹模中心线不重合 （2）材料厚度不均匀 （3）凸、凹模圆角不等 （4）凸、凹模间隙不均	（1）重新调整定位，使坯件中心与凸、凹模中心线重合 （2）更换材料 （3）修整凸、凹模圆角 （4）调整凸、凹模间隙
制品底部不平	（1）坯件不平 （2）顶料杆与坯件接触面太小或受力不平衡 （3）缓冲器弹顶力不足	（1）平整坯料 （2）改善修整顶料装置结构 （3）更换弹簧与橡皮
盒形件直壁部分不挺直	角部间隙太小	增大凸、凹模角部间隙，减小直壁间隙值
制品壁部拉毛	（1）模具工作部分或圆角半径上有毛刺 （2）毛坯表面有污物或使用的润滑剂不合适	（1）研磨或修光模具工作表面的圆角 （2）清理毛坯及使用合适的润滑剂
盒形件角部向内折拢，局部起皱	（1）材料角部压边力太小 （2）角部毛坯面积偏小	（1）增大压边力 （2）增加毛坯角部面积
阶梯形制品局部破裂	凹模及凸模圆角太小	加大凹模和凹模的圆角半径
制品完整但呈歪状	（1）排气不畅 （2）顶料杆顶力不均	（1）加大排气孔 （2）重新布置顶料杆位置

续表

常见缺陷	产生原因	调整方法
拉深高度不够	(1) 毛坯尺寸太小 (2) 拉深间隙太大 (3) 凸模圆角半径太小	(1) 放大毛坯尺寸 (2) 调整间隙 (3) 放大凸模圆角半径
断面变薄	(1) 凹模圆角半径太小 (2) 间隙太小 (3) 压边力太大 (4) 润滑不合适	(1) 增大凹模圆角半径 (2) 加大凸、凹模间隙 (3) 减小压边力 (4) 在毛坯上涂上合适润滑剂
冲压制件壁厚不均，拉深高度不够	(1) 凸、凹模轴线不同轴 (2) 间隙不均匀 (3) 凸模歪斜，安装后不垂直于固定板基面 (4) 压边力不均匀 (5) 坯料定位不正确	(1) 重新装配凸、凹模使其同轴 (2) 调整间隙 (3) 重新装配凸模，使其垂直于固定板基面 (4) 调整压料力 (5) 调整定位
底部被拉裂	凹模圆角半径太小，使材料处于被切断状态	修磨加大凹模圆角半径
制品口缘折皱	(1) 凸模圆角半径太大 (2) 压边圈不起压边作用	(1) 减小凹模圆角半径 (2) 修整压边圈结构，加大压边力
制件周边形成鼓凸	(1) 压边力不够 (2) 凹模圆角半径太大 (3) 间隙太大	(1) 增设压料装置 (2) 减小凹模圆角半径 (3) 减少间隙值
锥形件斜面或半球形件的腰部起皱	(1) 压边力太小 (2) 凹模圆角半径太大 (3) 润滑剂过多	(1) 增大压边力，采用压延筋 (2) 减少凹模圆角半径值 (3) 适当使用润滑剂
制件底面凹陷	(1) 模具凸模无排气孔或排气孔太小 (2) 顶料杆与制件接触面太小	(1) 扩大凸模通气孔 (2) 修整顶料装置
盒形件角部破裂	(1) 凹模圆角半径太小 (2) 间隙太小 (3) 变形程度太大	(1) 加大凹模圆角半径 (2) 加大间隙 (3) 适当增加拉深次数

续表

常见缺陷	产生原因	调整方法
拉深高度太大	(1) 毛坯尺寸太大 (2) 间隙太小 (3) 凸模圆角半径太大	(1) 减小毛坯尺寸 (2) 加大拉深间隙 (3) 减少凸模圆角半径
零件拉深后壁厚与高度不均	(1) 凸模与凹模不同,轴向一面偏斜 (2) 定位不正确 (3) 凸模不垂直 (4) 压边力不均匀 (5) 凹模形状不对	(1) 调整凸、凹模位置使间隙均匀 (2) 调整定位零件 (3) 重新装配凹模 (4) 调整压边力 (5) 更换凹模
制件表面拉伤及拉毛	(1) 凹模圆角半径太小 (2) 间隙不均匀或太小 (3) 坯料润滑剂不清洁	(1) 加大凹模圆角半径 (2) 加大间隙或调整均匀 (3) 使用干净的润滑剂

第 2 节　冲压模具验收

 学习目标

了解相关验收标准、遵循原则及验收流程。

 知识要求

一、模具验收标准及遵循原则

1. 模具验收标准

本验收标准适用于冲压模具订购方与承揽方之间,是关于模具适用性的验证和协商解决适用性争议的参考执行标准。由于模具本身就是一次性生产的产品,因此,本标准仅是模具适用性的基本标准。

模具适用性验收是为了证明模具能达到如下基本要求:

（1）使用该模具能生产出合格的冲压分离、成型等组合的产品。

（2）能为订购方提供工艺性强、材料节省、生产效率高、维修方便的生产组合。

（3）能使订购方安全地达到使用寿命的目标。

因此，模具验收应该包括两个阶段：制造前的工艺设计图的验收；模具试模后的冲压分离、成型等组合的产品的验收和模具的验收。

引用标准有：

GB/T 24594—2009《优质合金模具钢》

GB/T 8845—2006《冲模术语》

GB/T 14662—2006《冲模技术条件》

JB/T 8050—2008《冲模模架技术条件》

JB/T 8070—2008《冲模模架零件技术条件》

JB/T 7653—2008《冲模零件技术条件》

GB/T 2822—2005《标准尺寸》

GB/T 1804—2000《一般公差　未注公差的线性和角度尺寸的公差》

GB/T 1184—1996《形状和位置公差　未注公差值》

2. 遵循原则

（1）模具验收应遵循实用原则

对模具验收会有许多方面的检验要求，有众多尺寸的测量等，在模具订购方与承揽方对模具适用性有争议时，应遵循实用原则，而不能求全。

（2）模具验收应遵守合同优先原则

在合约双方对模具验收时，应遵守双方的合同以及相关附件的书面约定，事先有约定的遵从约定，事先无约定的可根据本标准来判定。

（3）模具验收应遵守关键性原则

模具验收涉及各方面的各种数据和各种要求，必须遵循关键性原则。即对一些直接影响到模具的使用性能、安全性能、经济性等具有关键性否定意义方面的适用性要求进行验收。

二、模具验收流程

广义的模具验收流程包括模具设计、制造、交付试生产的全过程，狭义的模具验收流程是指模具制造方完成模具制造调试后至模具采购方接收认可的一段过程。该流程主要包括：

1. 试模

试模时，双方相关人员必须在试模现场进行验证，主要确认以下几个方面内容：

（1）模具方面

模具合模是否正常，顶料、脱料是否顺畅等。

（2）产品方面

产品外观的检查、产品尺寸的检查。

（3）其他方面

模具生产时的稳定性及员工操作时方便性等。

当试模完成后，由模具生产方提交《产品检测报告》及试件样品。

2. 资料移交

经过试模，双方确认产品合格后，设计生产方需对所设计制造的模具资料移交给采购方，相关资料主要包括《产品图》《工序图》《组装图》《排样图》《模板图档》《模具镶件图》《模具用料清单》《配件采购清单》《产品检测报告》及试件样品。

3. 模具移交

模具移交时，由需求方进行检查，一般检查如下内容：

（1）铭牌及标号是否按采购方要求制造。

（2）模具外形尺寸按照《组装图》验收。

（3）模具内部镶件应无破裂、碰伤现象。

（4）模具所有非工作面，喷防锈漆及色漆，色漆颜色按采购方要求。

4. 试生产验收

（1）由模具供应方至模具采购方生产现场进行现场试模。

（2）试冲样件由采购方质检人员出具《产品检测报告书》。

（3）按双方合同要求，测试每套模具冲压连续生产情况，生产时模具无破裂现象，落料顺畅，工人操作方便。

若上述检测均满足合同要求，即可确认该模具为合格模具，双方确认验收通过。